中川悠京 著

ぽちぽちドット絵

自由に描いて楽しもう

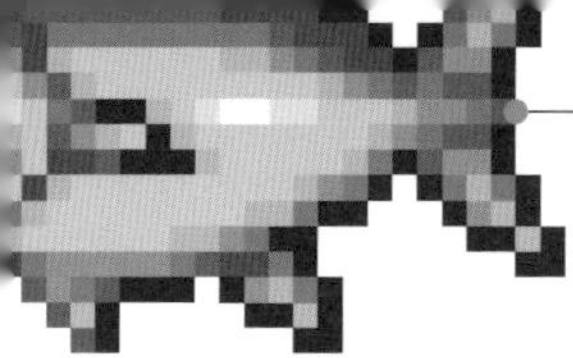

むっちりマグロ

さらうぞ！UFO

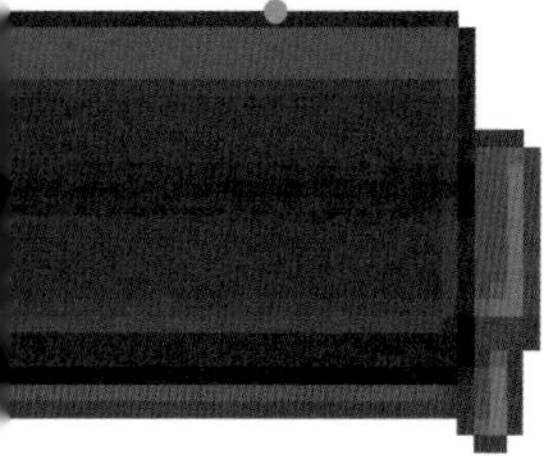

ソファ

P

L drawing
pixel art freely!

Witten by
UK Nakagawa

エムディエヌコーポレーション

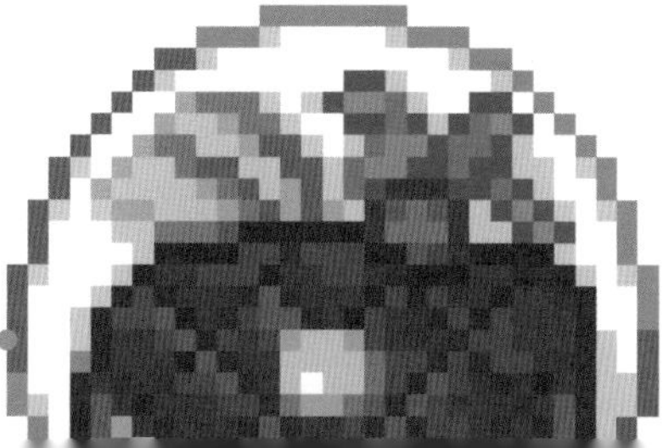

網焼きステーキ

● 免責事項

本書に掲載した会社名、プログラム名、システム名、サービス名等は一般に各社の商標または登録商標です。本文中では™、®は必ずしも明記していません。

本書は2023年2月現在の情報を元に執筆されたものです。これ以降の仕様等の変更によっては、記載された内容（技術情報、固有名詞、URL、参考書籍など）と事実が異なる場合があります。

本書をご利用の結果生じた不都合や損害について、著作権者及び出版社はいかなる責任を負いません。あらかじめご了承ください。

はじめに

再びようこそドットの世界へ！

2018年9月に刊行した拙著『ドット絵教室』から数年、ドット絵がかなり浸透してきましたね。
昔ながらの手法で描かれたものだけでなく、新しい方向もたくさん出てきています。
そんな中で何ができるのか迷いましたが、ドット絵に恩返しできることはまだあるのかもと、再び描かせていただくことにしました。

今回は前書より全体的に“ゆるめ”を目指しました。
1つのモチーフをシンプルな形で「いったん完成」として、そこで完了でもよいですし、さらに進めてしっかり打ち込んでみてもよいという2段階にしたことも特徴の1つです。

変えていない部分としては、「自分でヨシと思えばそれがヨシ！」という点です。

本書は作り方の一例に過ぎません。
青いリンゴを描いてもいいし、誰もいない部屋を描いてもOK。
好きなものを好きなように描いていきましょうという願いは相変わらずです。

がんばって描いてみたり、なんだか思うようにいかなくて離れてみたり。
描かなくとも寝る前にパラパラとめくるだけでも楽しめるような、そんな本になっていたら幸いです。

2023年2月　中川悠京

CONTENTS

Lesson 1 食べ物

Lesson 2 動物・生き物 ……075

Lesson 4 乗り物・自然 ……169

本書のダウンロードデータ

本書で解説した作例データは、以下URLからダウンロード可能です。

https://books.mdn.co.jp/down/3222303001/

データの内容と使い方

● 作例の制作初期～完成までの画像ファイル(拡張子.bmp)

ドット絵制作ソフト「EDGE」を起動し、ファイルメニュー→“開く”、またはウインドウ内にBMPファイルをドラッグ＆ドロップして開きます。

例)Lesson1-001「三角おにぎり」の場合、「Lesson1」フォルダ→「001」フォルダ→「001_001.bmp」～「001_006.bmp」までの6枚をそれぞれEDGEで開く。

※ファイル名の末尾に「all」とついたBMPファイルは、6枚のBMPファイルをまとめたものです。

● 作例のアニメーションデータ(拡張子.anm)

各フォルダには「001.anm」のように、拡張子「.anm」とついたANMファイルが格納されています。ANMファイルは、BMPファイルをアニメーションとして再生するためのものです。ANMファイルを開く方法は、次の通りです。
①ファイル名末尾に「all」とついたBMPファイルを先に「EDGE」に読み込んでおきます。
②EDGEの「アニメーションフレーム」パネルで、ファイルメニュー→“開く”からANMファイルを開くと、先に読み込んだBMPファイルからフレームを切り出したアニメーションフレームが開きます。
例)Lesson1-001「三角おにぎり」の場合、「Lesson1」フォルダ→「001」フォルダ→「001all.bmp」を、先にEDGEで開いてから、「アニメーションフレーム」パネルのファイルメニュー→“開く”から「001.anm」を開く。

● 使用範囲の制限について

Introduction

EDGEの使い方

01 EDGEのインストールと基本設定

「ドット絵を描いてみたい！」、それには描くためのツールが必要です。ここではそのインストール方法と基本的な設定を紹介します。

本書では、TAKABO SOFTが開発したドット絵エディタ「EDGE」を使用します。初心者からプロまで本格的に使えるツールで、筆者も趣味だけでなく仕事でもお世話になっています。本書でドット絵の魅力にはまった方は、より機能が豊富で有償の「EDGE 2」にも注目してみてくださいね。

特にうれしいポイント

- **メモリの許す限り何回もアンドゥ／リドゥ可能！**
- **レイヤ機能がある！**
- **アニメーションを作成できる！**
- **パレットの作成・操作が簡単！**

まずはEDGEをダウンロードしましょう

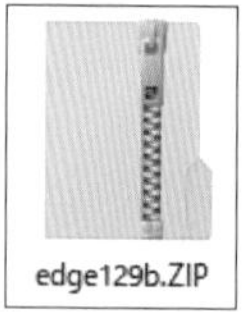

1 EDGEの公式サイト（https://takabosoft.com/edge）にある「ダウンロード」ボタンを押して「EDGE 1.29本体+説明書」の最新バージョンを入手しましょう。ZIP形式で圧縮されたファイルがダウンロードされます。

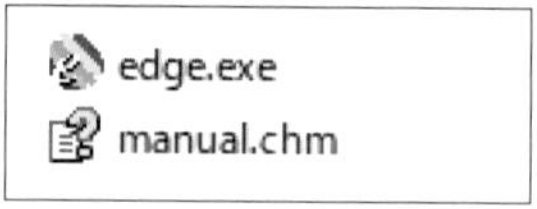

2 データを解凍すると、アプリケーションファイル「edge.exe」とEDGEの取扱説明書「manual.chm」ができています。「edge.exe」をダブルクリックすると、インストール不要ですぐにEDGEを使い始められます。

[全般]タブの各項目を設定する

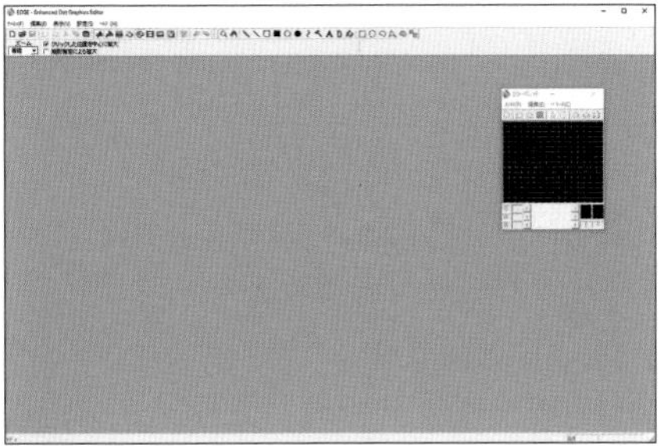

1 ツールを入手したら、より使いやすいように設定しておきます。以降の説明は、全部読まずに必要そうなところだけ目を通してもOKです。図はEDGEの起動画面です。

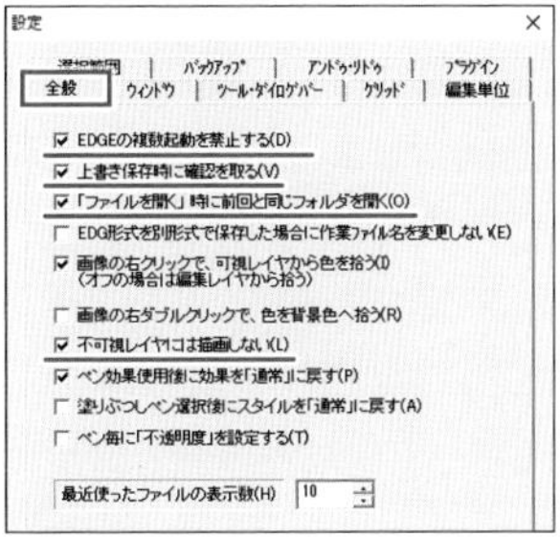

2 まずは基本的な設定をしておきます。[設定]メニュー→[設定]を選んで表示される画面の[全般]タブをクリックし、図のチェックマークがついている項目をそのままチェックしていきましょう。とくに赤線の項目にチェックを入れるのがおすすめ。これらの設定は後からでも変更できます。

3 [全般]タブでチェックした項目のうち、[EDGEの複数起動を禁止する]は、アプリが複数起動して混乱するのを防いでくれます。[上書き保存時に確認を取る]は、「Ctrl+S」キー(上書き保存)を押したときに図のようなアラートを表示して、うっかりファイルを上書きするのを防いでくれます。

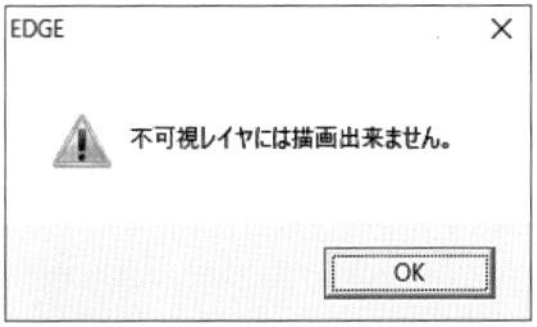

4 [不可視レイヤには描画しない]も、誤作業を防ぐための設定です。複数のレイヤを使う場合、無意識に不可視レイヤに描画して「描いたはずのものがない？　どこに行った？」となりがち。ここにチェックすることで、可視レイヤにのみ描くことができます。

[選択範囲][グリッド][編集単位]タブの各項目を設定する

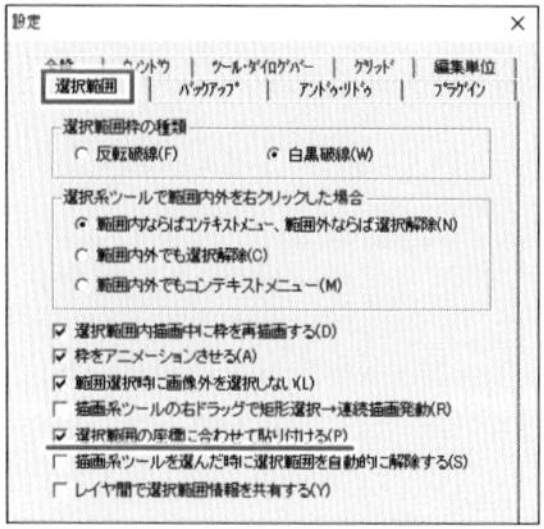

1 [選択範囲]タブでは、図のようにチェックするのがおすすめ。特に[選択範囲の座標に合わせて貼り付ける]は、ぜひチェックしておきましょう。オフにした場合は、選択範囲をコピー&ペーストする際、常に同じ位置(座標「0,0」)にペーストされてしまいます。

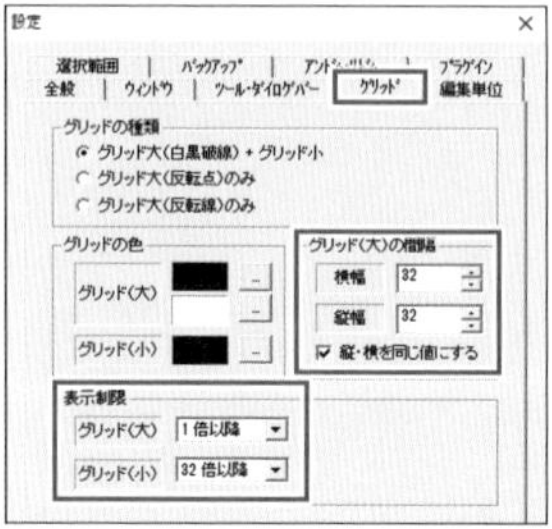

2 [グリッド]タブでは、画面に表示したいグリッドについて設定します。本書で描くドット絵は「32×32」ドットを基本にするので、[グリッド(大)の間隔]も[横幅:32][縦幅:32]にしました。[表示制限]は、[グリッド(小)]を[32倍以降]にするのがおすすめです。

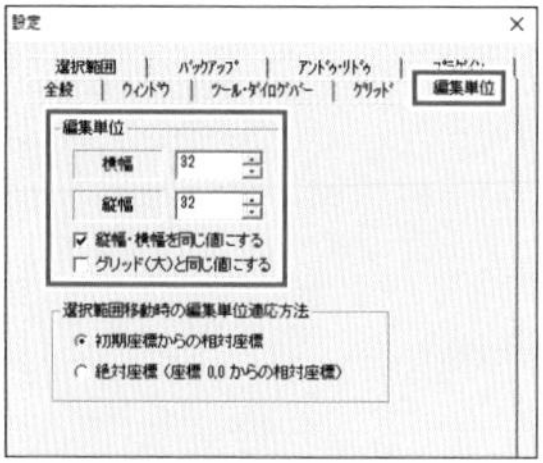

3 [編集単位]タブでは、どの大きさのグリッドに合わせて操作するかを設定します。本書では32×32ドットを基本に描くので、ここも[横幅:32][縦幅:32]にしました。これで大まかな設定が完了です。

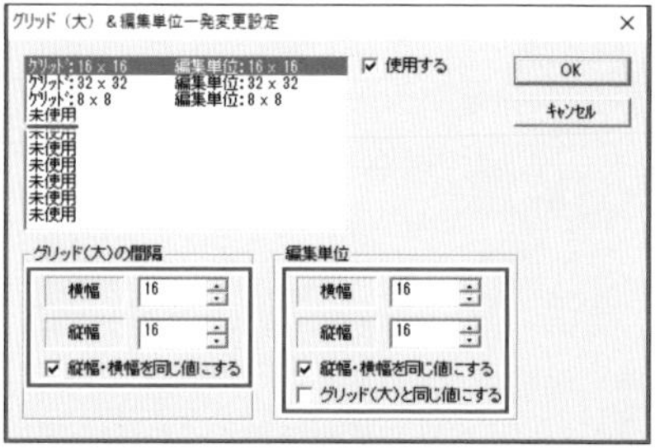

4 なおドット絵によってグリッドのサイズを切り替えたい場合は、[設定]メニュー→[グリッド&編集単位一発変更]→[設定]で表示される画面で[未使用]を選び、[グリッド(大)の間隔]と[編集単位]をそれぞれ入力すると、複数のプリセットを作って使い分けられるので便利です。

02 新規ファイルとカラーの作成

絵を描くためのツールは準備できました！　さっそくキャンバスと絵の具を用意して描き始めましょう。ここではそれらのツールを用意する方法と基本的な扱い方を紹介します。

新規キャンバスを開く

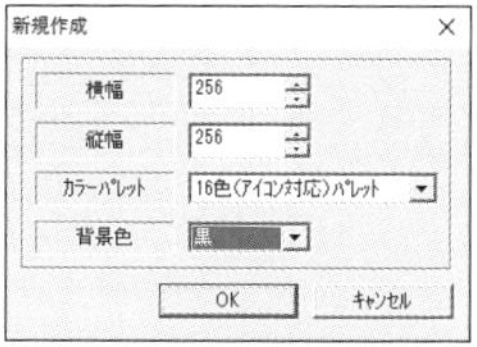

1 まずは、[ファイル]メニュー→[新規作成]を選び、キャンバスサイズを指定します。キャンバスサイズは自由ですが、本書では基本的に32×32でドット絵を作成するので、32の倍数（32、64、128…）がおすすめ。ここでは縦横256の正方形にし、[カラーパレット：16色（アイコン対応）パレット]を選びました。

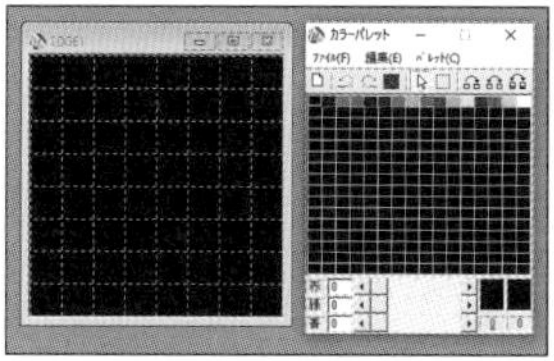

2 設定したサイズで新規キャンバスが開きます。同時に初期状態のカラーパレットも表示されます。これでいったん準備完了ですが、画面が黒だと描きにくいですね。パレットを操作して描きやすい画面にしていきましょう。

カラーパレットで背景色を作る

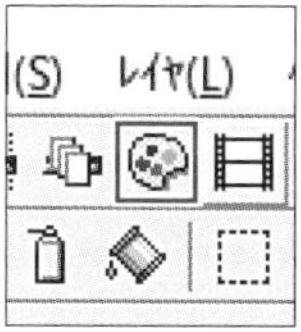

1 カラーパレットが見当たらないときは、メインツールバーにあるパレットのアイコンをクリックしてみましょう。クリックするとパレットが表示され、再度クリックすると閉じるようになっています。

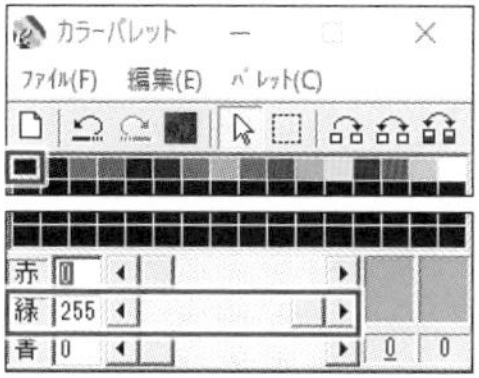

2 背景色を見やすい色（ここでは緑）に塗り替えます。パレットのいちばん左上（0番）をクリックして選択した後、パレット下部にある[赤][緑][青]の各スライダを動かして色を変更します。

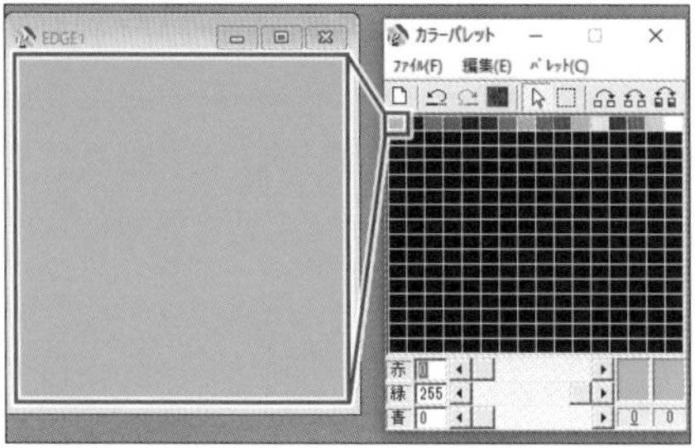

3 これでキャンバスの背景色が黒から緑に変わります。この緑（カラーインデックスの0番に設定した色）はキャンバスの地の色で、実際は透明です。昔のアニメでいうセル画の透明部分で、抜き色になります。そのためこの色で何かを描くと、画面上では緑に見えていてもその部分は透明になります。

4 たとえば周囲を0番の色、ここでは緑で塗ったハムスター（左）、0番以外の色、ここでは赤で塗ったハムスター（右）を比べてみましょう。

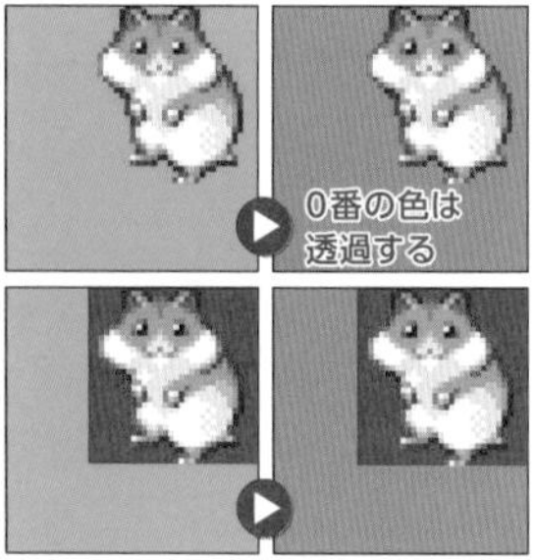

5 それぞれ青い背景に合わせてみると、0番の方は色が透過するためハムスターの周囲に青い背景が見えますが、0番以外の方は透過色ではないのでハムスターの周囲の赤色がそのまま残って見えます。そのため0番の色は、背景にキャラクターや文字を合わせるときなどによく使います。

6 なお色の変更は、パレット下部のスライダを操作する以外に、カラーインデックスの各色部分をダブルクリックしてもOK。[色の設定]ダイアログが開き、自由に色を変更できます。本書では、カラーインデックス上段の一列（背景色を含めて最大16色）のみ使用します。

描画色の作成と色のコピー

1 背景色を設定できたら、次にドット絵の描画に使う色を用意しましょう。ひとまずカラーインデックスの1番を基本の黒にしてみます。前項のようにパレット下部のスライダーで設定してもいいのですが、すでにカラーインデックス上にある色は複製することが可能。まず図のアイコン(ドラッグでRGB値をコピーするツール)をクリックしてONにします。

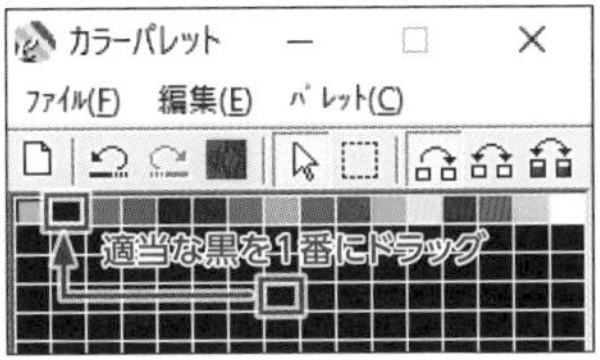

2 RGB値コピーのアイコンをONにしたら、カラーインデックス上にある黒をどれでもよいのでクリックして1番にドラッグします。これで色を複製できます。なお、カラーパレットは[ファイル]メニュー→[名前を付けて保存]で保存し、[ファイル]メニュー→[開く]で再利用可能。よく使うパレットは保存しておくと便利です。

グラデーションの作成

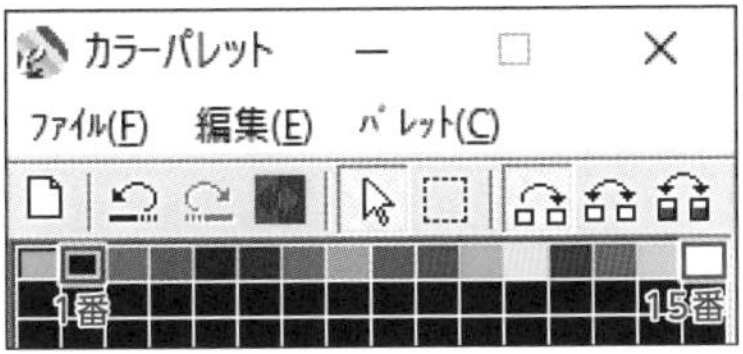

1 ドット絵制作では色が段階的に変化するグラデーションを多用します。カラーパレットではグラデーションを簡単に作成可能です。図のパレットはカラーインデックスの1番が黒、15番が白になっていますが、ここではそれを利用して黒から白に変化するグラデーションを作ってみます。

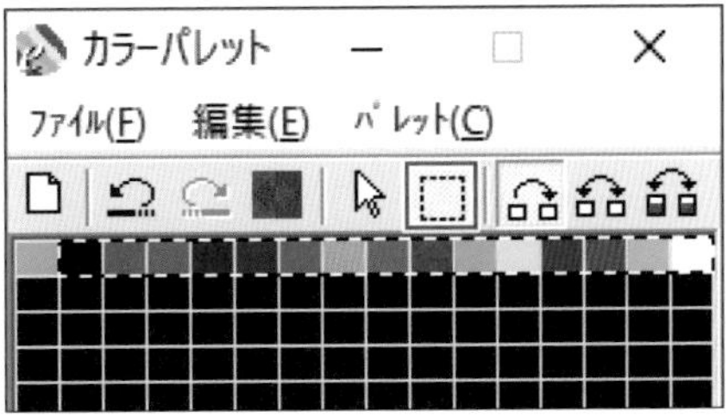

2 パレット上部にある[領域の選択]ツールをONにして、グラデーションの始点(1番)から終点(15番)までドラッグして選択します。すると図のように選択されている部分が破線で囲まれます。

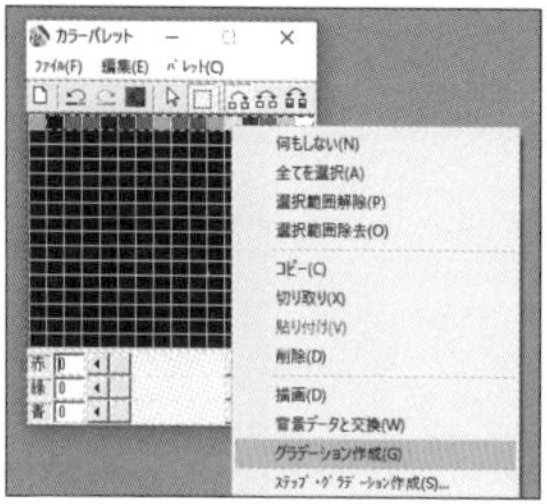

3 選択された状態を維持したまま、マウスの右クリックでコンテキストメニューを表示させ、[グラデーション作成]を選びます。

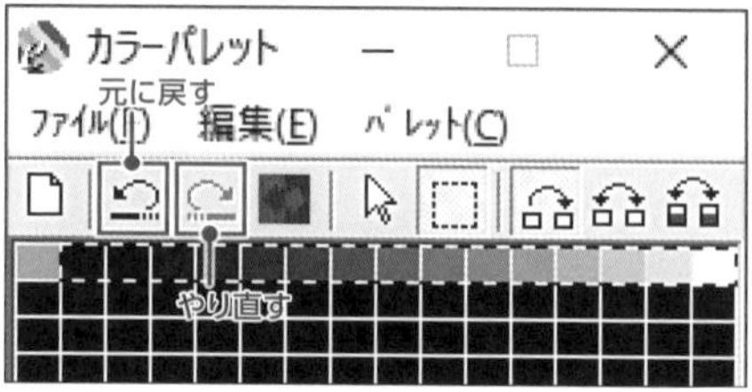

4 黒から白に変化するグラデーションができました！　操作を取り消したり、再度やり直したいときは[元に戻す]ボタン（アンドゥ）、[やり直す]ボタン（リドゥ）を使って調整しましょう。

カラーパレットの便利な使い方

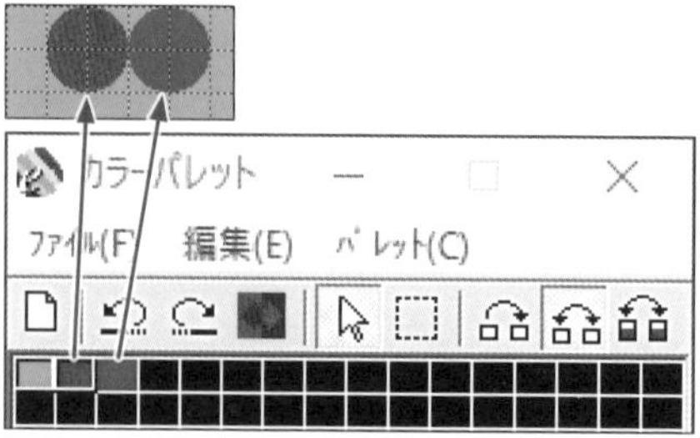

1 カラーパレットを使うと、描いたモチーフの色を簡単に変更できます。たとえば図のように、カラーインデックスの1番を赤、2番を青にして赤と青の円を描きます。

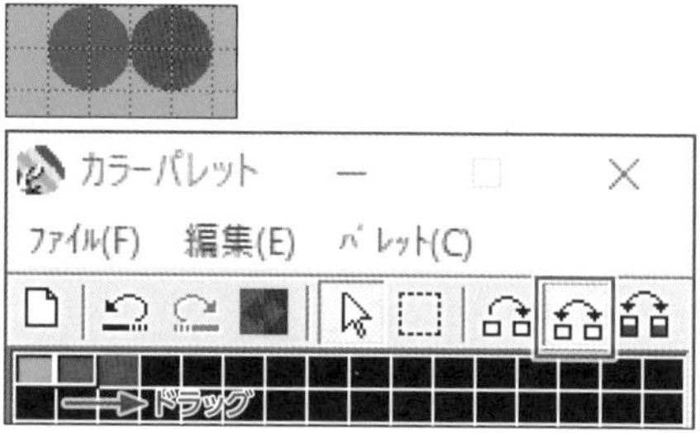

2 図のアイコン[ドラッグで色の位置を変更する]ツールを選び、カラーインデックスの1番を2番に（逆でもOK）ドラッグしてみましょう。すると、カラーインデックスの色が変わると同時に、描いた円の色も変わります。それぞれ塗り直したり、パレットの数値を変えたりしなくてもすむので便利です。

03 キャンバスに実際に描いてみましょう

いよいよ描き始めます。まずは、ドットを意識せずに自由に描いてみましょう。ここでは、描画ツールと塗りつぶしツールの基本操作について紹介していきます。

鉛筆ツールで線を描く

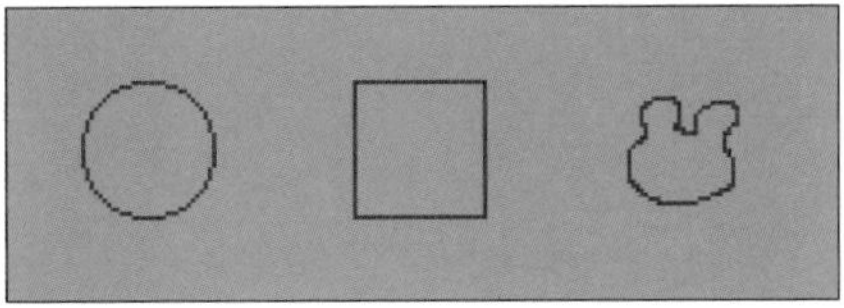

1 エディットツールバーにある鉛筆のアイコンを選択します。正式名称は［自由曲線の描画］ツールですが、本書ではわかりやすく鉛筆ツールと呼びます。

2 カラーパレットの1番を青に設定して（P017参照）鉛筆ツールで自由に図形を描いてみましょう。筆者はマウスで描くことが多いですが、ペンタブレットでももちろん可能です。

図形の内部を塗りつぶす

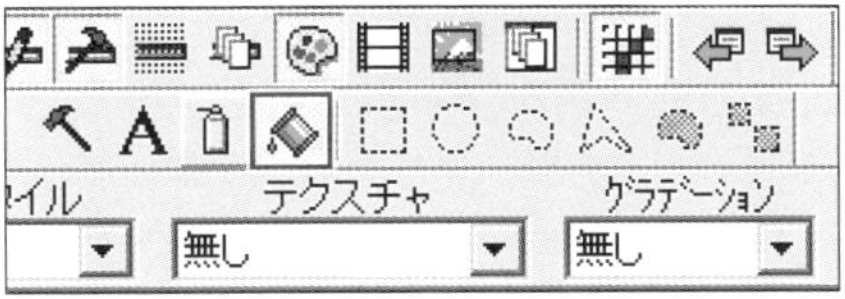

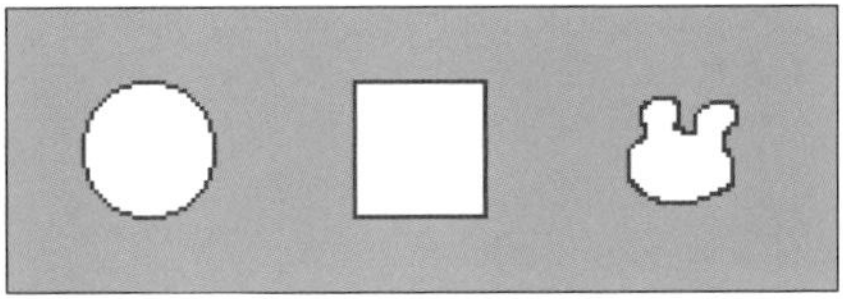

1 塗りつぶしの基本的な操作をしてみましょう。エディットツールバーにあるペンキ缶のアイコンを選択します。正式には［同色範囲の塗りつぶし］ツールですが、本書ではわかりやすく塗りつぶしツールと呼びます。

2 カラーパレットで任意の色（ここでは白［赤255緑255青255］）を選び、先ほど鉛筆ツールで描いた図形の内側にマウスポインターの十字部分を合わせてクリックします。これで線で囲まれた部分を白く塗りつぶすことができました。

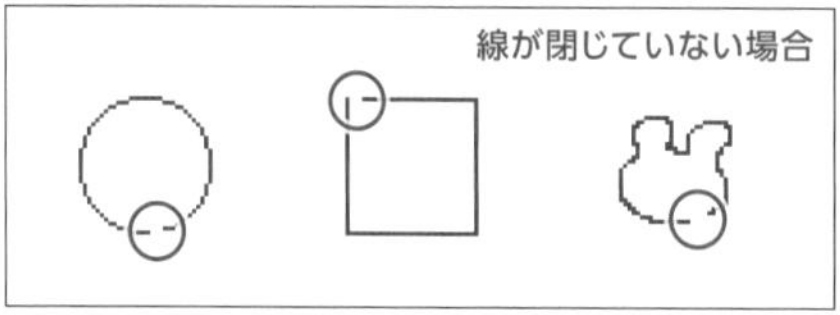

3 なお、線が閉じていない状態で塗りつぶそうとすると、図のように図形の外側まで塗りつぶされてしまいます。このような惨劇が起きても[元に戻す](Ctrl+Z)で取り消せますので心配しなくても大丈夫。あちこち塗りつぶしてみましょう。

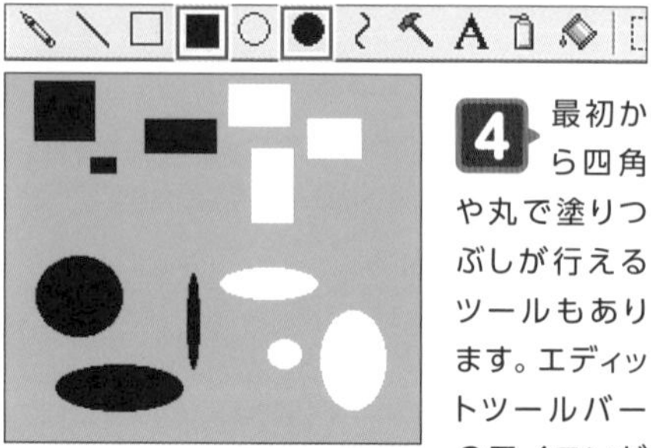

4 最初から四角や丸で塗りつぶしが行えるツールもあります。エディットツールバーのアイコンが「■」の[長方形　中塗りつぶし]ツールと、「●」の[円形　中塗りつぶし]ツールです。本書ではそれぞれ■ツールと●ツールと呼びます。

選択範囲の基本的な操作方法

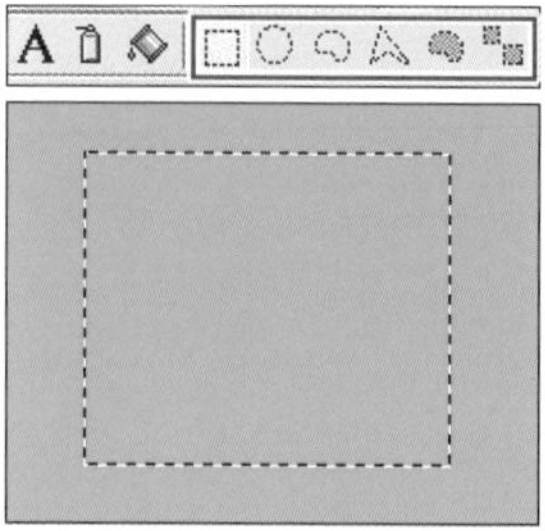

1 選択範囲の基本的な操作をしてみましょう。エディットツールバーにはさまざまな種類の領域選択ツールが用意されています(図の赤枠内)。このうち、よく使うのが左端の[矩形領域の選択]ツール(ほかの領域選択ツールはあまり使わないのでここでは省略します)。このツールでドラッグすると、選択された部分が四角い破線で囲まれます。

2 この選択範囲の中を塗りつぶしツールでクリックすると、任意の色で塗りつぶすことができます。作成した選択範囲は、[選択範囲]メニュー→[選択範囲解除]で解除できます。

グリッドと編集単位

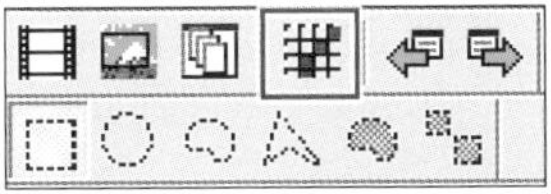

1 グリッドと編集単位の操作をしてみましょう。「グリッド」とは「画面に表示させる格子状の線」で、「編集単位」は「グリッドを有効にする単位」となります。ちょっとややこしいですね。実際にツールを触ってみましょう。図は[グリッド表示／非表示]ツールです。

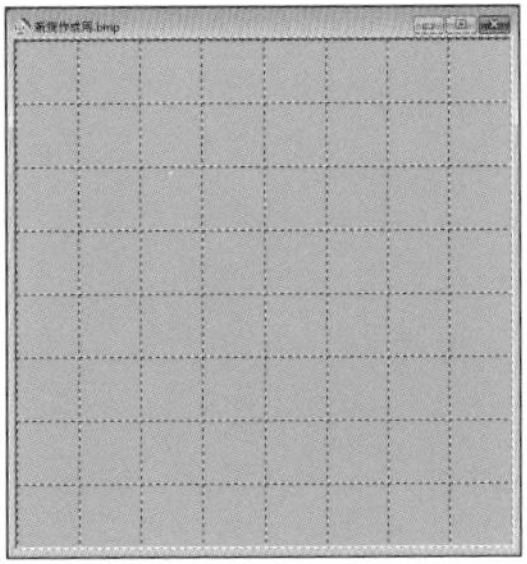

2 グリッドを表示し、見やすいように[ズーム]メニュー→[2倍]で拡大表示したところです。「EDGEのインストールと基本設定」(P014参照)でグリッドを32×32に設定したので、グリッドの1マスが32四方の大きさになっています。この状態ではグリッドが表示されているだけで、有効(グリッドに沿って操作できる状態)になっているわけではありません。

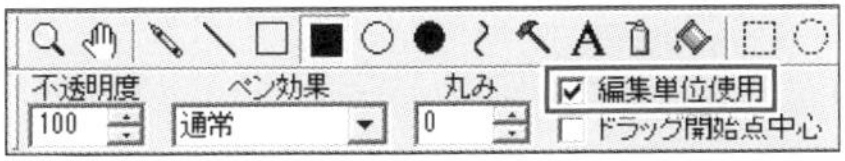

3 グリッドを有効にするには、■ツールや●ツールのオプションバーで[編集単位使用]にチェックを入れます。これによって、グリッドに合わせて図形を描画できるようになります。

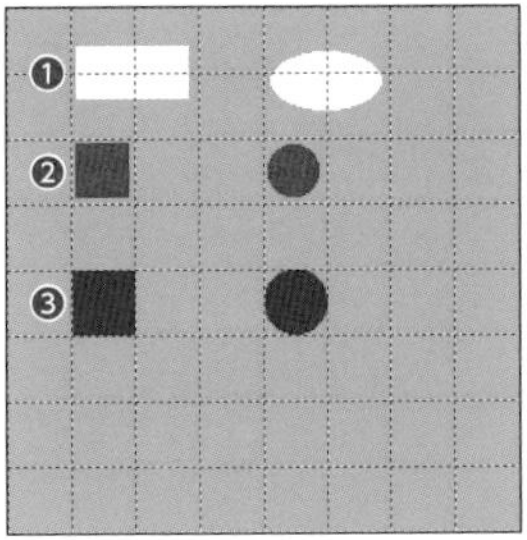

4 図の1番と2番は[編集単位使用]にチェックしないで描いたもので、3番はチェックして描いたものです。3番は図形がぴったりグリッドのマス目に収まっています。この機能を使うと位置や大きさを正確に合わせて図形を描けるので、アニメーション作成やマップ作成などでよく使います。

レイヤの作成と編集

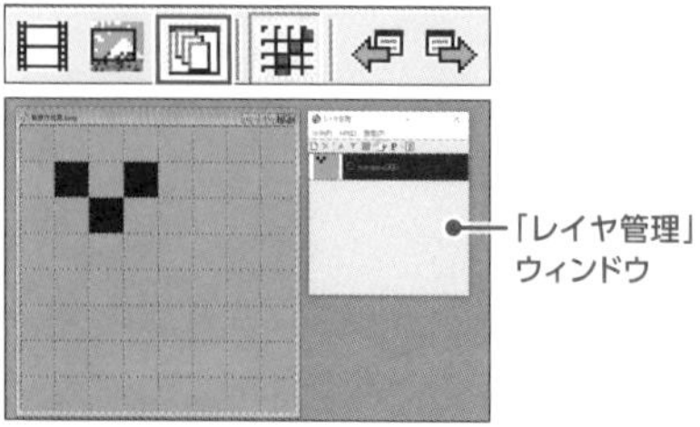

1 レイヤ操作をしてみましょう。メインツールバーの［レイヤ管理ウィンドウの表示／非表示］をクリックすると、レイヤ管理ウィンドウが表示されます。キャンバスに図形を描くとレイヤ管理ウィンドウにも反映されます。

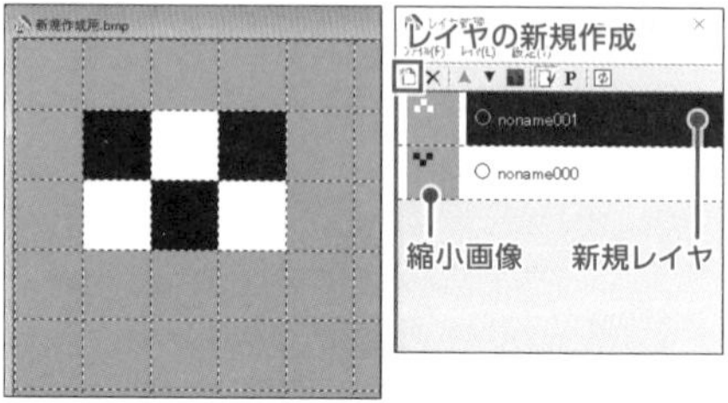

2 レイヤ管理ウィンドウの左上にある書類のアイコン［レイヤの新規作成］をクリックすると、新規レイヤがいちばん上に追加されます。追加したレイヤを選択した状態で図形を描くと、そのレイヤに縮小画像が表示されます。

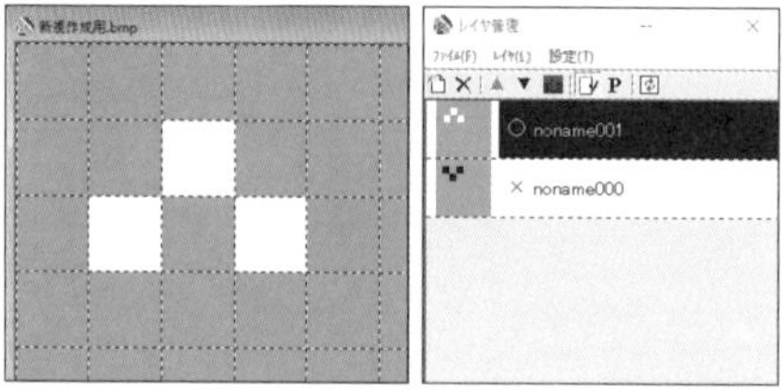

3 レイヤ管理ウィンドウのレイヤ名の前にある「○」アイコンは、レイヤの表示／非表示を示しています。クリックすると「×」に変わり、そのレイヤは非表示になります。図では下のレイヤを「×」にしたので黒で描いた四角が非表示になり、白い四角だけが可視状態になっています。

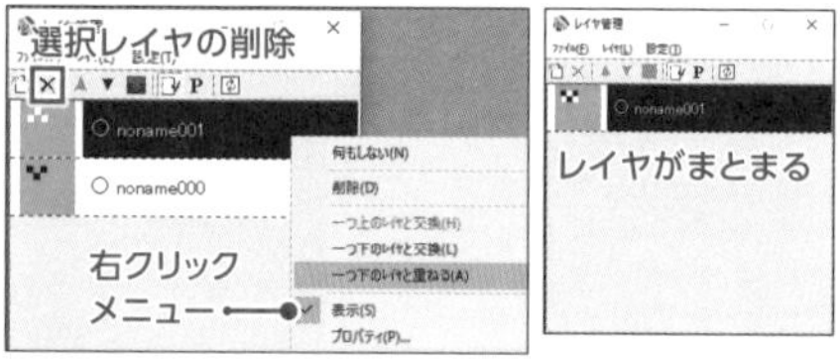

4 レイヤが増えてくると整理したくなることがあります。いずれかのレイヤを選択した状態で×印［選択レイヤの削除］ボタン（図の赤枠部分）をクリックすると削除できます。またレイヤを選択した状態で右クリックメニュー（またはレイヤ管理ウィンドウの［レイヤ］メニュー）から［一つ下のレイヤと重ねる］を選ぶと下のレイヤとまとめられます。

効率アップに役立つ便利機能

1 描いたものを増やしたいときはコピー&ペーストが便利です。[矩形領域の選択]ツールでモチーフ(ここではハムスター)を囲んで選択した後、[編集]メニュー→[コピー]→[編集レイヤからコピー](またはCtrl+C)を選び、[編集]メニュー→[貼り付け]→[現在のイメージに貼り付け](Ctrl+V)を実行します。

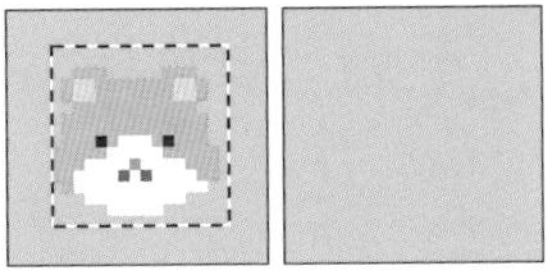

2 逆に描いたものを消したいときは、[矩形領域の選択]ツールで囲んで選択した後、[編集]メニュー→[削除]を選びます(Delキーを押してもOK)。ハムスターはかわいいので消したくなるようなことはありませんが!

3 左右対称の絵柄を描くときは、左右反転が便利。半分だけ描いてから[矩形領域の選択]ツールで選択し、コピー&ペーストした後で[イメージ]メニュー→[左右反転]を実行します。でもこのままだとハムスターの鼻が幅広すぎですね……。こういうときは、反転した後に1ドットずらして調整することがあります。

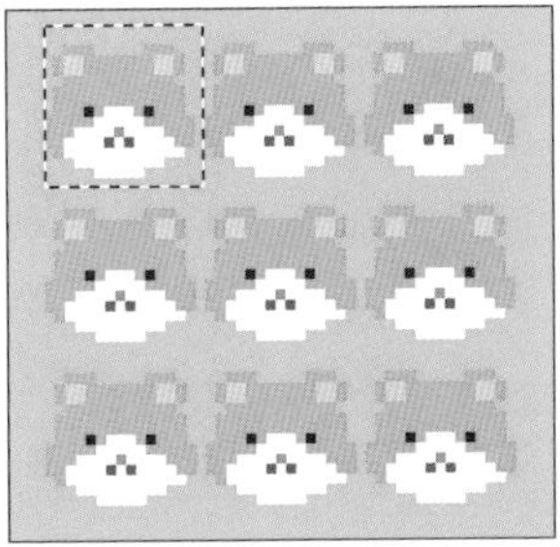

4 同じモチーフを複数コピー&ペーストしたいときは、連続描画を使います。コピーしたいところを[矩形領域の選択]ツールで囲んで選択したら、[イメージ]メニュー→[連続描画]を選択。そのままマウスポインターを動かしてクリックすると、その場所に貼り付けられます。背景や繰り返しパターンを作成するときに便利な機能です。

図形を描いてなじませる

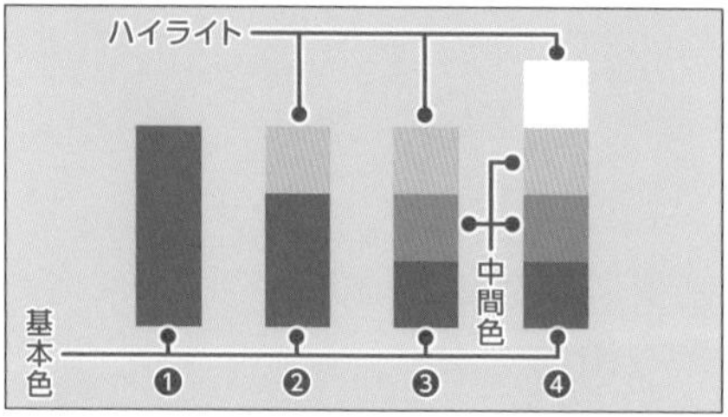

1 本書では「なじませる」という言葉をよく使います。図は、その考え方を示したもの。1番は基本色のみの状態。2番はいちばん上にハイライトを置いたところ。3番は、基本色とハイライトを中間色でつないだ状態で、これを「なじませる」と言います。4番は、さらに強いハイライトを上に置き、基本色との間を2色でなじませた状態です。

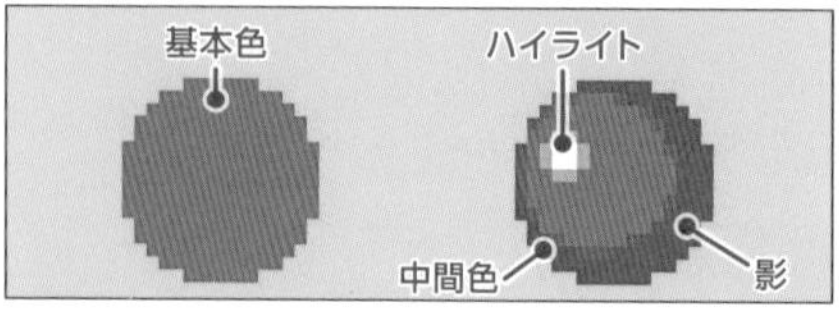

3 図はピンクの円にハイライトと影をつけてなじませたものです。このようにハイライトや影を中間色でなじませることで、立体感を出すことができます。中間色の色数を増やすと、それだけリアル寄りの表現になっていきます。

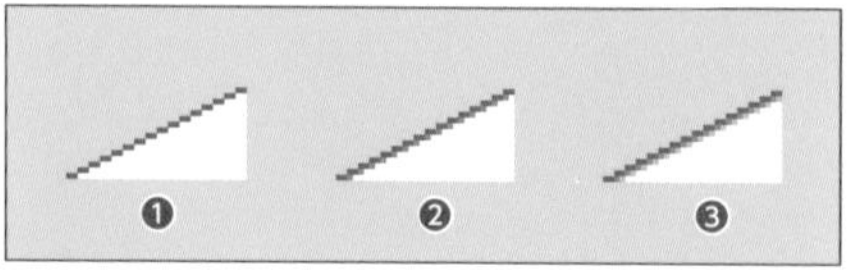

2 もうひとつ例を出してみます。1番は白い面に青い斜めの線をあしらっただけの状態。2番は線と面を中間色1色でなじませたものですが、ちょっとガタガタしています。3番は中間色2色でなじませた状態です。グラデーションができてきれいになじんでいますね。ただ中間色を増やすと線が太く見えたり、にじんで見えたりするデメリットもあるので、すっきり細くみせたい場合は色数を少なくすることもあります。

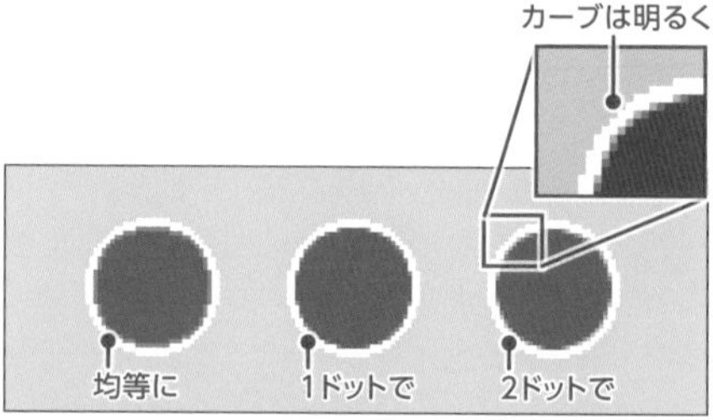

4 なじませる場合は形状に合わせた調整も必要です。図の左は全体を均等になじませ、中央は境界部分に中間色1色を1ドットだけ置いた状態。右は中間色2色でなじませていますが、カーブのピークのみ「明るい色は太く見える」という性質を利用して明るい中間色1色にしています。

04 アニメーション関連ツールの利用

EDGEにはアニメーション制作のための機能も搭載されています。ここでは、その基本的な操作を紹介します。本書ではこれらの機能を使いませんが、興味を持った方はぜひ挑戦してみてください。

シンプルな4コマアニメーションを作る

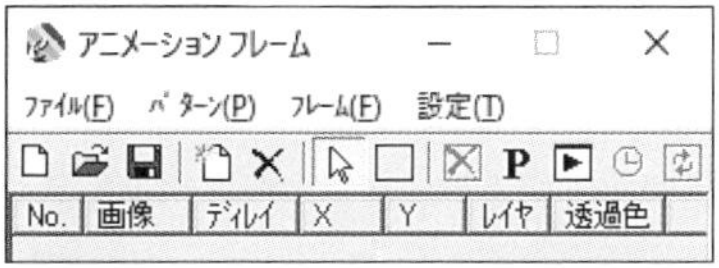

1 メインツールバーにある[アニメーションフレームの表示／非表示]ボタンをクリックすると、アニメーションフレームウィンドウが表示されます(下図)。

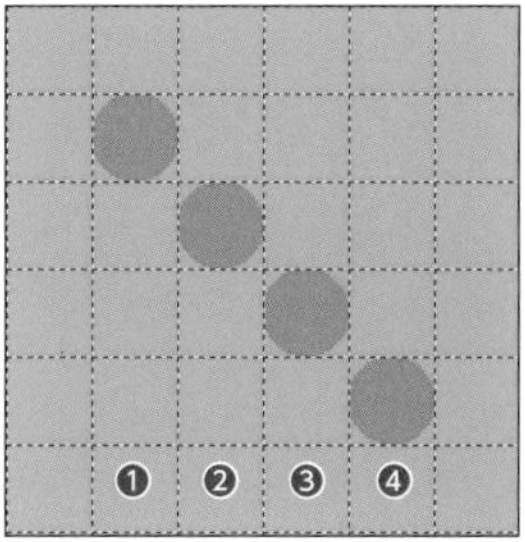

2 丸い玉が移動する簡単な4コマアニメーションを作ってみましょう。まずは、アニメーションの元になるパターンを作ります。グリッドを表示させて●ツールを選び、[編集単位使用]にチェックを入れた状態で、図のように紫の円を1個分ずらしながら4つ描きます。

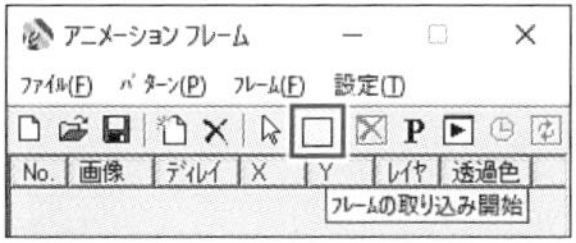

3 作成した4つのパターンをアニメーションフレームに登録していきます。まずアニメーションフレームウィンドウの[フレームの取り込み開始]ボタンをクリックします。

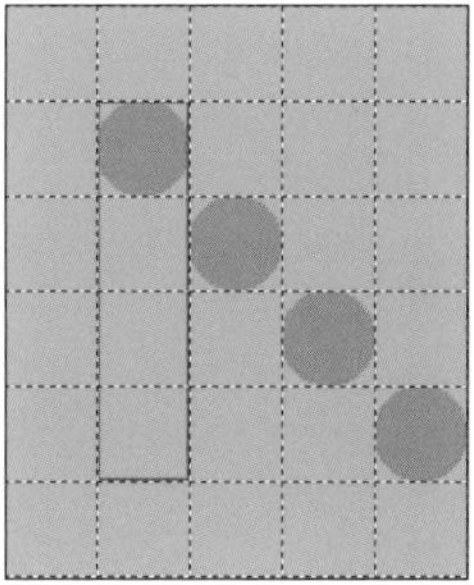

4 アニメーションのアイコンが出た状態でひとつ目を図のようにドラッグして枠で囲みます。枠の大きさはいちばん高い位置にある円と低い位置にある円が収まるよう、グリッド4段分に合わせます。

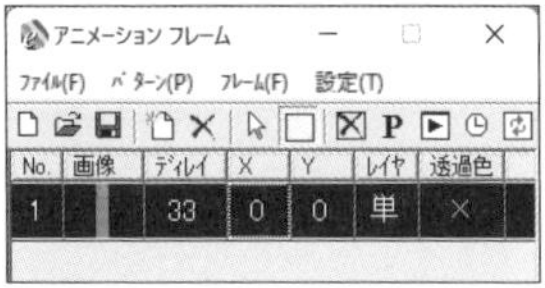

5 1段目のフレームが、アニメーションフレームウィンドウ上に登録されました。

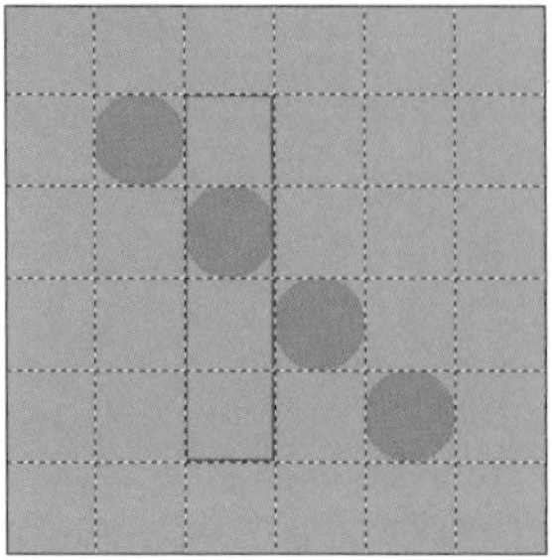

6 ひとつ目のフレームの枠を決めると、枠の大きさがそのまま固定されるので、続けてふたつ目、3つ目という具合にパターンを登録していきます。

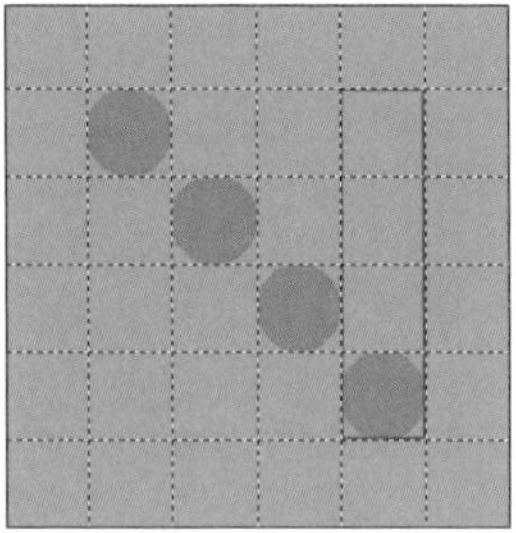

7 4つ目のパターンまで登録を終えました。間違えた場合は、[フレーム削除]でフレームごとに削除したり、[アニメーションパターン削除]で登録内容をまとめて削除してやり直すことができます。

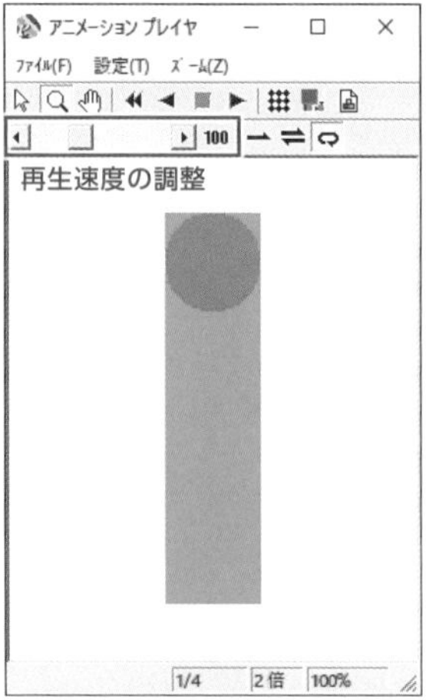

8 登録した後アニメーションフレームウィンドウ右上にある[再生ウィンドウ表示／非表示]（左上図赤枠内）を選ぶと、アニメーションプレイヤウィンドウが表示され、再生ボタンを押すと再生されます。ウィンドウ上部のスライダで再生速度の調整ができます。フレームの数などの細かい調整も後から可能です。いろんな動きを作ってみましょう！

Lesson 1

食べ物

001 三角おにぎり

難易度 ☆☆☆☆☆

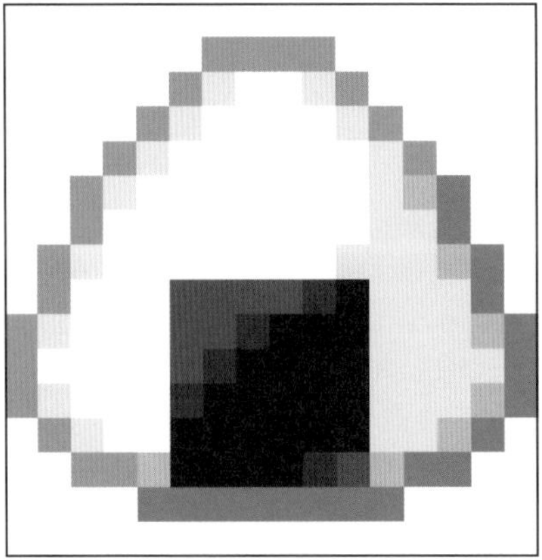

ファイル Lesson1 ⇒ 001

シンプルな三角形のおにぎり。
お米の白とのりの黒の2色がベースになります。
こんもりしたご飯の盛り上がりや米粒感、
のりの照り具合を出すのがポイントです。

サイズ 16×16

パレット［16色］

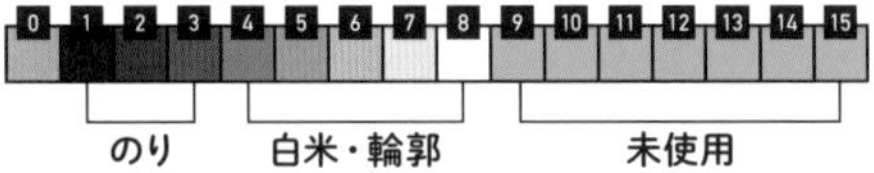

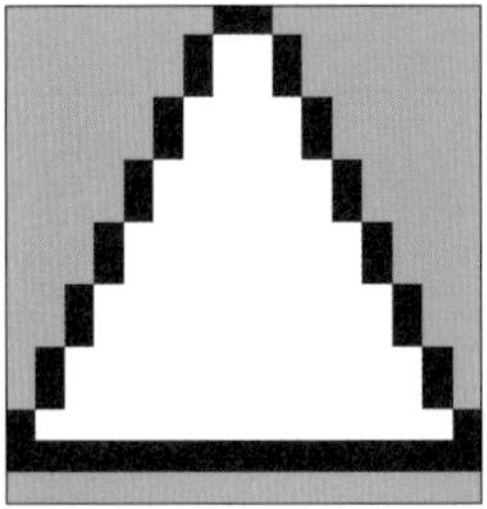

STEP 1 「おにぎり」といえば、みんな思い浮かべるのが三角形！ でも図のように直線で構成された三角形は、あまりおにぎりっぽくありませんよね。そこで、ここでは角が丸まったコロンと転がりそうな形に描いていきます。

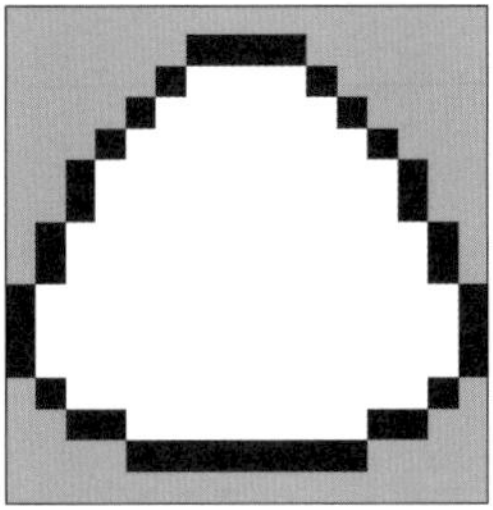

STEP 2 まずは16×16の新規ファイルを作成し、パレットの黒（色1）を選んで、鉛筆ツール（［自由曲線の描画］ツール）で角丸の三角形を描きます。STEP1 の三角形の角を丸くするイメージで描くのがコツ。角丸三角形を描いたら、塗りつぶしツール（［同色範囲の塗りつぶし］ツール）で黒い線の中を白（色8）で塗りつぶします。

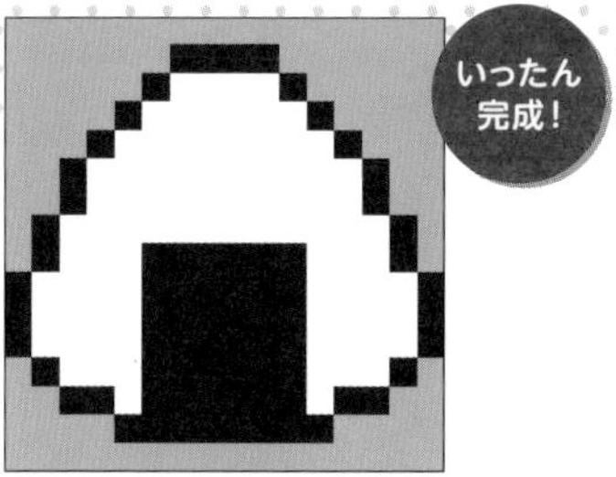

STEP 3 よりおにぎりっぽく見せるため、ご飯にのりを巻きます。■ツール（[長方形 中塗りつぶし]ツール）を選び、黒（色1）で四角形を描きます。これで、シンプルなおにぎりが完成しました！

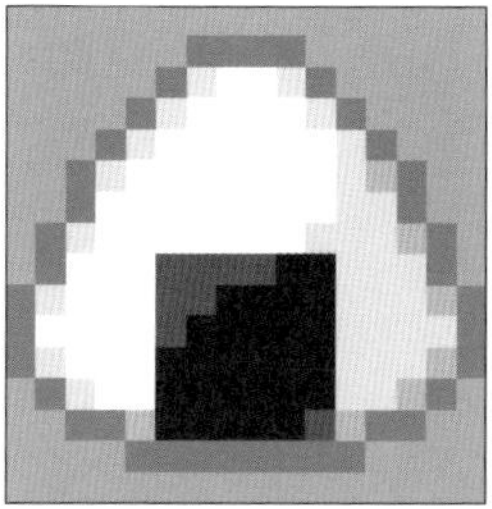

STEP 5 全体の輪郭線を色4で描き直します。お米の三角形を描くときに、最初から色4で描いてもOKです。ここでは輪郭をはっきりさせつつ、輪郭を黒より明るい色にすることで、柔らかい印象に仕上げています。輪郭線とご飯の白部分を色6、7でなじませます。

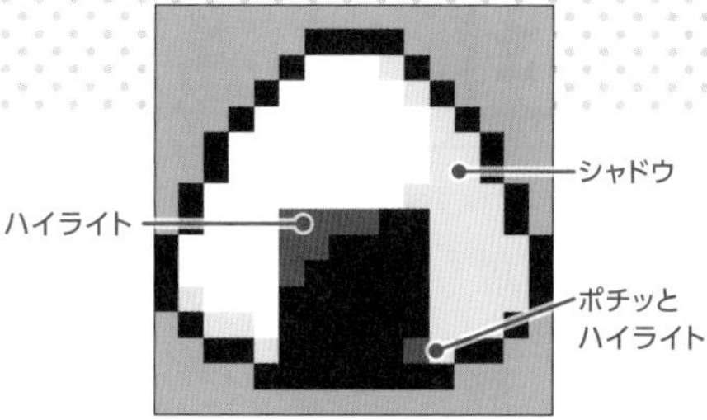

STEP 4 おにぎりをもっと立体的にしていきます。鉛筆ツールを選び、ご飯の右側に明るいブルーグレー（色7）でシャドウをつけます。次に、のりの左上に茶色（色3）でハイライト（照り）をつけます。のりの右下にも、ポチッとハイライトを加えます。

STEP 6 輪郭線の左上部分をブルーグレー（色5）で明るくして、さらに立体感を出します。あとはのりの地色とハイライトの境界を焦茶色（色2）でつなげば完成です！ここでは、のりを直線で描いているので、パリッとした質感になっていますが、直線を少し曲げたりご飯とのりの境界をぼかすと、しっとりした質感を出せますよ。

002 目玉焼き

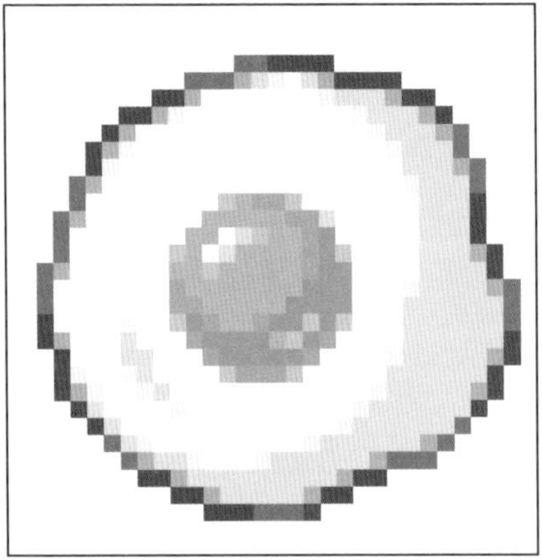

難易度 ☆☆☆☆☆

ファイル Lesson1 ⇒ 002

白身にぷっくりした黄身が浮かんだ定番のシンプルな目玉焼き。黄身のツヤツヤ感や白身のパリッと感を出すのがおいしそうに魅せるコツです。

サイズ 32×32

パレット[16色]

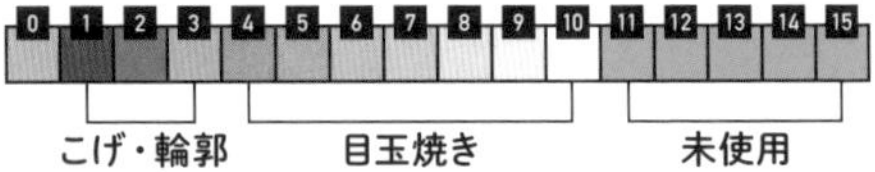

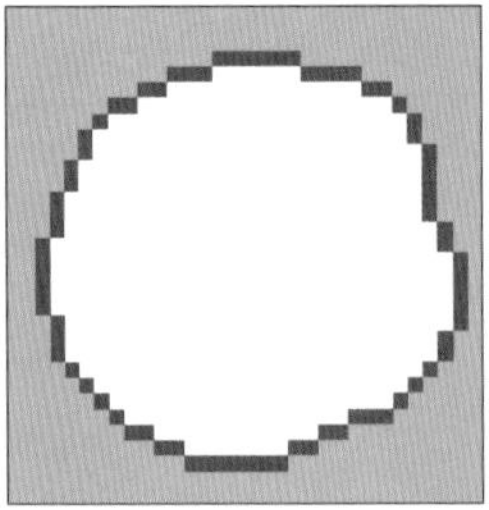

STEP 1

まずは32×32の新規ファイルを作成し、鉛筆ツールで焦茶(色1)の歪んだ円を描きます。その際、半分くらいを歪みのない円弧にすると目玉焼きらしくなります。焦茶の輪郭を描いたら、塗りつぶしツールで線の内側をクリックして白(色10)で塗りつぶします。

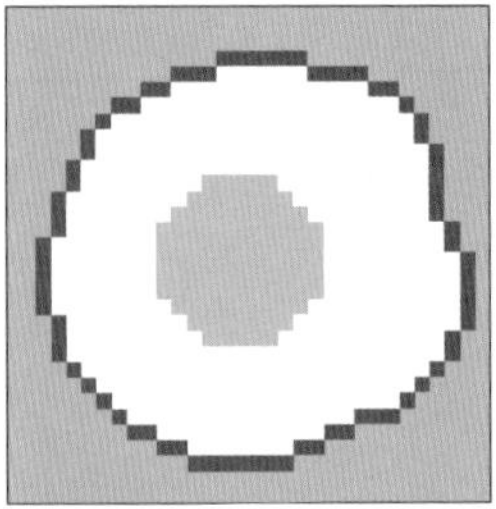

STEP 2

目玉焼きといえば、白身に浮かぶ鮮やかな黄身がポイントですよね。そこで●ツール([円形 中塗りつぶし]ツール)を選び、黄色(色6)で円を描きます。

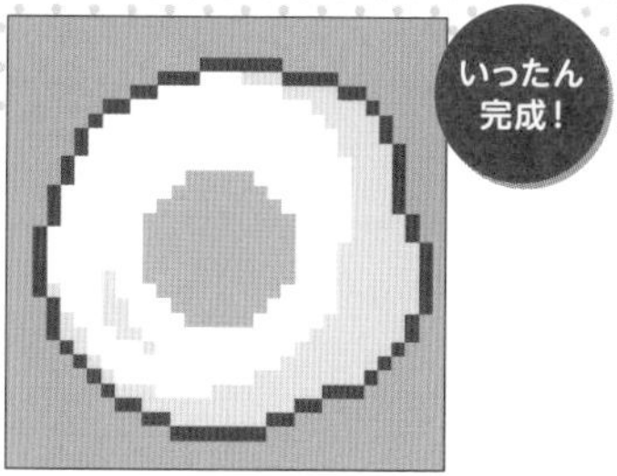

STEP 3 白身に影をつけます。黄身周辺の白身は円形に盛り上がっていますが、部分的に歪んでいるところがあるので少しいびつな三日月状の影を描きました。影の色は薄めの暖色(色8)にすると柔らかさを表現できます。

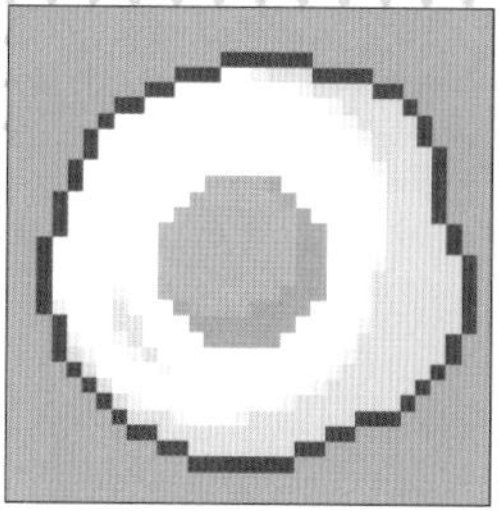

STEP 4 黄身に影をつけます。真横から見ると黄身は半球状に盛り上がっているので、その形に沿って鉛筆ツールで少し濃い黄色(色5)の影をつけます。また、白身の白と薄い暖色の影をその中間色(色9)でなじませます。

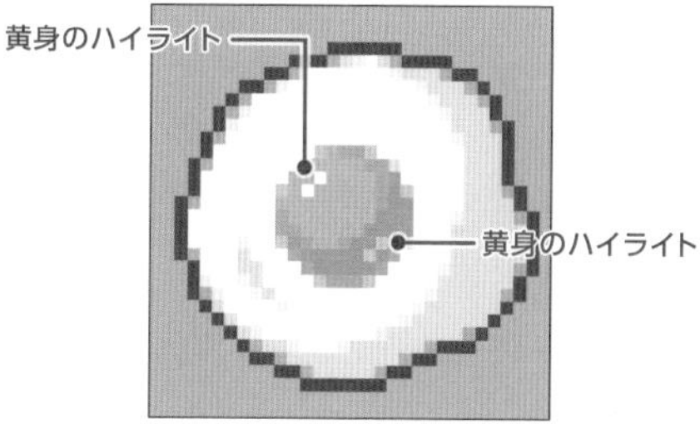

STEP 5 黄身の左上に白で、右下に黄色(色7)でハイライトを描きます。ツヤツヤ、ぷりっとした感じが出て美味しそう！　さらに黄身と白身の境界部分や、黄身の基本色と影を黄色(色5や色7など)でなじませます。

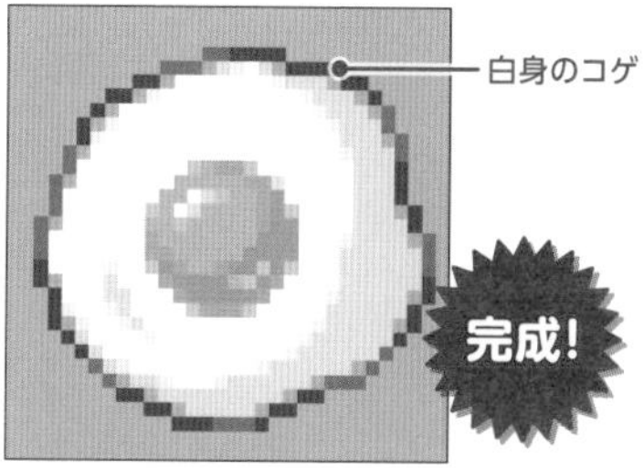

STEP 6 黄身のハイライト部分を明るい暖色(色6〜8)でなじませます。最後に、白身の輪郭を部分的に明るい茶色(色2)に変更してランダムに焦げた感じを出せば、パリパリしたおいしそうな目玉焼きの完成です！

003 葉つきみかん

難易度 ☆☆☆☆☆

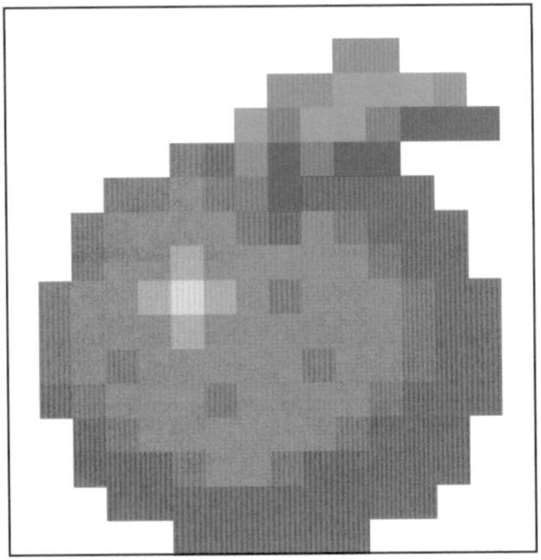

ファイル Lesson1 ⇒ 003

お正月のお飾りでもおなじみの
縁起のよい葉つきみかん。
縦に少しつぶれた楕円でベースを描き
彩度の高い色で塗るのがポイントです。

サイズ 16×16

パレット[16色]

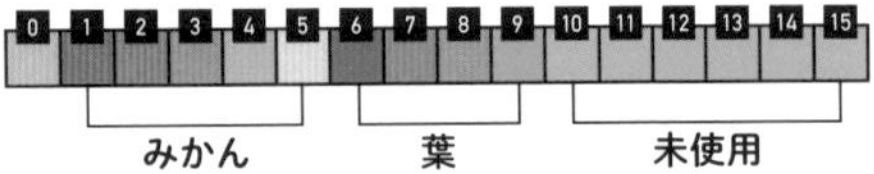

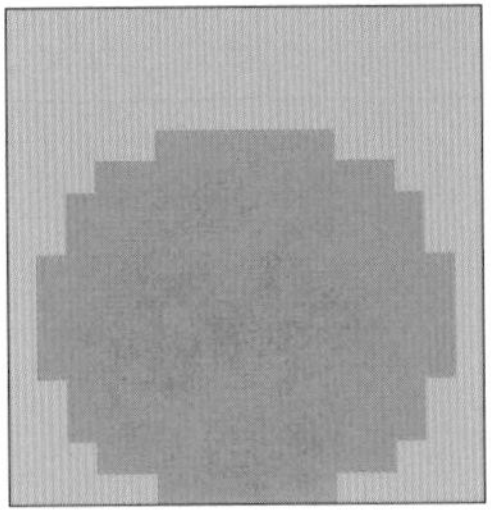

STEP 1

まず16×16の新規ファイルを作成したら、●ツールを選び、あざやかなオレンジ色(色3)で縦に少しつぶれた楕円を描きます。食べ物の色は、想像より気持ち明るく彩度が高めの色にした方が、おいしそうな仕上がりになります。

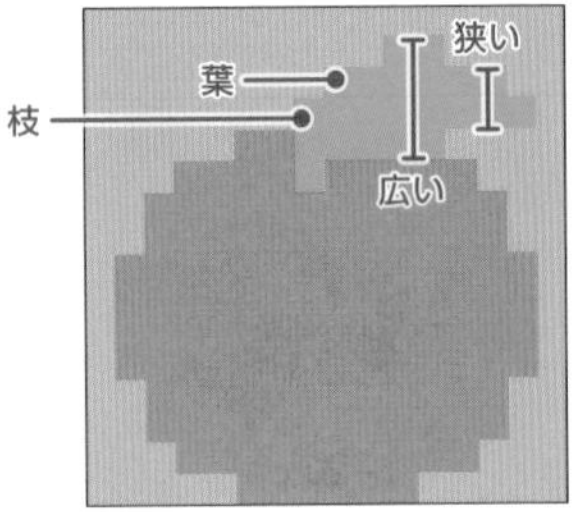

STEP 2

鉛筆ツールを選び、みかんの上部中央を起点として緑色(色9)で枝と葉を描きます。葉っぱの部分は、右上にいくにつれ幅広になり、右端にかけて狭くなるよう描いていきます。

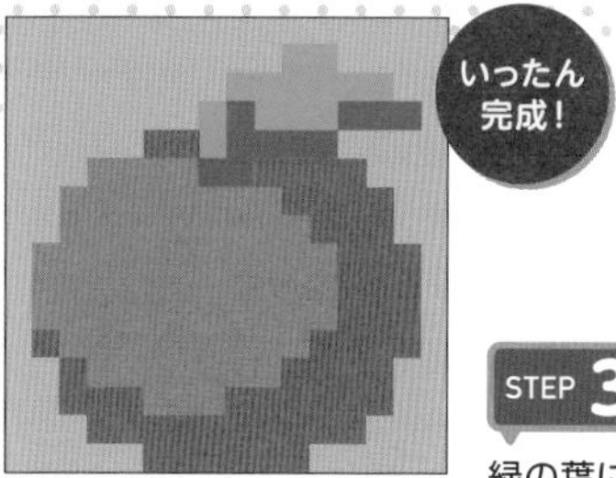

STEP 3

緑の葉に影をつけます。葉っぱは光の当たる面が広く影ができる部分は狭くなるので、下端を1ドットの幅だけ濃い緑（色6）で塗ります。枝と葉の境目も同じ色で塗って、枝の形をはっきりさせておきます。果実部分は球体なので、その形に沿って濃いオレンジ（色1）を三日月状に塗って影を落とします。

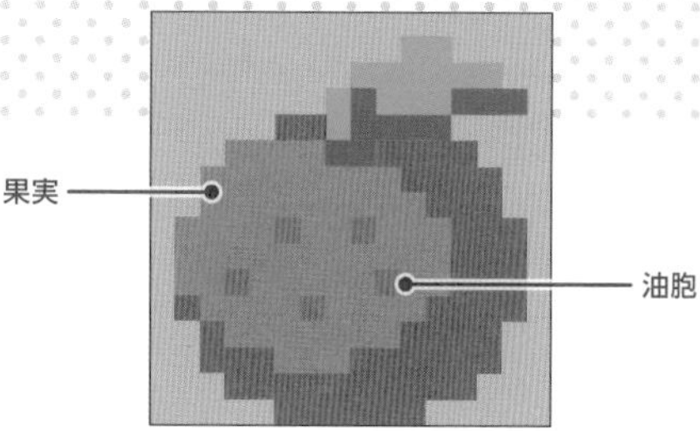

STEP 4

みかんの皮に特有の濃いブツブツ（油胞）を描きます。ここでは、できるだけ偏りのないようにバラけながら淡いオレンジ色（色2）で1ドットずつ色をつけていきました。

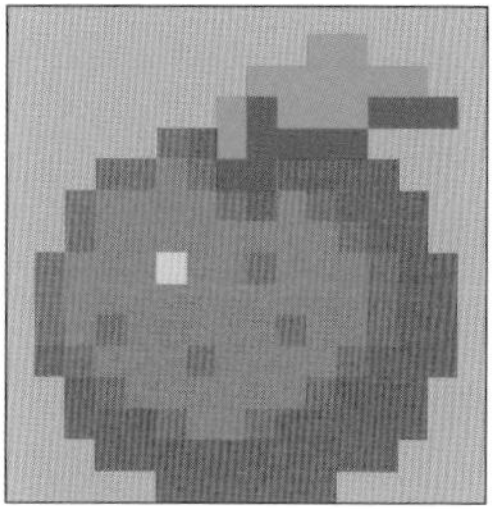

STEP 5

鉛筆ツールで、果実の基本色と影の境目を淡いオレンジ色（色2）でなじませていきます。ここでは、みかんの形をよりはっきりさせるため、左上にも同じ色で輪郭線を入れました。また、ツヤが欲しかったので左上の油胞を黄色（色5）に変えてハイライトとしました。

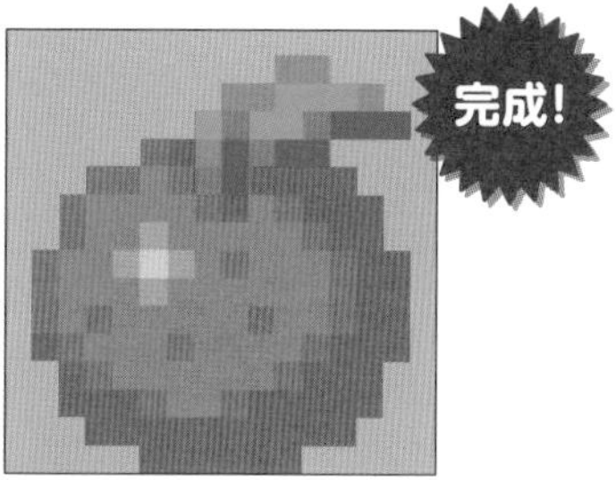

STEP 6

みかんの葉も、基本色と影を中間色（色7、8）でなじませていきます。また、果実部分のハイライトも中間色（色4）でなじませ、円形のハイライトにすれば完成です！

004 スイカ

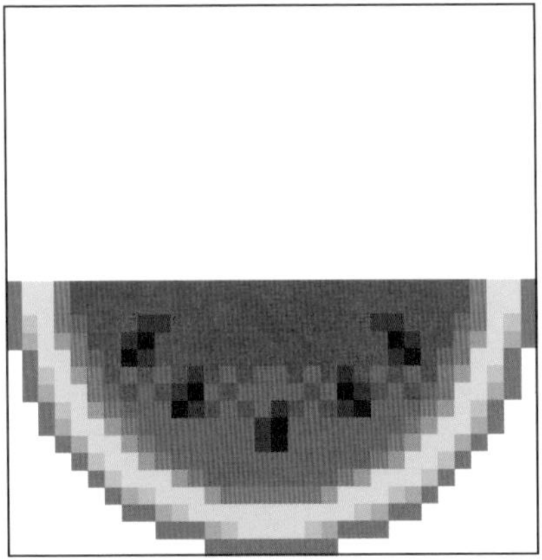

難易度 ☆☆☆☆☆

ファイル Lesson1 ⇒ 004

緑と赤のコントラストが印象的な
夏の風物詩、スイカを描きましょう。
皮から果肉につながるグラデーションを
再現しながら仕上げていきます。

サイズ 32×32

パレット[16色]

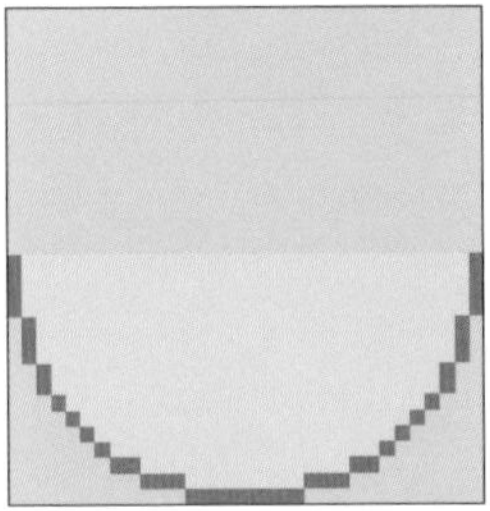

STEP 1

32×32の新規ファイルを作成し、○ツール（[円形]ツール）を選んでオプションバーの[編集単位使用]にチェックを入れ、緑（色3）の正円を描きます。その内側を塗りつぶしツールで黄緑（色6）に塗りつぶします。[矩形範囲の選択]ツールで円の上半分を選択して削除します。

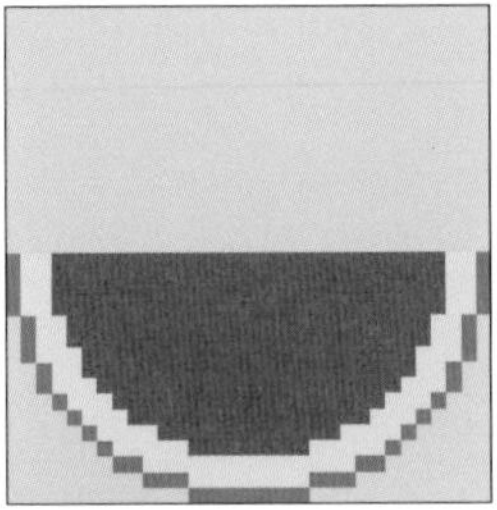

STEP 2

レイヤを新規作成して●ツールを選び、赤色（色10）でひとまわり小さい円を描いたあと、先ほどと同じ要領で上半分をカットします。すでにスイカっぽい外観になってきましたね。

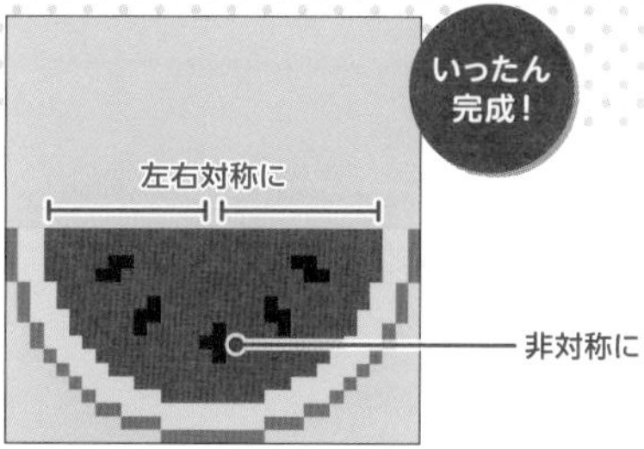

STEP 3 レイヤをもう1枚追加して鉛筆ツールを使い、涙型をイメージしながら黒（色1）でスイカのタネを描きます。ここでは、タネを左右対称に描いたあと、中央のタネのみ非対称にしてアクセントをつけました。

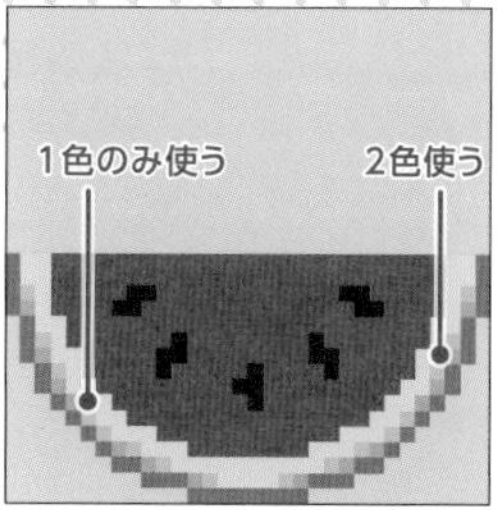

STEP 4 鉛筆ツールで、緑の皮（外果皮）と黄緑の部分（中果皮）の境目を淡い緑（色4、5）でなじませます。カーブは1色だけ使い、直線が出そうなところは2色に分けるのがコツ。スイカは外果皮から果肉につながるグラデーションが美しいのでキレイに再現したいところです。

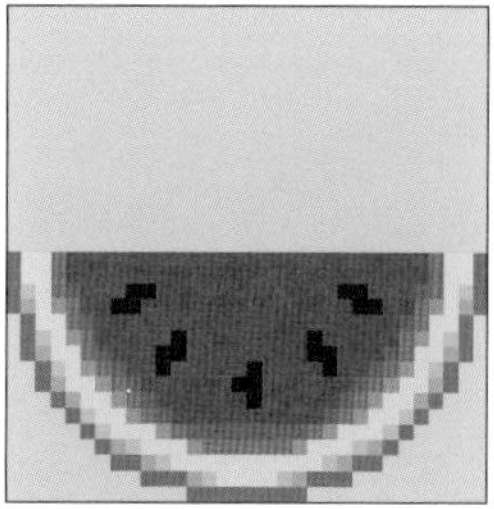

STEP 5 黄緑の中果皮と赤い果肉の境目を中間色（色7〜9）でなじませていきます。外側から順に色7、色8、色9という感じに色を置いていけば大丈夫。次の **STEP6** で調整しますので、大体なじんでいればOKです！

STEP 6 現状だと、赤い果肉の面積が広くペッタリとしているので、淡い赤（色9）で少しだけ明るさを加えます。下の方は塗りつぶして、上の赤い部分との境界を市松模様にします。さらにタネを赤と黒の中間色（色2）でなじませます。涙型をイメージしながら、先端が淡く、下端が濃く見えるように色を置くのがポイントです。

005 クリームコッペパン

難易度 ★★☆☆☆

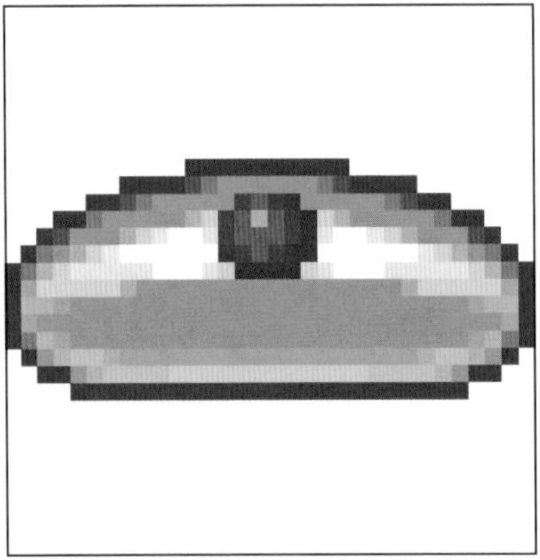

ファイル Lesson1 ⇒ 005

クリームたっぷりのコッペパンを描きます。
パンの底面をうっすら淡い
グラデーションにすることで
柔らかい質感を出すことができます。

サイズ 32×16

パレット[16色]

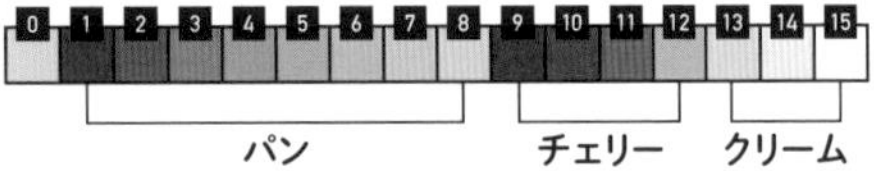

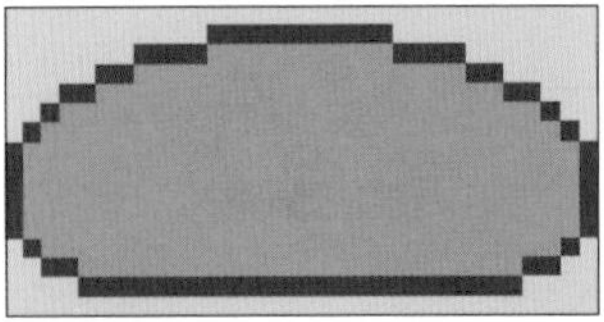

STEP 1 横幅32×縦幅16の新規ファイルを作成したら、鉛筆ツールで焦茶(色1)の楕円を描いて、底面が平らな形になるように整えます。続いて塗りつぶしツールを選び、楕円の内側を明るい茶色(色4)で塗りつぶします。

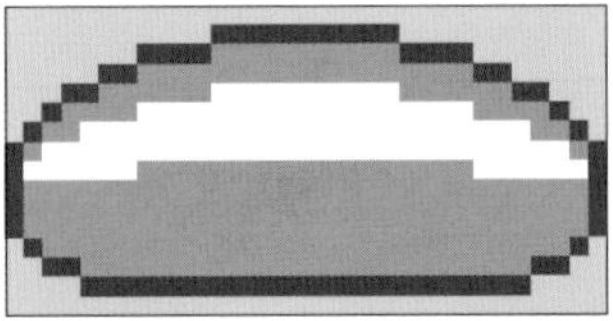

STEP 2 パンの真ん中よりやや上を目安に、白(色15)で線を引いて切れ目を入れます。そこから上下に白を塗り足して広げ、薄目を開けたような感じの形にします。これがクリーム部分になります。

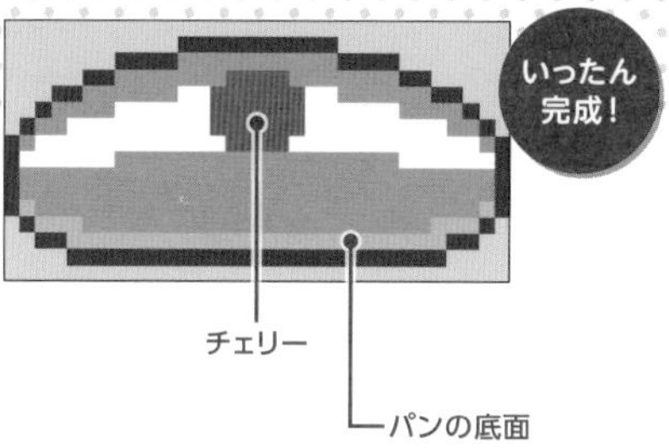

STEP 3 ●ツールでクリームの真ん中に赤色(色11)のチェリーを描きます。次にパンの底面を輪郭に沿って鉛筆ツールでベージュ色(色6)に塗ります。コッペパンの底面は上部ほど熱が当たらず焼き色がつきにくいので、色を明るめにしておきます。

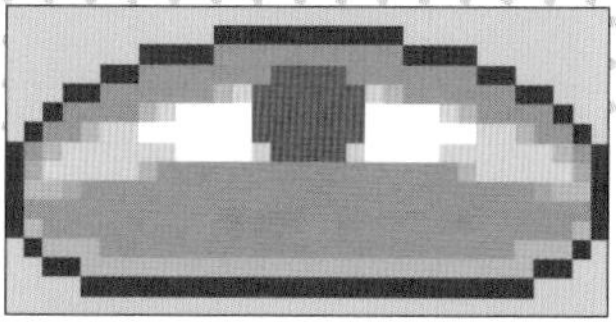

STEP 4 クリームの両端に薄いピンク(色13)で影をつけ、中心が少し盛り上がるよう立体的にします。次にクリームとパンの境目を中間色のグラデーションでなじませていきます。クリームに近い部分は薄いピンク(色13)で、パンに近い部分は明るいベージュ(色5、6)で色をつけます。

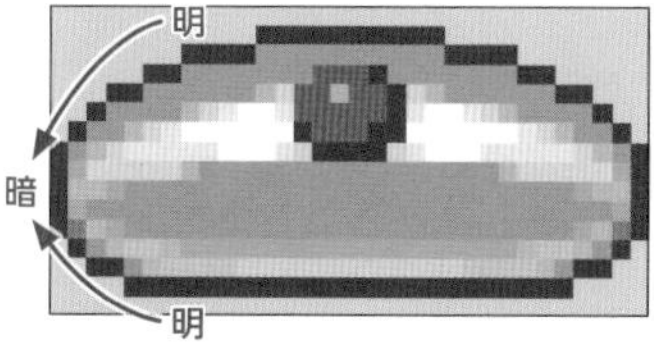

STEP 5 チェリーは球体なので、トップに明るいピンク(色12)でハイライトを入れ、右下に濃い赤(色9)で曲面に沿った円弧状の影をつけます。次に、パンの底面と輪郭線を中間色でなじませます。底面の中心は明るく、両脇に向かって暗くなるよう色8〜3を順に置いてうっすら淡いグラデーションにします。クリームは白と色13の間を色14でつなぎます。

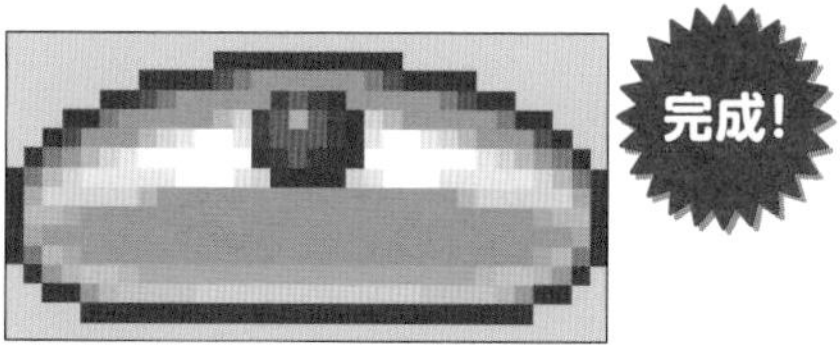

STEP 6 チェリーの基本色と影を赤(色10)でなじませます。最後にパン上部と輪郭線を中間色(色2、3)でなじませたら完成です。
ちなみに、ときどき虫めがねツールで表示を拡大・縮小しながら作業すると描画の粗を確認しやすいのでおすすめです!

006 マグロのお寿司

難易度 ☆☆☆☆☆

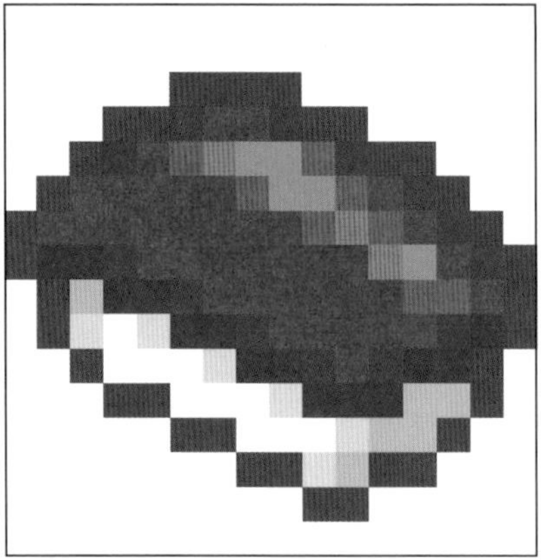

ファイル Lesson1 ⇒ 006

ツヤのあるネタが食欲をそそるマグロのお寿司。
横から見たときに扇型になるよう
マグロの赤身にカーブをつけて描くと
より握り寿司らしい見た目になります。

サイズ 16×16

パレット[16色]

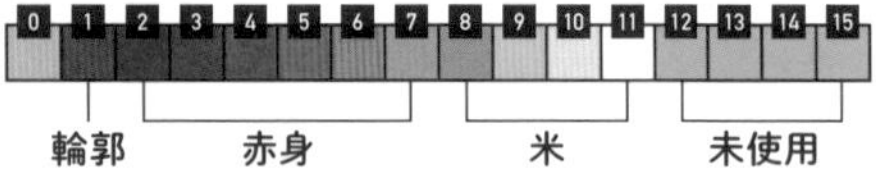

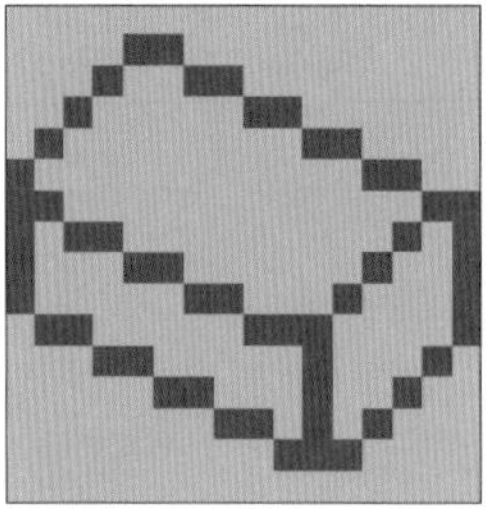

STEP 1

お寿司というと、レンガのような細長くて四角い形をイメージする人が多いのでは？　その形をもとにアタリを取っていきます。まず16×16の新規ファイルを作成したら、[直線の描画]ツールで茶色(色1)の直方体を描きます。

STEP 2

塗りつぶしツールで直方体の上面を赤(色4)で塗りつぶしたら、鉛筆ツールでネタの断面に少し暗い赤(色2)で影をつけます。シャリ部分は白(色11)で塗りつぶします。ネタとシャリの間は輪郭線をつけず、色の違いで境界を表現します。

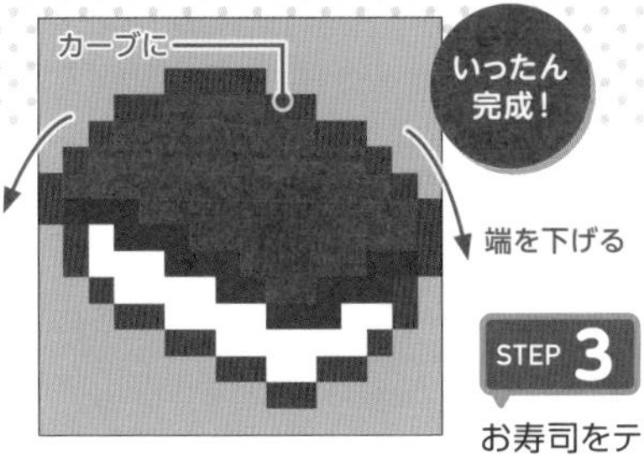

STEP 3

お寿司をテーマにした漫画の受け売りですが、握り寿司は横から見たときネタが扇型になっているのが理想的だそうです。そこで、マグロの赤身の両端を下げて上辺がカーブになるように整えます。それに合わせてネタの断面を薄くし、シャリの形も丸みをつけておきます。

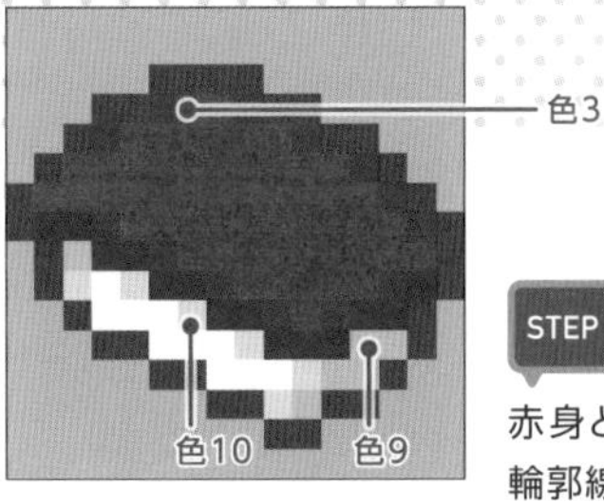

STEP 4

赤身と影、赤身と輪郭線を色3でなじませます。シャリは淡いベージュ（色9）の影をつけて口の中でほぐれそうな柔らかい食感を出し、基本色と影を薄いベージュ（色10）でなじませます。食べ物の影は暖色の方が食欲がわく気がしますが、お寿司は“銀シャリ”とも言いますし、寒色系でもいなせな感じがするのでお好みで！

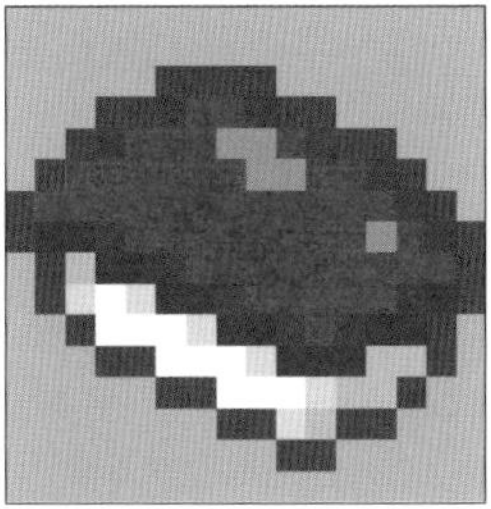

STEP 5

赤身のトップにピンク（色7）のハイライトを入れて、マグロの新鮮さを表現します。基本色の赤と差が大きく明るい色にすることで、光の強さやツヤを出すことができます。色の差が小さい影をつけて柔らかさを出したシャリとは、ちょうど真逆ですね。

STEP 6

最後にマグロの赤とハイライトを明るい赤（色5、6）でなじませれば完成です。
なお、マグロのベースカラーをピンクにして斜めに筋を入れればトロに早変わり！　またネタとシャリを別レイヤに描いておけば、ネタを差し替えるだけで簡単にいろんなお寿司を描けます……と言っているうちにお腹が空いてきました！

007 エビフライ

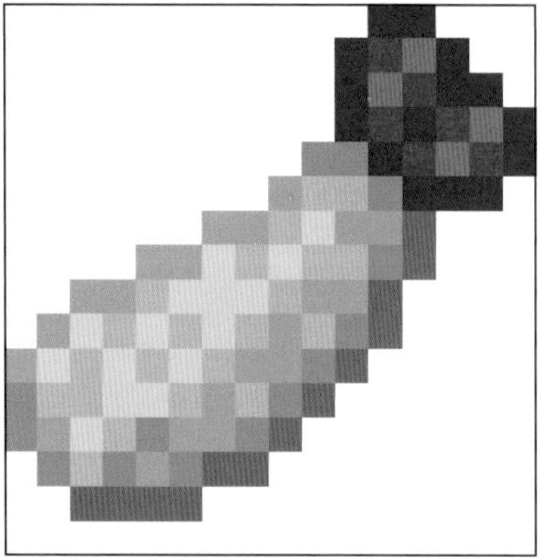

難易度 ☆☆☆☆☆

ファイル Lesson1 ⇒ 007

サクサクの衣をまとったエビフライは
「ノ」の字の形をイメージしながら描きます。
身や尻尾に彩度の高い色を使って
食欲をそそるシズル感を演出しましょう。

サイズ 16×16

パレット[16色]

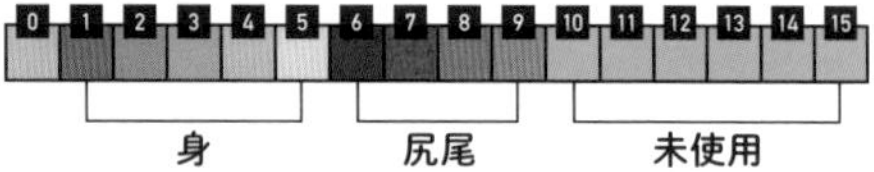

STEP 1

まず16×16の新規ファイルを作成したら、黄色(色5)でカタカナの「ノ」のようにゆるくカーブした楕円を描きます。右端に近づくにつれ徐々に細くします。続いて焦茶(色1)で輪郭線を描きます。フライはキツネ色がおいしさの目安なので、身は彩度高めの色にします。

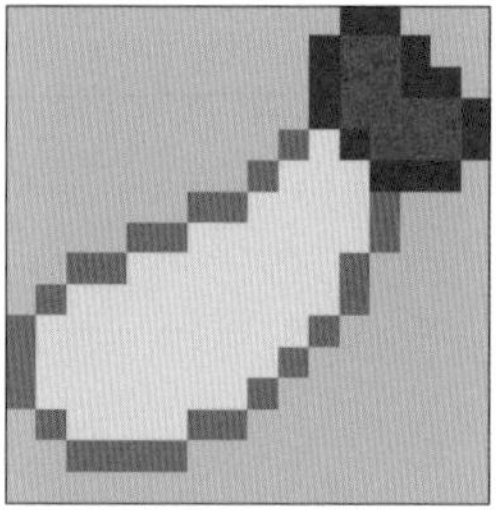

STEP 2

STEP1 で描いた身に尻尾をつけます。赤(色7)で斜めの「V」の字をイメージしながら描き、濃い赤(色6)でその輪郭を描きます。

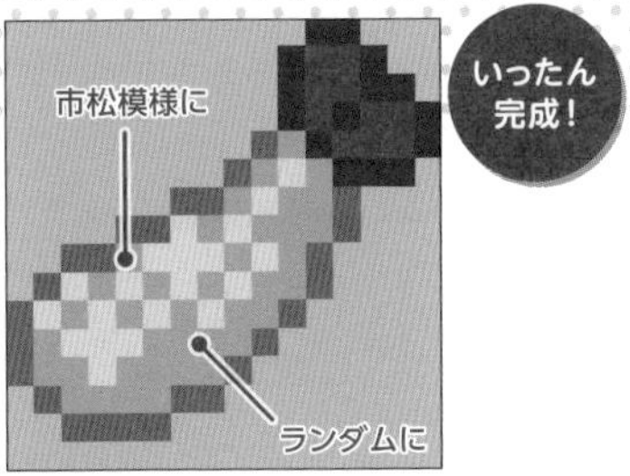

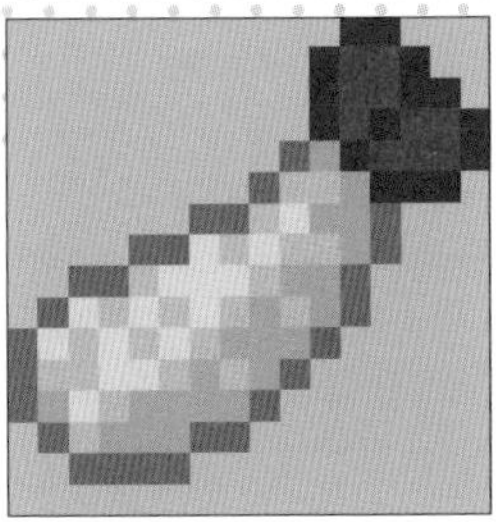

STEP 3 身の部分に少し濃い黄色（色3）で影をつけます。基本色と影の境界は市松模様を基本に、ところどころランダムに色を置いて衣のサクサク感を表現します。
さらに、尻尾の真ん中に斜め45度の線を入れて二分割すれば、シンプルなエビフライが完成！

STEP 4 エビフライの身の基本色と影の色を、その中間色（色4）でなじませます。 **STEP3** と同じ要領で、市松模様を基本としながら、ところどころランダムにドットを置いていきます。

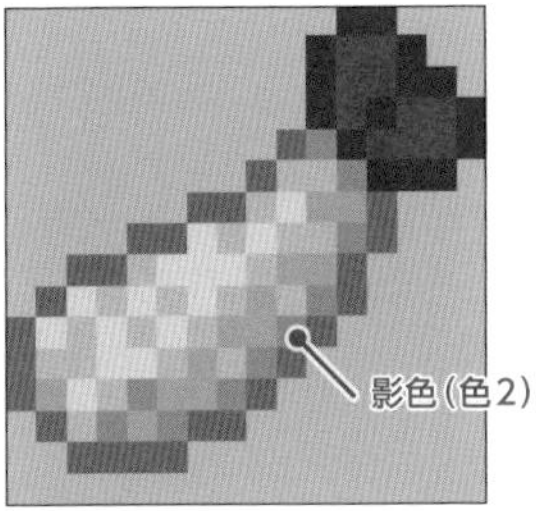

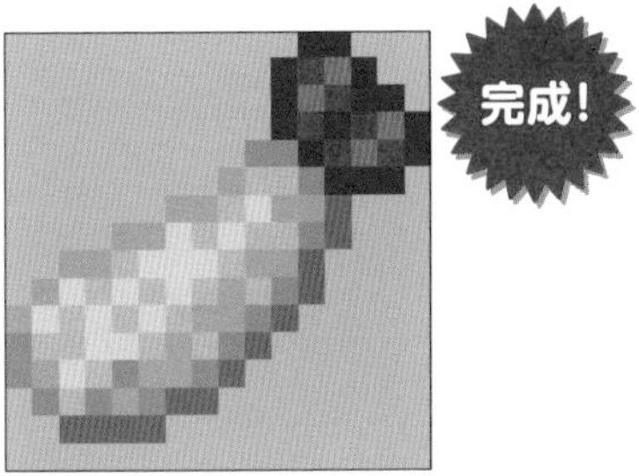

STEP 5 身の影色をさらに増やしていきます。身の下部や輪郭線と隣り合うところに薄い茶色（色2）でさらに影をつけます。また、尻尾の付け根に近い部分にも同じ色で影をつけ、身が細くなっている部分を強調します。

STEP 6 輪郭線が一律で暗い色だと少し硬い印象になるので、尻尾の付け根から左端にかけて少し明るい色（色2、3）に塗り、サクサクとした軽い質感を出すようにします。さらに尻尾に赤茶色（色9）でハイライトを入れれば完成です！

008 ふんわりオムライス

難易度 ☆☆☆☆☆

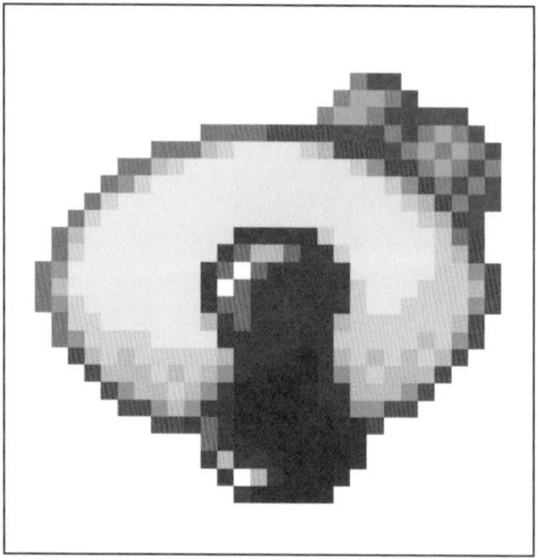

ファイル Lesson1 ⇒ 008

ケチャップソースがとろ〜りとかかった
ふわふわ食感のオムライス。
輪郭線や影のつけ方を工夫して
柔らかさや立体感を出すのがポイントです。

サイズ 32×32

パレット[16色]

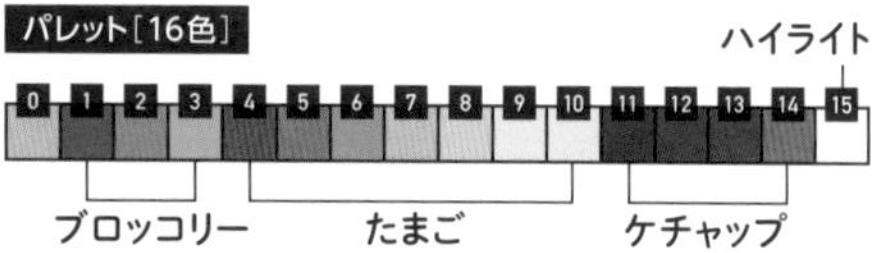

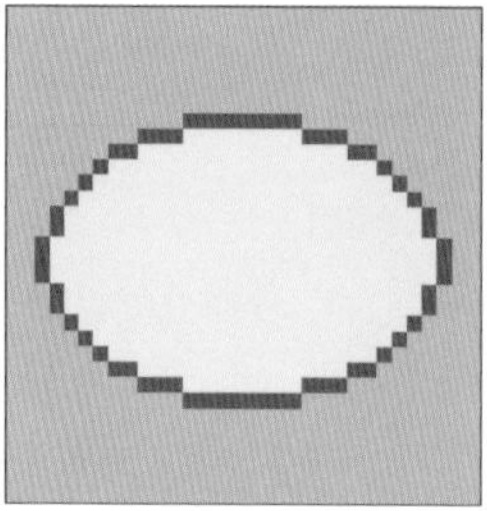

STEP 1

まずは、ラグビーボールのような楕円形を描きます。○ツールで茶色(色4)の楕円を描いたあと、両端を絞るように狭くします。続いて塗りつぶしツールで楕円の内側をクリックして、あざやかな黄色(色10)で塗りつぶします。

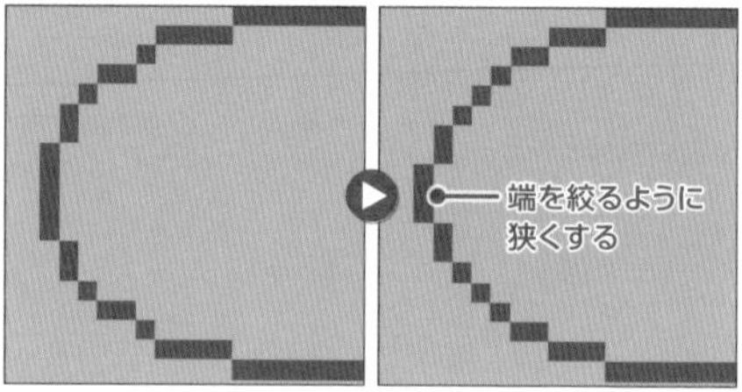

POINT ○ツールで楕円を描くと、オムライスとしてはちょっと締まりのない形になってしまいます。そこで鉛筆ツールで部分的に背景色(色0)を塗って消し、茶色(色4)で線を描き直してラグビーボールのような形に整えます。

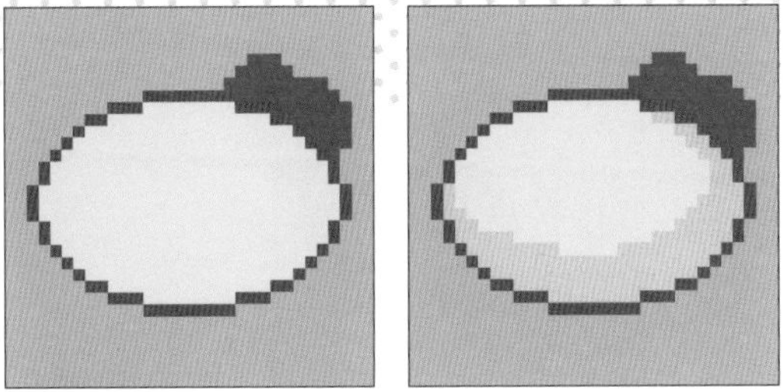

STEP 2 オムライスの右上に付け合わせのブロッコリーを配置します。ここでは、緑（色1）で小さな玉をふたつ並べるようにして描きました。次に、オムライスに淡い黄色（色8）で三日月状の影をつけます。

一口メモ

ふっくら盛り上がった感じを出すため、ここでは影を広い面積につけました。影色はオムライスの基本色と差が小さい色を選んで淡い印象にしています。ふんわり柔らかな感じを出したいときは、このように影を淡い色にします。

STEP 3

オムライスの真ん中に赤（色13）でケチャップを描き、その曲線に沿って白（色15）を1ドットずつ置いてツヤを表現します。また、ブロッコリーにも少し明るい緑（色2）でハイライトを置きます。その際、ハイライトを市松模様にするとブロッコリーの粒っぽい質感が出せます。

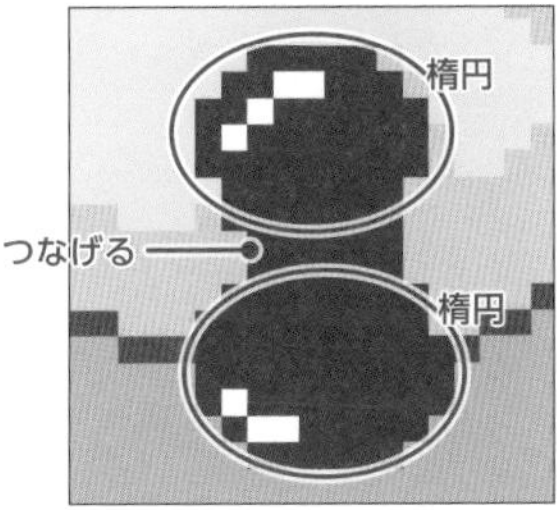

POINT オムライスの真ん中にかけたケチャップが、とろ〜りと垂れてお皿の上に広がるのをイメージして描きましょう。このような“垂れた液体”は、楕円をふたつ描いたあとで、その間をつなぐようにすると描きやすいです。

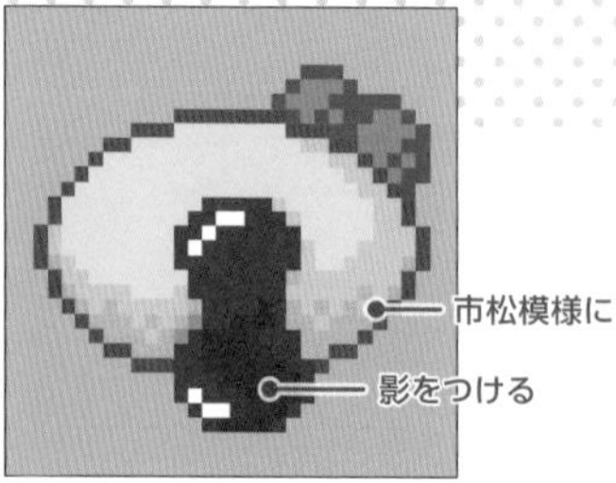

STEP 4 オムライスの下に黄色（色7）でさらに影を追加し、柔らかな立体感を出します。色の境界は市松模様にして、ゆるやかなグラデーションに。ケチャップが垂れた下の部分に濃い赤（色11）で影をつけて高低差を出します。

STEP 5 オムライスの輪郭とたまごの黄色を中間色のグラデーション（色6～8）でなじませます。楕円の頂点は明るく、両端は暗くするように色を置いていくと自然な仕上がりになります。続いて、ケチャップの基本色と影を中間色（色12）でなじませます。

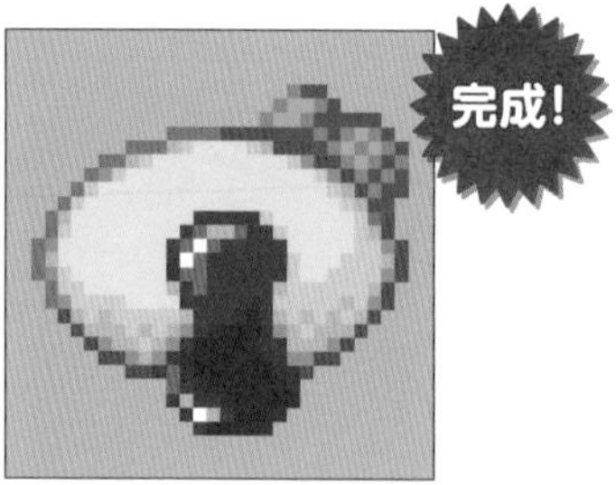

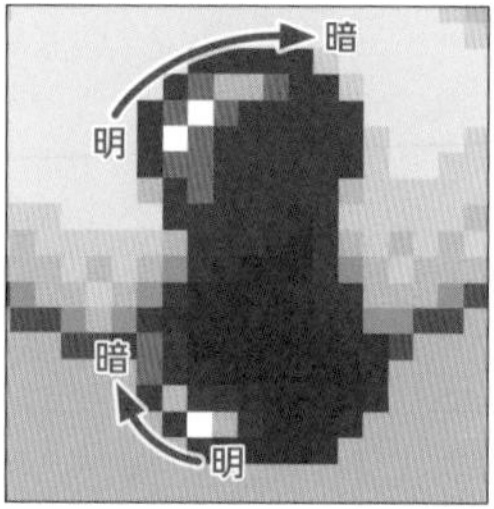

STEP 6 左上の輪郭線を明るめの茶色（色5）に塗り替えてより柔らかな印象に。またブロッコリーにも明るい緑（色3）で市松模様状にハイライトを入れます。さらにケチャップのハイライトを明るい赤（色14）と黄色（色7）でなじませます。

POINT ケチャップのハイライトは、高いところにある方は明るく低い方は暗めにすると高低差が出せます。また手前を明るく、奥側を暗くすると、より自然な仕上がりになります。

009 プリン

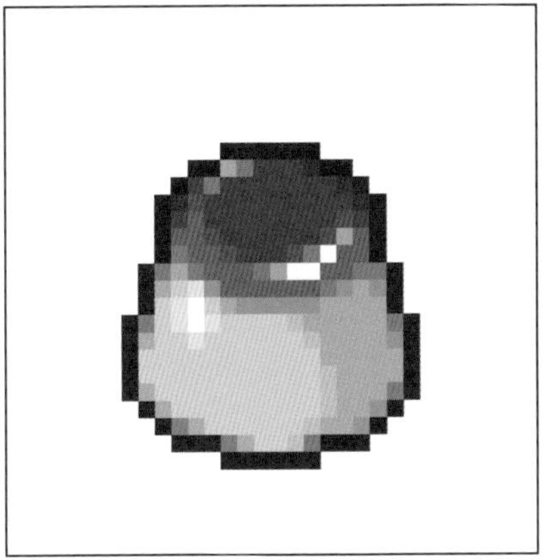

難易度 ☆☆☆☆☆

ファイル Lesson1 ⇒ 009

とろっとしたカラメルソースが香ばしい
子どもも大人も大好きなプリン。
ハイライトの置き方を工夫すると
ぷるぷるした食感を表現できます。

サイズ 32×32

パレット[16色]

STEP 1 まずは、カラメルソースのかかった上面を描きます。◯ツールで焦茶色(色1)の楕円を描いたあと、塗りつぶしツールで楕円の内側をクリックして、茶色(色3)で塗りつぶします。

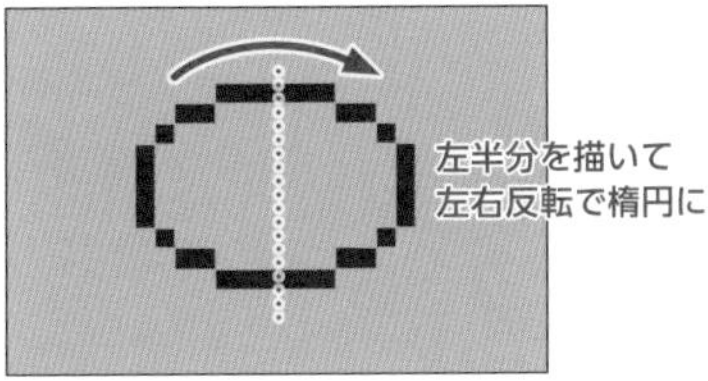

POINT 左右対称の図形を描く際は、まず左半分(あるいは右半分)だけ描いて[矩形領域の選択]ツールで描いた部分を囲んで選択し、コピー&ペーストしたあと[イメージ]メニュー→[左右反転]して反対側に移動してもOK。複雑なモチーフを描く際はとくに便利です(P023「効率アップに役立つ便利機能」参照)。

STEP 2 プリンの底面を描きます。レイヤを1枚追加して焦茶色（色1）で少し大きな楕円を描きます。続いて、このレイヤを **STEP1** で描いた楕円のレイヤの下に配置したら、ふたつのレイヤを重ねて1枚にまとめておきます。

一口メモ

レイヤの位置は、レイヤ管理ウィンドウの［レイヤ］メニュー→［一つ上のレイヤと交換］または［一つ下のレイヤと交換］で入れ換えられます。片方のレイヤをもう一方にドラッグしてもOK。2枚のレイヤは、上のレイヤを選択して［レイヤ］メニュー→［一つ下のレイヤと重ねる］で1枚にまとめられます（P022「レイヤの作成と編集」参照）。

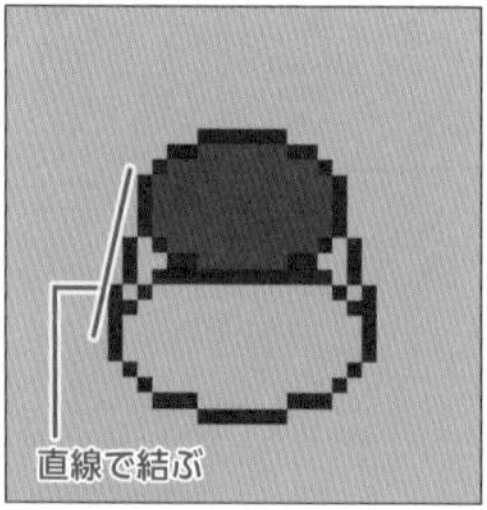

いったん完成！

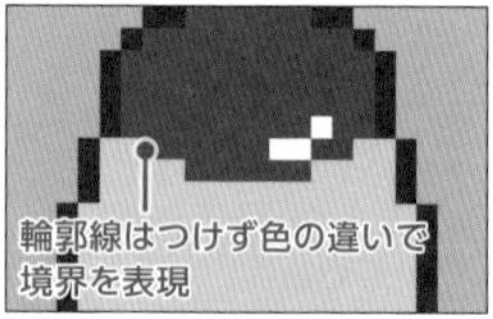

STEP 3 ふたつの楕円の左端と左端、右端と右端をつなぐように、［直線の描画］ツールで焦茶色（色1）の線を引きます。続いてカラメルと外側の輪郭以外を薄い黄色（色10）で塗りつぶし、カラメル部分に白（色12）でハイライトを加えます。これでシンプルなプリンが完成！

POINT カラメルの手前部分は輪郭線をつけません。プリンの柔らかな感じを出したいので、輪郭線ではなく色の違いで境界を表現しています。

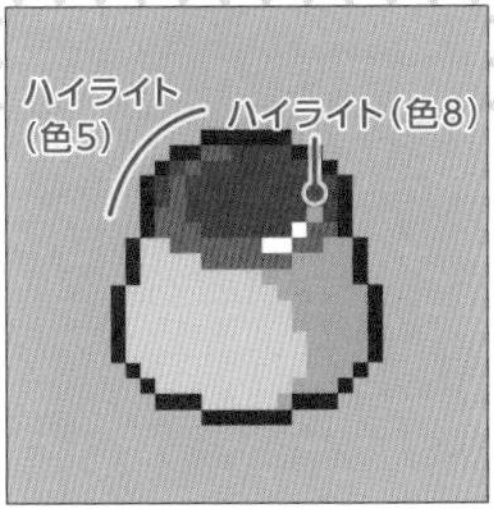

STEP 4

光が反射して生まれるツヤを表現するため、上面のカラメル部分を丸く囲むように明るい茶色(色5)でハイライトを入れます。**STEP3** で描いた白のハイライトの右上にベージュ(色8)のドットを置いてツヤを強調します。さらに、プリンの黄色い部分にベージュ(色8)で影を入れます。

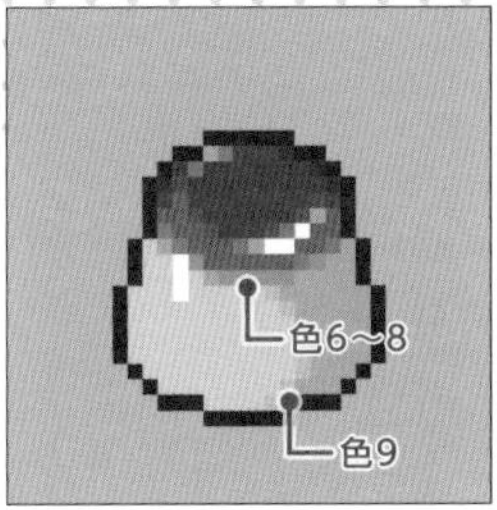

STEP 5

カラメル部分の基本色とハイライトを中間色でなじませます。また、カラメルとプリンの境界線をベージュ(色6〜8)で、プリンと影は薄いベージュ(色9)でなじませます。プリンの左上に白(色12)で縦に強いハイライトを入れます。

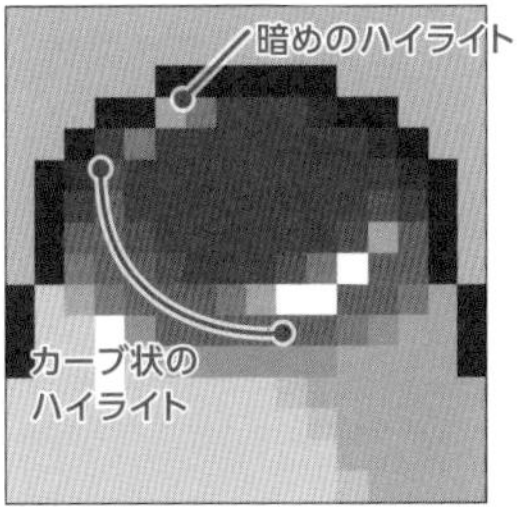

POINT

カラメル部分は、左奥に手前より暗めの色(色6、8)でハイライトを置きつつ、周囲となじませます。カーブ状のハイライトは色4でなじませています。ツヤが増えるとプリンのぷるぷる感がアップして、よりおいしそうになります！

STEP 6

全体的に輪郭線と隣り合う色を中間色でなじませれば完成です。ここではプリン生地と輪郭線を薄茶色とベージュ(色6、8)で、プリンの影と輪郭線を薄茶色(色6、7)で、プリン生地と白いハイライトを淡い黄色(色10、11)でなじませました。

010 ショートケーキ

難易度 ☆☆☆☆☆

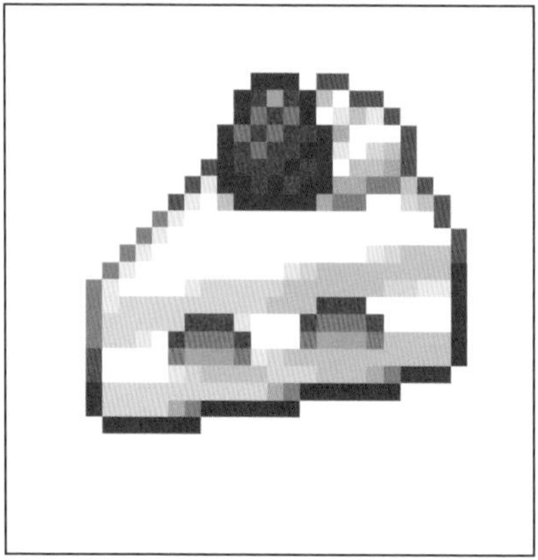

ファイル Lesson1 ⇒ 010

白いクリームに真っ赤ないちごが映える
スペシャルな日の定番ショートケーキ。
色の濁りや生地の質感などに配慮しながら
見栄えよく仕上げていきましょう。

サイズ 32×32

パレット[16色]

STEP 1

まずは、ケーキのベースを描きます。[直線の描画]ツールで焦茶色(色6)の線を引き二等辺三角形を作ったら、塗りつぶしツールで白(色13)に塗りつぶします。続いて三角形の左右の頂点から同じ長さの直線を引いたら、その下端を横の直線でつないで面を作り、黄色(色11)で塗りつぶします。

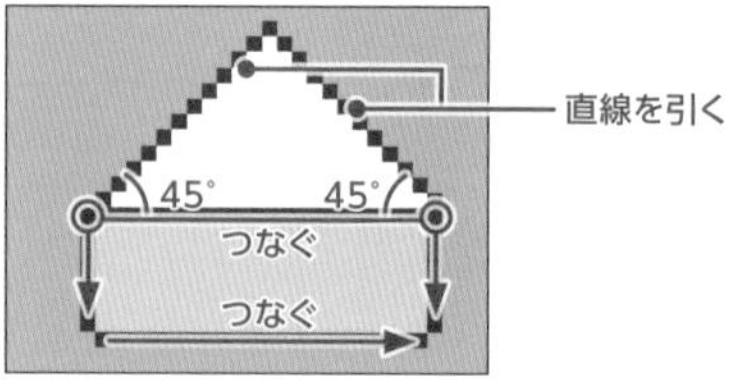

POINT ショートケーキといえば三角形！ いきなり立体で描くのはたいへんなので、シンプルな平面図形から立体に仕上げていくと描きやすいです。ここでは、底角が45°の同じ長さの線を2本引き、その下端をつないで三角形に。さらにその左右の頂点から直線を引いて……と段階的に描いていきました。

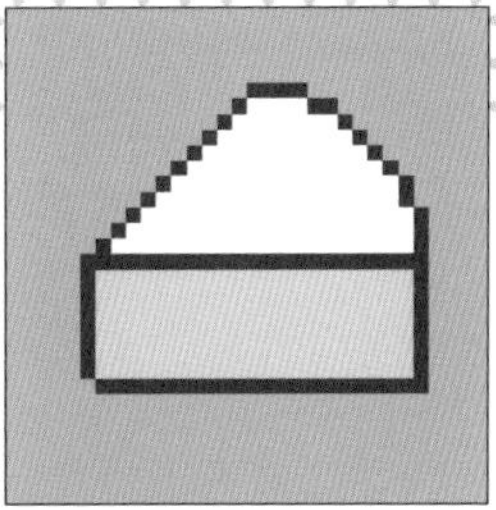

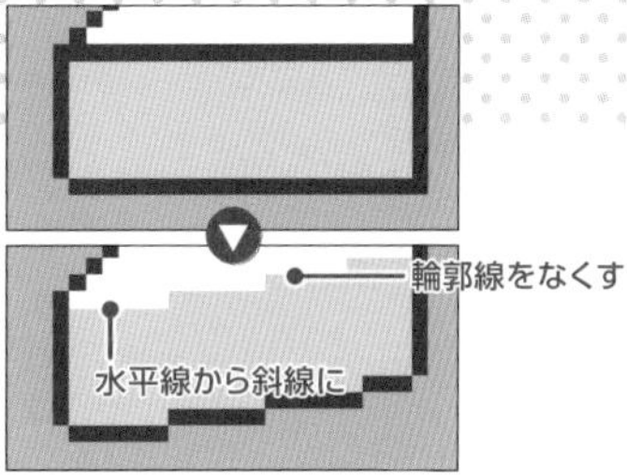

STEP 2 直線が多いとチーズっぽく見え、あまりケーキらしくありませんよね。丸いケーキを切ったらいずれか1辺が丸みを帯びているはず。そこで右の辺にカーブをつけます。これで少しケーキらしくなりましたが、断面の長方形の存在感が大きい気がするので、少し斜めに角度をつけてみました。

POINT ケーキの断面が平行四辺形になるよう整えます。上面のクリーム部分とスポンジケーキの間の輪郭線をなくし、色の違いで境界を表現します。これでだいぶショートケーキらしくなりました。

STEP 3 クリームの上に赤（色3）でいちごを描き足します。先端をやや狭く、おしりを広く描くのがコツ。続いて、スポンジの間に白（色13）でクリームを描きます。ケーキの断面の斜線と平行になるように描くとキレイです。このクリームの中にも赤（色3）でいちごを描き加えておきます。

一口メモ

クリームの中のいちごも、ケーキの断面に合わせて斜めに描きたいところですが、サイズが小さいためドットが目立ってガタガタのラインになってしまいます。そのため、ここでは見た目のキレイさを優先して、いちごは水平に描いています。

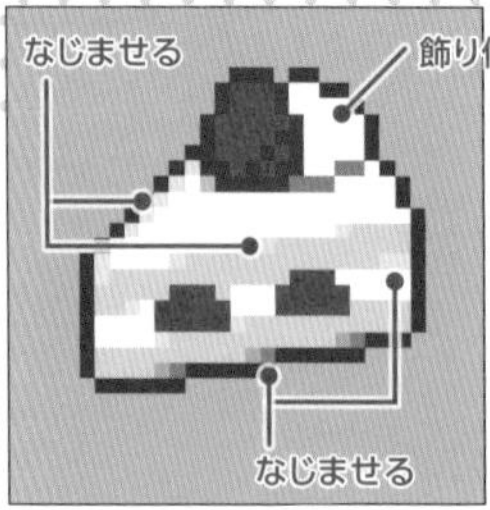

STEP 4 いちごの右後ろに白で飾り付けのクリームを追加したら、その底に茶色（色8）で輪郭線をつけます。いちご本体は少し濃い赤（色2）で市松模様のドットを置いてぷつぷつ感を出します。さらに上面のクリームとスポンジを淡い黄色（色12）で、輪郭線とスポンジを中間色（色8、9）でふんわりなじませます。

STEP 5 いちごに淡い赤（色4）でハイライトを置きます。飾り付けのクリームは、ベージュ（色10）で絞り出したような筋状の影をつけます。さらに断面のいちごの中心を薄いピンク（色4、5）にして明暗をつけます。

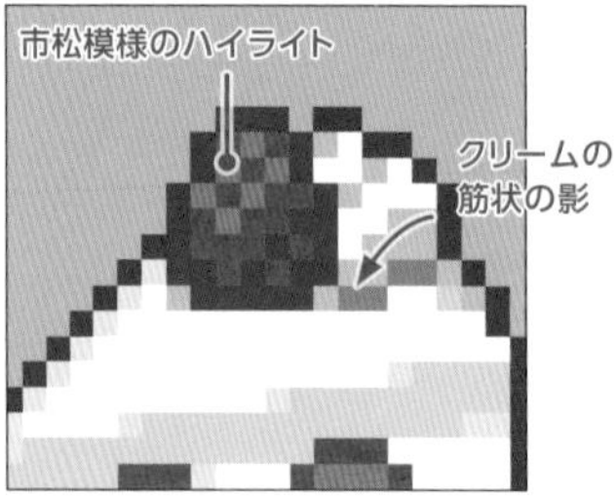

POINT いちごのハイライトは市松模様に、飾り付けのクリームの筋状の影は、直線ではなく、ややカーブした形状にし、ふんわり感を出します。

STEP 6 いちごの先端にピンク（色5）のハイライトを置いてツヤを出します。飾り付けのクリームと筋状の影を中間色（色9～12）でなじませます。断面のスポンジの右側にベージュ（色10）で影を落として立体感を出します。最後に全体の輪郭線の左側を明るくしてやわらかい印象にすれば完成です！

011 記念日ワイン

難易度 ☆☆☆☆☆

ファイル Lesson1 ⇒ 011

特別な日の食卓を華やかに演出するワイン。
長方形でアタリを取ったあと
上部の幅を狭めたり底面を丸めたりしながら
形を整えていくと描きやすいです。

サイズ 32×32

パレット[16色]

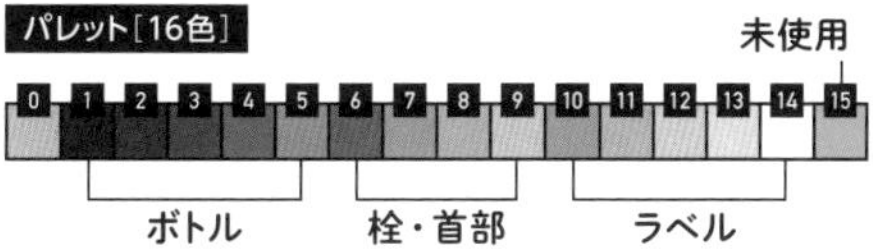

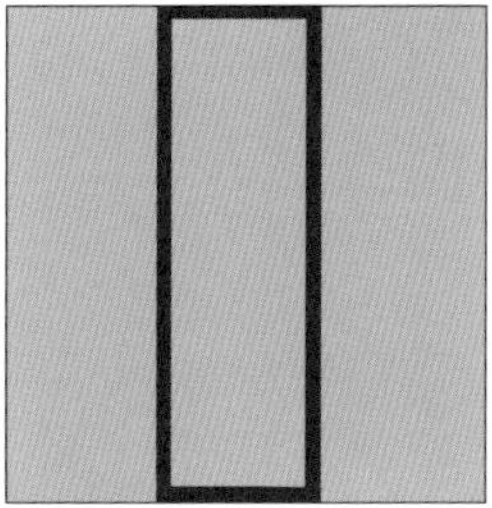

STEP 1 最初にワインボトルの形を想像してみましょう。多くの人が思い浮かべるのは、細い首部が下にいくつれて太くなっていく縦長のフォルムではないでしょうか。そこで、まずは□ツール（[長方形の描画]ツール）を選び、深緑色（色1）で縦長の長方形を描きます。

一口メモ

ワインボトルには、いかり肩のボルドータイプや、なで肩のブルゴーニュタイプなど、さまざまなタイプがあります。しかし、基本的な描き方は変わりません。首部から胴体にかけて太くなる位置や形を変えることで異なるタイプも表現できるので、いろいろアレンジしてみてくださいね。

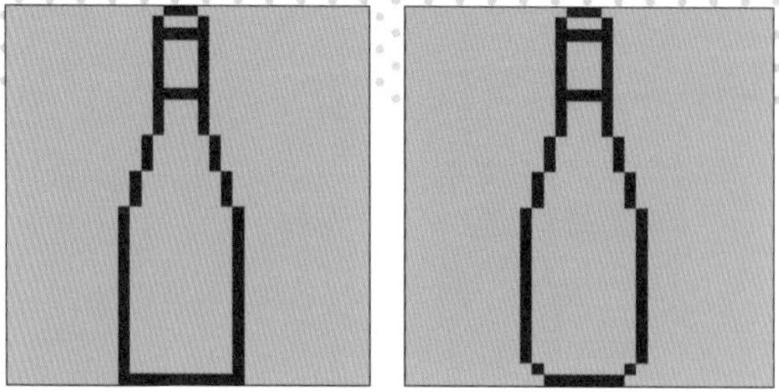

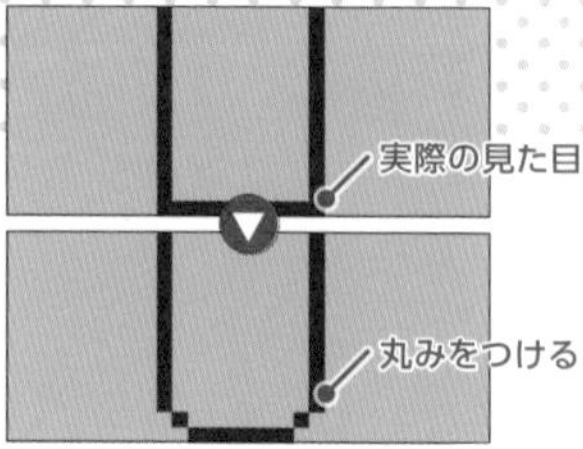

STEP 2 長方形の真ん中より少し上の部分から上部に向けて緩やかに狭めて栓と首部にします。しかし、このままだとちょっと平面的ですよね。そこで、底面に少し丸みをつけて立体感を出します。

POINT 真横から見たときにボトルの底が平らになっているのは間違っていないのですが、底面に少し丸みをつけた方が立体感を出すことができます。こういう“ウソ”は全然アリなので、表現したいイメージに合わせて好みの形にしてみましょう。

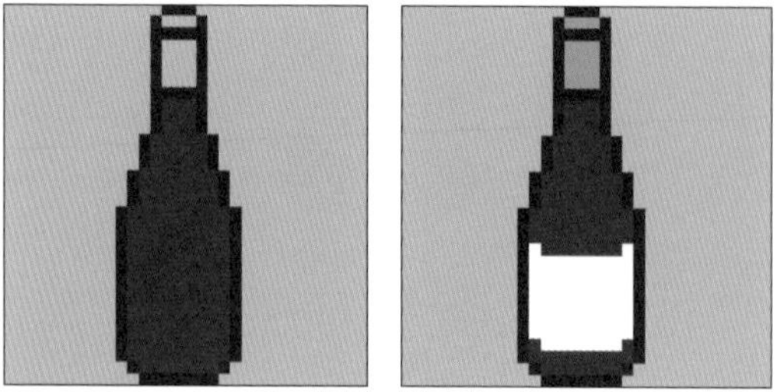

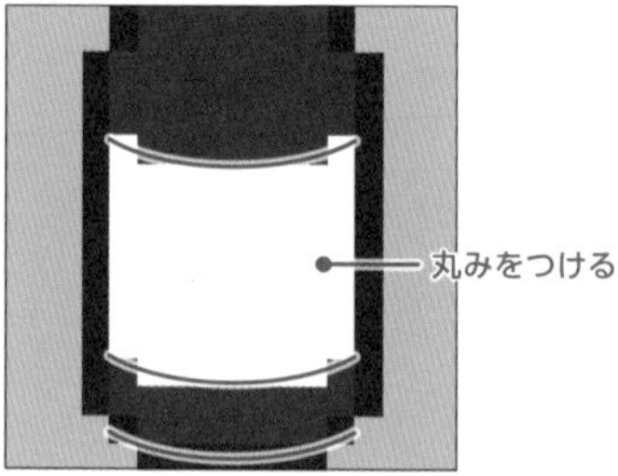

STEP 3 塗りつぶしツールでボトルを深緑（色2）で塗りつぶしたら、白（色14）でラベル部分を描きます。ボトルは円柱なので、その胴体に貼られたラベルにも丸みをつけます。栓は渋めのゴールド（色7）に。記念日用のちょっと高めのワインをイメージして、ボトルや栓の色には高級感のある落ち着いた色を選びました。

POINT ラベルが貼られたボトルの胴体は円柱になっています。ボトルの底面に丸みをつけたので、それに合わせてラベルの上辺と下辺にカーブをつけると、円柱らしい立体感を出すことができます。

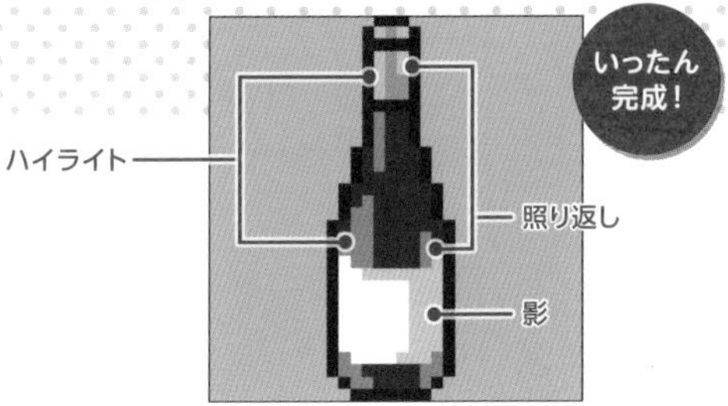

STEP 4 ボトルと栓に明るめの緑（色5）とゴールド（色9）でハイライトを入れます。左から光が当たっていると想定して、ここでは左側のハイライトを多めにし、右側にも照り返しの光を入れました。またラベルには、淡い色（色12）で影をつけておきます。

一口メモ

ガラスのように光を反射するものは、ハイライトや影だけでなく、地面などに反射してできる照り返しの光（反射光）を入れると、それらしい質感を出すことができます。ここでは、光源から直接当たる光よりも小さめに描いて反射光を表現しています。

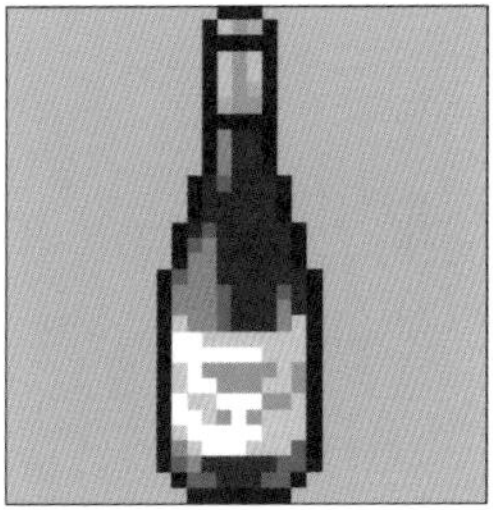

STEP 5 全体的に基本色とハイライトを中間色でなじませていきます。ここではボトルの基本色とハイライトを緑（色4）で、栓を渋めのゴールド（色8）でなじませました。また、ラベルが少し寂しい雰囲気だったのでパープル（色10、12）で模様を入れています。

STEP 6 ボトルの右側に緑（色3）でうっすら反射光を入れます。ラベルの白と影を色13で、ラベルとボトルを中間色（色10、12）でなじませます。ボトルは右側に反射光を入れつつ、ハイライトと基本色を中間色（色3、4）でなじませていきます。さらに明るい色はふくらんで見える性質を利用し、栓に暗い色（色6）を足して、幅の見え方に差をつけます。

012 まんが肉

難易度 ★★★☆☆

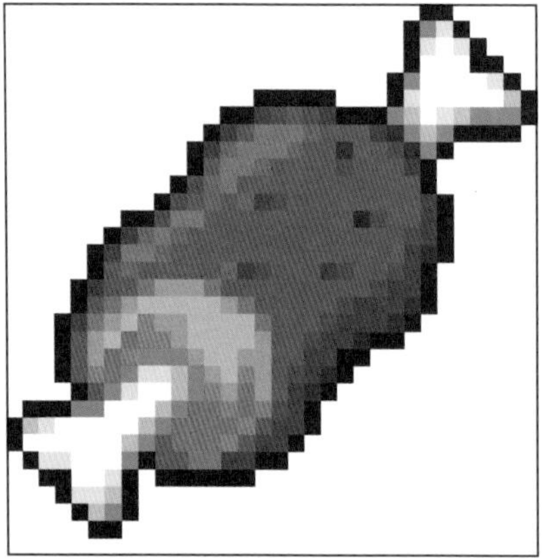

ファイル Lesson1 ⇒ 012

誰もが一度は食べてみたいと憧れる
まんがやアニメに登場する骨つき肉。
全体の形や色の置き方を工夫して
肉のボリュームや質感を出すのがポイントです。

サイズ 32×32

パレット［16色］

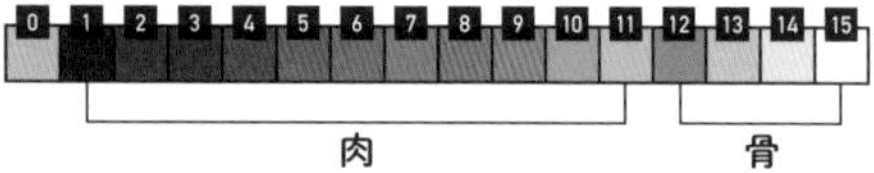

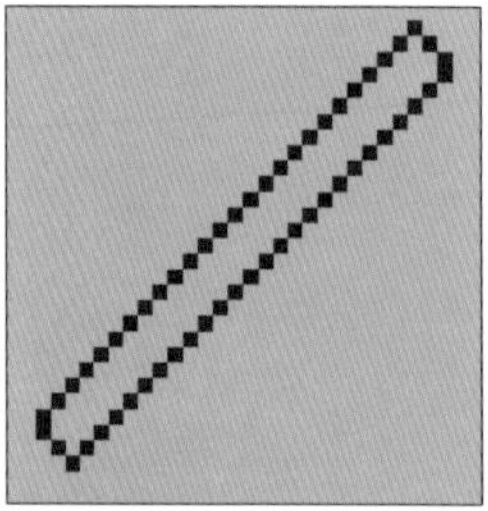

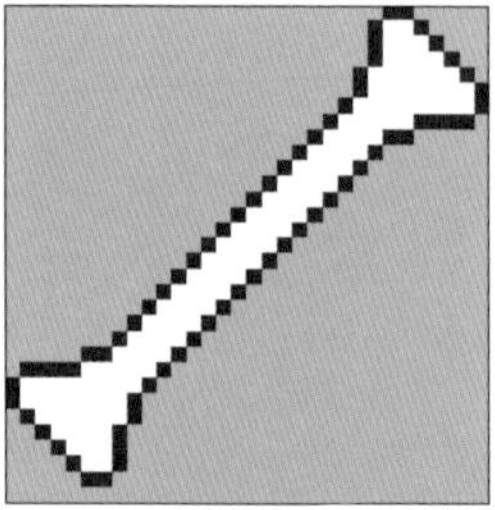

STEP 1 骨の部分から描きます。［直線の描画］ツールを選び、濃い茶色（色1）で斜め45°の線を1本引きます。続いてその線をコピー&ペーストして配置したら、両端を直線で閉じて細長い長方形を作ります。次に長方形の両端を大きくふくらませるように形を整え、輪郭線の内側を塗りつぶしツールで白（色15）く塗りつぶします。

一口メモ

まんが肉というと、両端がふくらんだ大きな骨が特徴のひとつ。いきなり鉛筆ツールなどで全体を描こうとすると形が崩れやすいので、単純な長方形を描いてから少しずつ形を整えていきましょう！

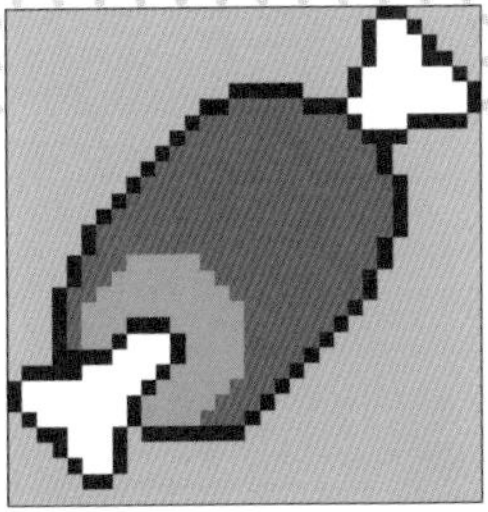

STEP 2 レイヤを新規作成して、骨を挟むように斜め45°の線を2本引き、鉛筆ツールで両端をつないで肉の輪郭を描きます。その内側を茶色（色5）で塗りつぶしたら、骨を中心にピンク（色10）で肉の断面を描きます。さらに骨の両端をくぼませておきます。

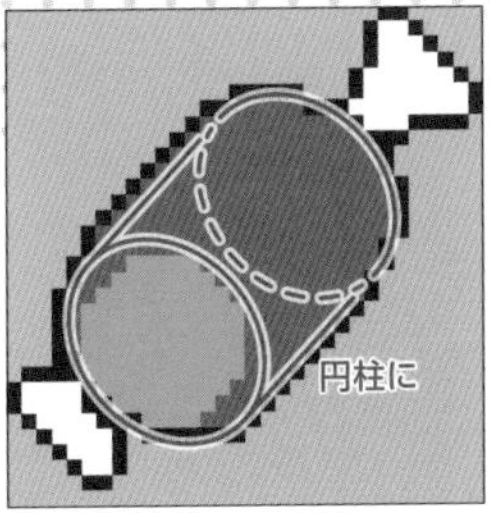

POINT 肉を描く際は、円柱を作るイメージで描きます。いきなり肉の断面を描くのが難しい場合は、いったん図のように円柱を描いて塗りつぶしたあとで、ピンクの円を描き、骨と重なる部分に背景色を塗って透明にすると描きやすいです。

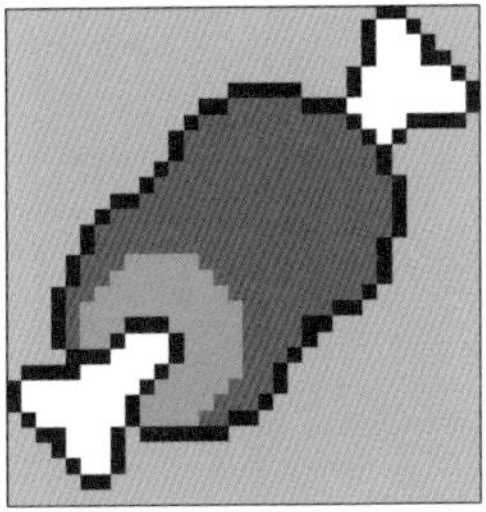

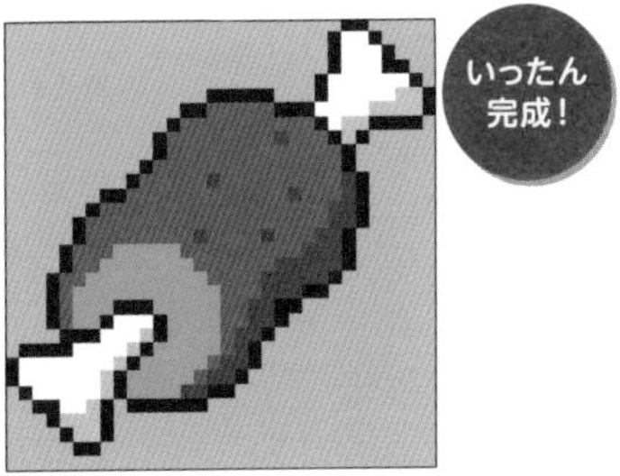

STEP 3 輪郭に抑揚をつけて、よりまんが肉らしくしていきます。まず、円柱の側面半分くらいのところを少しへこませて、肉のボリューム感を出します。続いて肉の下部に茶色（色3）で、骨の下部に淡いグレー（色13）で影をつけます。さらに肉の表面にランダムに茶色（色3）のぶつぶつを描き、毛穴のような質感を出します。

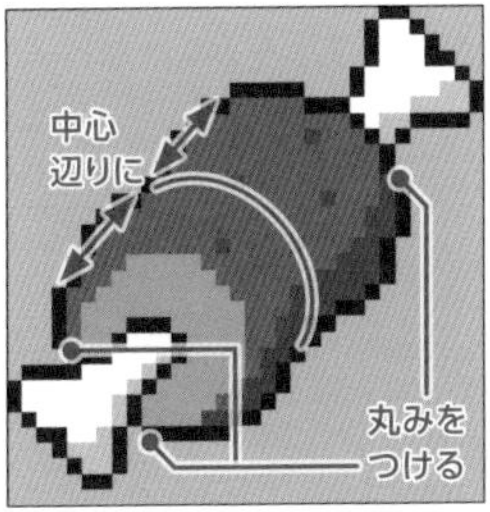

POINT 鼓のように中央が狭く両端が広い形をイメージして、だいたい円柱の側面半分くらいのところをへこませます。同時に肉の両端も少し丸みをつけ、こんもりした感じになるよう形を整えておきます。

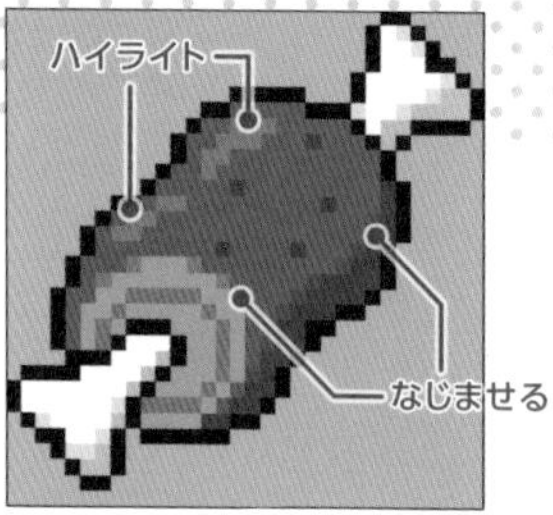

STEP 4 肉の左上に明るい茶色（色7）でハイライトを入れてツヤ感を出します。また肉の基本色と影を茶色（色4）で、肉の基本色と断面の境界を中間色（色7）でなじませます。骨の基本色と影も淡いグレー（色14）でなじませておきます。さらに断面に濃いピンク（色8）で円を描きます。

一口メモ

断面の濃いピンクは、肉の質感のベースとなるもの。次の STEP5 で、この濃いピンクの円を部分的に明るくしたり、さらに濃くしたりして、脂身や赤身を表現していきます。

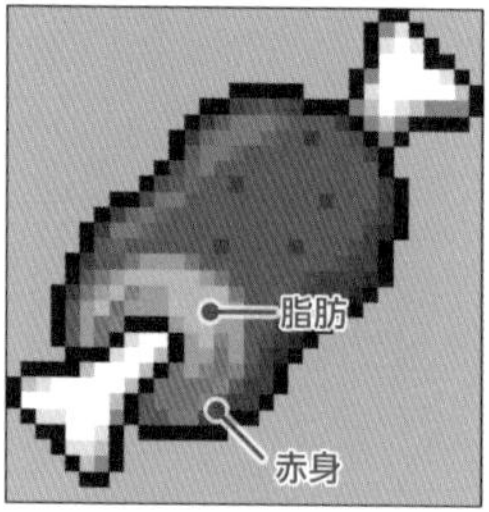

STEP 5 肉の輪郭線と隣り合う色を茶色（色2〜4）で、肉の基本色とハイライトを明るい茶色（色6）でなじませます。また断面の右上に淡いピンク（色11）で脂肪を描き、下部に濃いピンクを足して赤身の面積を増やします。骨は角が出ている部分に濃い影色（色12）を置いて丸みをつけます。

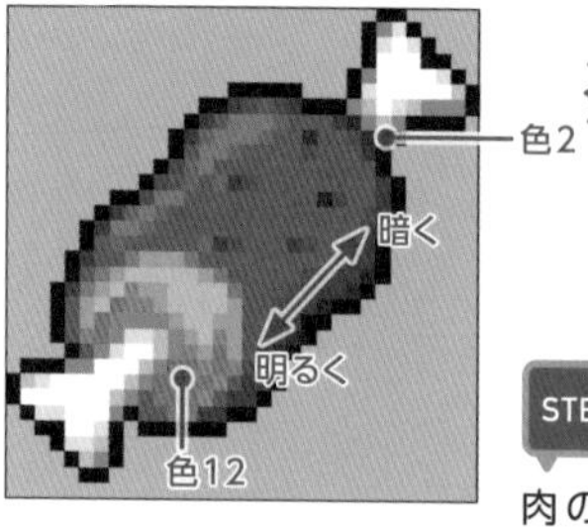

完成！

STEP 6 肉のぶつぶつに陰影をつけます。左のふたつは左側にハイライト（色6）を置き、右奥のふたつはぶつぶつ自体を色2に塗り奥行きを出します。影はすべて色4でつけます。最後に、骨の輪郭線のうち肉に接している部分を明るい色（色2、12）に変更してかわいさを出せば完成！

013 おうちのカレーライス

難易度 ☆☆☆☆☆

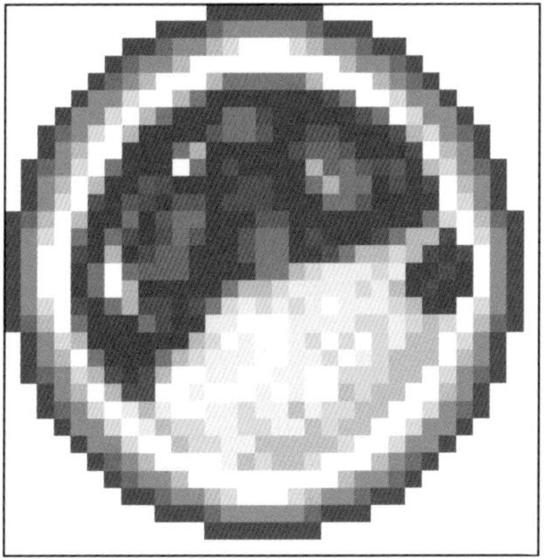

ファイル Lesson1 ⇒ 013

ふとしたときに食べたくなる
おうち料理の定番、カレーライス。
カレーの量やライスの粒感に配慮しながら
思い出の家庭の味を再現しましょう。

サイズ 32×32

パレット[16色]

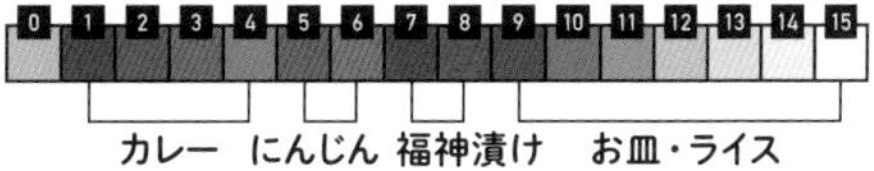

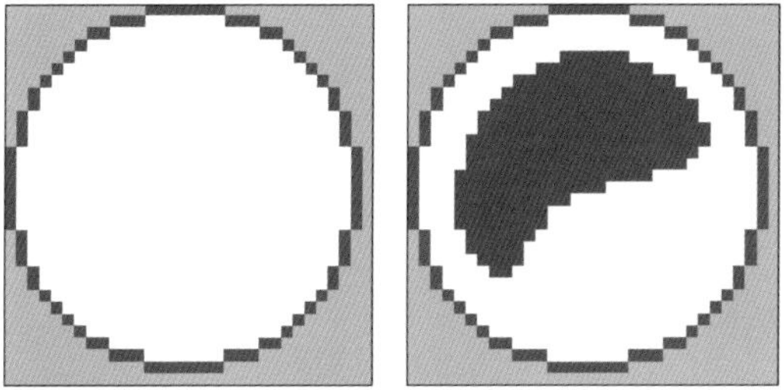

STEP 1 ○ツール を選んで[編集単位使用]にチェックを入れ、焦茶色(色9)の円を描いたら塗りつぶしツールで輪郭線の内側を白く(色15)塗りつぶします。続いて茶色(色1)でカレーを描きます。ここでは円の半分がカレー、残りがライスというバランスにしました。

一口メモ

お皿部分は、円を描いたあと上下と左右をそれぞれ1ドットずつ減らして奇数ドットにしています。偶数だと中心点が決められないため、大きさや幅の調整が難しいときがあるからです。今回は反転コピーは使いませんが、効率を上げるコツとして覚えておくと何かと便利です(P060「網焼きステーキ」参照)。

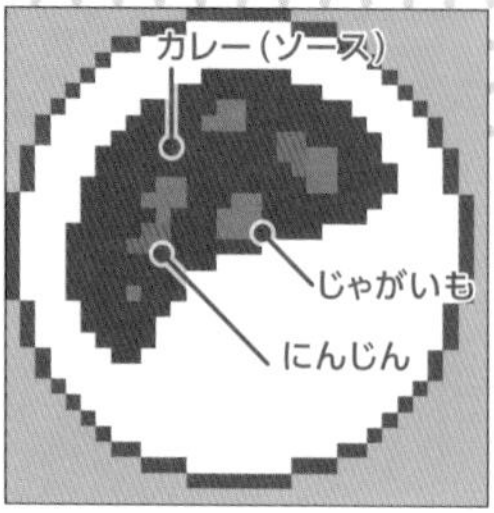

STEP 2 鉛筆ツールでカレーに具を描き入れます。じゃがいもはカレーのソース部分に近い茶色(色4)でゴロゴロと大きめに。にんじんは食欲をそそるよう、強めのオレンジ(色6)で描きます。

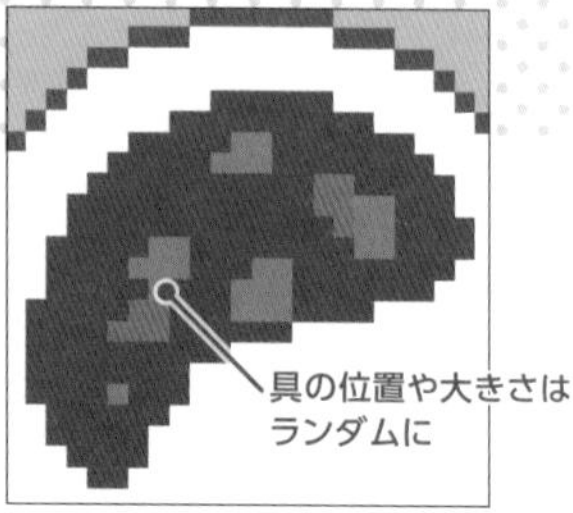

POINT ここでは、後工程でじゃがいもやにんじんのほかにも具を描き加えることを考慮して、具と具の間隔を適度にあけて描きました。また、具の位置やサイズはできるだけランダムに描きましょう!

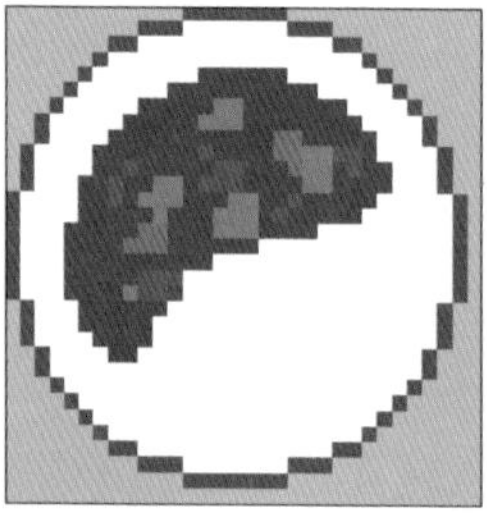

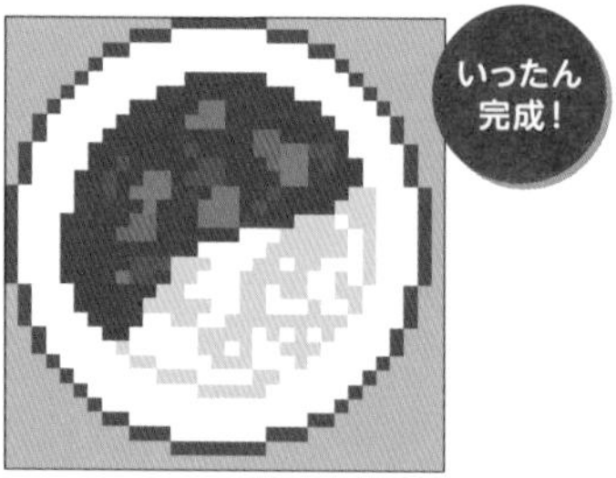

STEP 3 玉ねぎを描き加えます。カレーにとろりと溶け込むよう、ソースの色に似たやや暗めの茶色(色2)で細かく描きます。続いてライスの影を薄いオレンジ(色13)で描き加えていきます。

POINT ライスは粒状なので、ポツポツと影がつくように描いていきます。あまり規則的に影をつけると違和感が出るので、具と同じようになるべく均等にならないよう影を描き加えましょう。

STEP 4 カレーと具を中間色（色2、3、5）でなじませます。カレーとお皿も同じように中間色（色2、4、12）のグラデーションでなじませます。

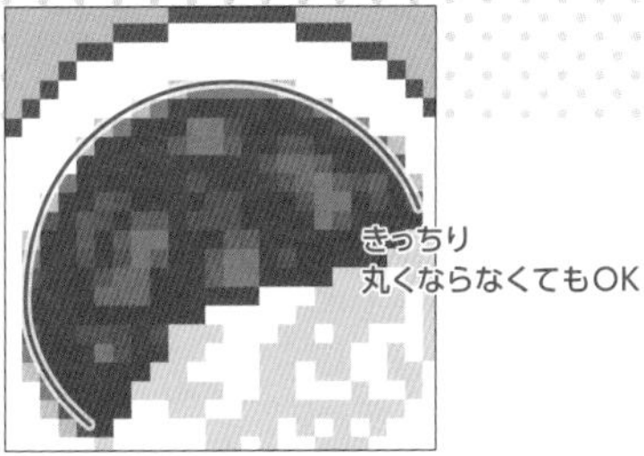

POINT カレーとお皿の境界部分はカーブが丸くなるようにグラデーションをつけていきますが、食べ物なので、あまりきっちりとした円弧にしない方がおいしそうに見えます。

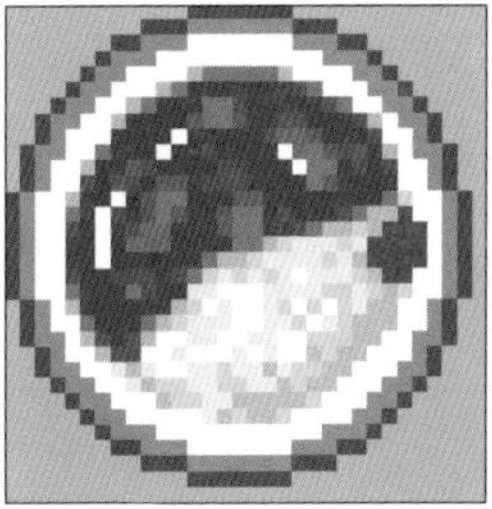

STEP 5 ライスに淡い色（色12、14）で影をつけます。右下に多めに影を置いて立体感を出します。続いて、カレーとライスの境界を中間色（色2、4、12）でなじませ、白（色15）でハイライトを加えます。さらにお皿のフチに茶色（色11）のラインを引き、赤（色8）で福神漬けのベースを描きます。

STEP 6 カレーの基本色とハイライトを中間色（色4、12）でなじませてツヤ感を出し、食欲マシマシに。福神漬けに暗い赤（色7）で市松模様のドットを置いて影をつけます。あとは輪郭線とお皿のフチのラインを焦茶（色10）で、ラインとお皿の白を中間色（色12、13）でなじませて完成！

014 網焼きステーキ

難易度 ☆☆☆☆★

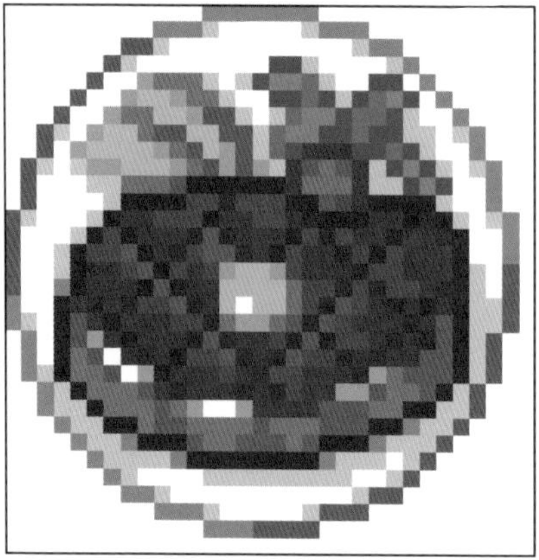

ファイル Lesson1 ⇒ 014

直火で豪快に焼き上げた網焼きステーキ。
網目に合わせて濃淡をつけたり
ハイライトで肉汁を強調したりして
美味しさをぎゅっと詰め込みましょう。

サイズ 32×32

パレット[16色]

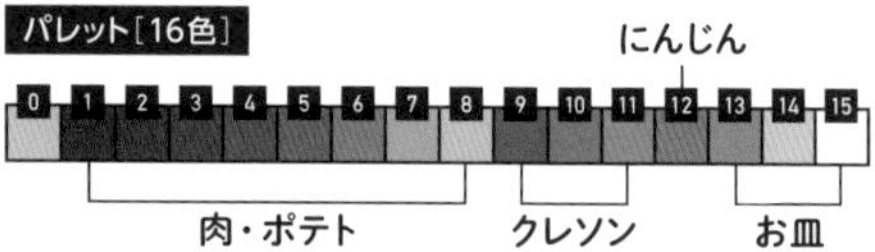

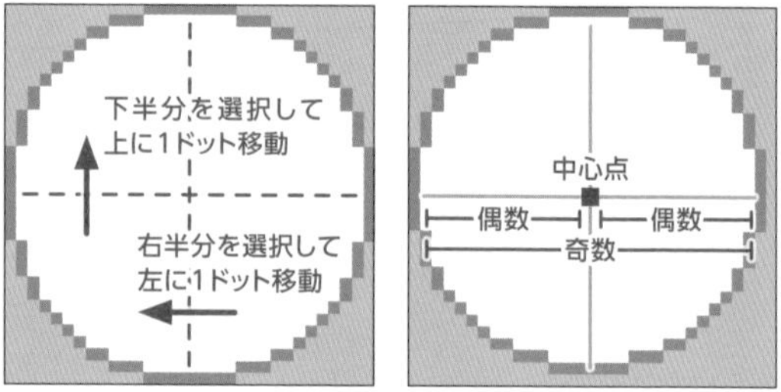

STEP 1 ○ツールで淡い茶色(色13)の円を描いたら、内側を白(色15)で塗りつぶしてお皿とします。鉛筆ツールで茶色(色3)のステーキを大きめに描いておきます。

POINT お皿は、円を描いたあとで下半分を選択して上に1ドットずらし、右半分を選択したあとで左に1ドットずらして、上下と左右がそれぞれ奇数ドットになるようにします。これによって中心点ができるので、幅の調整がしやすくなります。

STEP 2 鉛筆ツールで付け合わせのポテトを黄色（色8）で、にんじんをオレンジ（色12）で描きます。さらにクレソンを緑（色11）で、葉があちこちに向くよう意識しながら描き加えます。

一口メモ

食べ物を描く際は、緑や赤のような色をプラスすると、華やかで食欲をそそる仕上がりになります。できるだけ意識して色を入れるようにするのがおすすめです。

STEP 3 全体に輪郭線を描きます。お肉は焦茶（色1）、ポテトは黄土色（色7）、にんじんは茶（色3）、クレソンは濃い緑（色9）で描きました。さらにお肉の厚みを明るい茶色（色6）で、網目を茶色（色2）の斜め線で描き加えます。

POINT お肉は火が通っている表面と、レアの部分とで色を分けて厚みを表現します。お皿は真上からの視点なのに、お肉の厚みが見えているのはウソなのですが、おいしく魅せるため横視点で描いています。

STEP 4 手前が明るく、奥が暗くなるよう、網目の斜め線の一部を濃い茶色（色1）に変更して濃淡をつけます。お肉の上に黄色（色7、8）でバターを描き、白（色15）でハイライトを置きます。さらにポテトの背に濃い色（色6）を置き、揚げた質感を出します。

POINT 網焼きの模様は手前を明るく、奥を暗く描きます。あまり規則的だと食べ物らしくないので、手前にも適度に暗い部分を入れたり、逆に奥に明るい部分を入れたりして変化をつけています。

STEP 5

さらにお肉の質感を出していきます。網目のひとマスごとにハイライト（色5）と中間色（色4）で基本色となじませます。肉の厚みにも明るい茶色（色5）を加え、場所によって火の通り具合が異なることを表現します。バターもお肉と中間色（色6、7）でなじませて溶けた感じを出し、お皿の縁を基本色の白と淡い色（色14）でなじませておきます。

STEP 6 ポテトとクレソン、にんじんに影色を置き形を整えます。肉の端に強いハイライト（色7、15）を入れ照り感を。仕上げにお皿の輪郭線の左上と右上を濃い色（色5）に塗り、全体的に料理の影を落として完成です！

015 トマトのピザ

難易度 ☆☆☆☆★

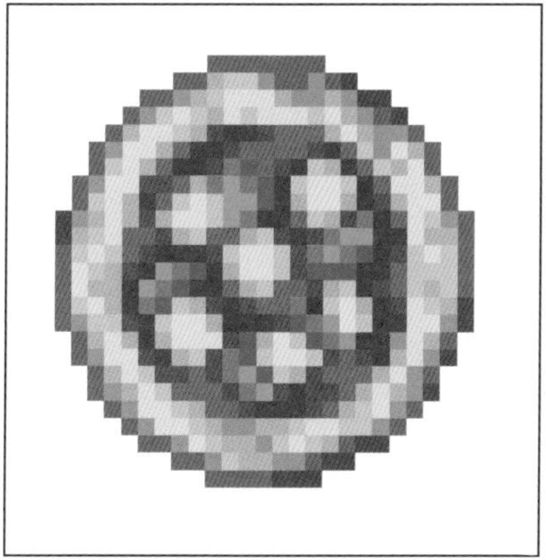

ファイル 📁Lesson1 ⇒ 📁015

フレッシュなトマトソースに
チーズやバジルが映えるシンプルなピザ。
トッピングの配置や陰影のつけ方を
工夫しながらリアルに表現していきます。

サイズ 32×32

パレット［16色］

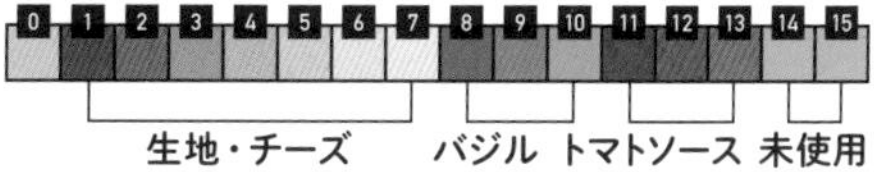

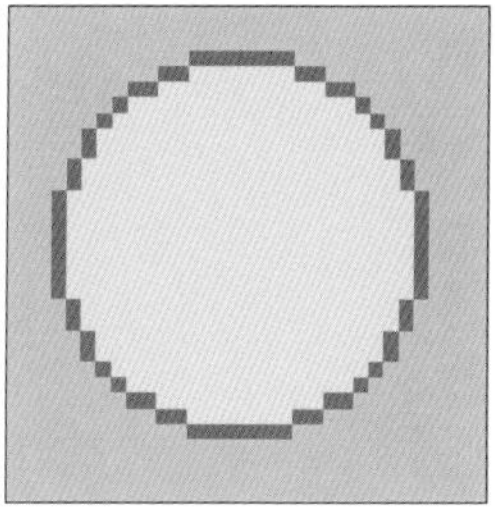

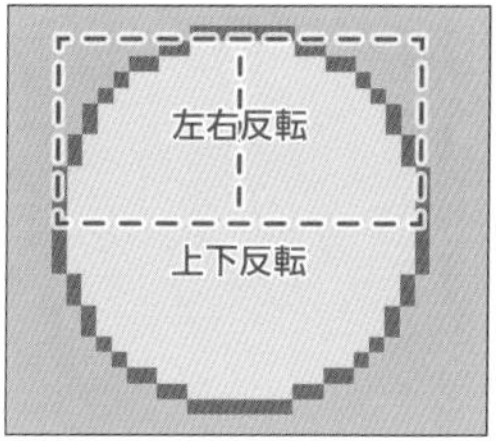

STEP 1 ○ツールで淡い茶色（色2）の円を描いて奇数ドットに調整し（P060「網焼きステーキ」参照）、塗りつぶしツールで輪郭線の内側を黄色（色6）に塗りつぶします。同様に●ツールで赤（色11）の円を描いて奇数ドットに調整します。

POINT ピザのように左右対称かつ上下対照な図形は、最初に4分の1を描いてコピー&ペースト→［左右反転］し、さらにコピー&ペースト→［上下反転］でもOK（P023「効率アップに役立つ便利機能」参照）。

STEP 2 ●ツールで、ピザの生地に薄ピンク(色7)でモッツァレラチーズを描きます。チーズのようなトッピングは、レイヤ管理ウィンドウで新規レイヤを作成し、ピザ生地とはレイヤを分けて描いた方があとあと調整したいときに便利です。

POINT チーズは小さめの円を描いた後でところどころ形を崩し、トロ～ッととろけた感じを表現しています。

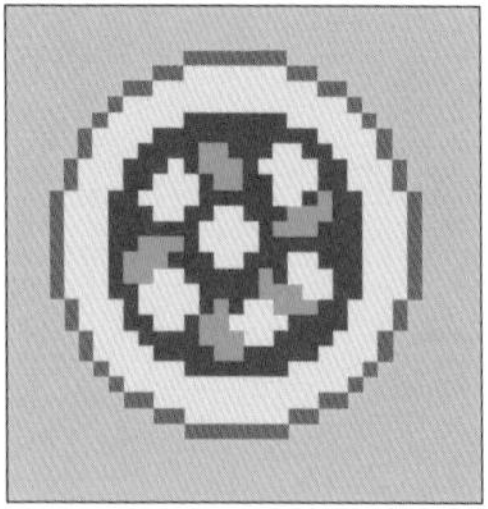

STEP 3 鉛筆ツールで緑色(色10)のバジルの葉を描きます。チーズと同数の6枚ではなく、あえて5枚にすることで変化をつけ、絵が単調になるのを防ぎます。

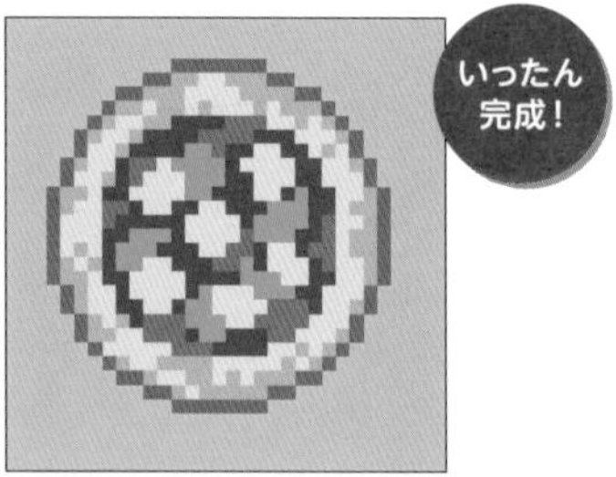

STEP 4 トマトソース部分にハイライトを薄紅色(色13)でランダムに置きます。適当でOK！　ピザ生地にもベージュ(色4)で影を置いていきます。明るいところがふくらんで見えるので、焦げたりへこんだりしているところをイメージしながら影を置いていきます。

STEP 5 トマトソースの基本色とハイライトを中間色（色12）でなじませ、ソースをなめらかにします。トッピングのチーズに淡い色（色4、5、13）で陰影をつけます。バジルにも濃い緑（色8）で影をつけます。ピザ生地を中間色（色5）でなじませます。

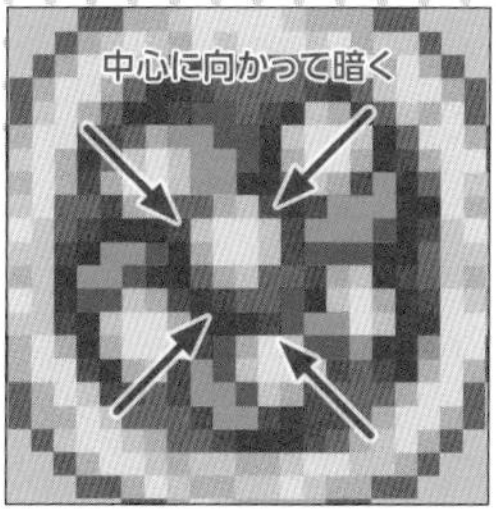

POINT バジルは、基本的にピザの中心に向かって暗く、外側に向かって明るくなるよう影をつけています。このような“ちょっとしたルール”があるとリズムが生まれます。とくに今回の場合、他の要素（ソースや生地の陰影）がランダムなのでひとつでもルールがあると見やすくなる気がします。

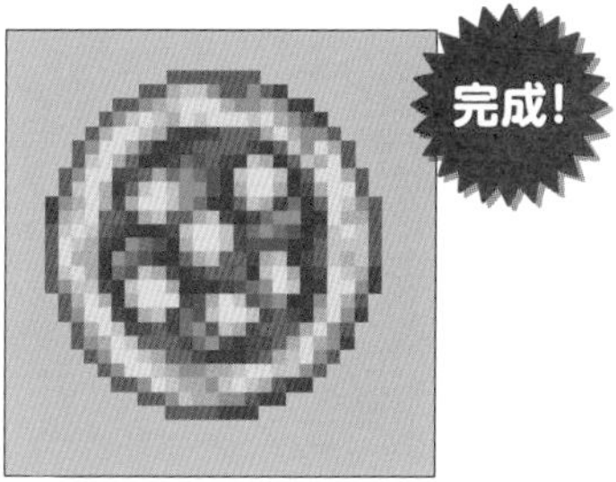

STEP 6 ピザ生地に茶色（色1〜3）で影をつけていきます。焦げてパリパリの部分は濃い色を、ふかふかした部分は明るい色を置いていきます。バジルも中間色（色9）で中心が暗くなるようなじませます。

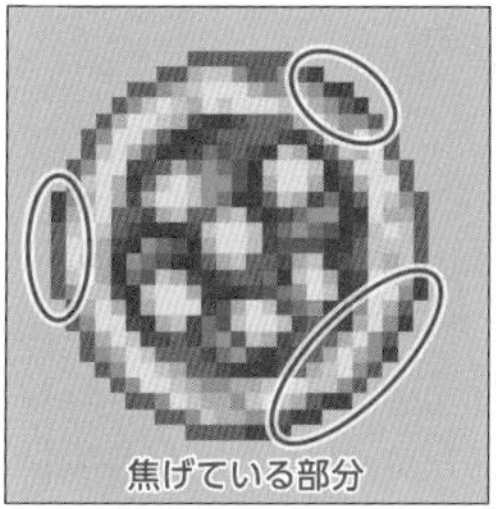

POINT ピザは中心よりも生地のフチが焦げるため、それを考慮して影をつけていきます。ここでは、3カ所ほど焦げてパリパリになっている状態をイメージして濃い色を置きました。

016 餃子

難易度 ☆☆☆☆☆

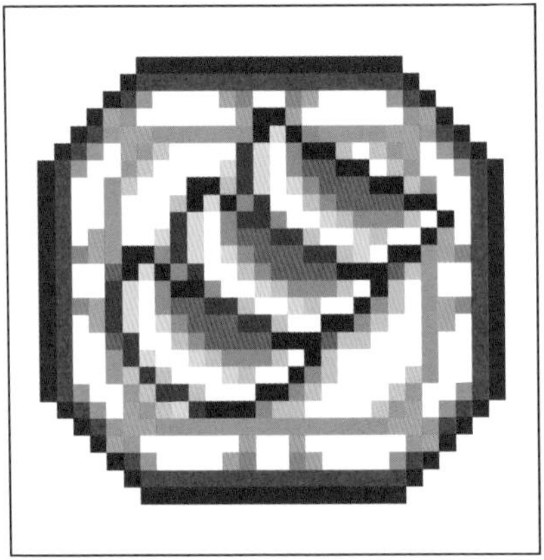

ファイル　Lesson1 ⇒ 016

ご飯のおかずやお酒のお供に
ピッタリの定番メニュー、餃子。
半月状の形を描いて焦げ目をつければ
おいしそうな餃子のできあがりです！

サイズ　32×32

パレット［16色］

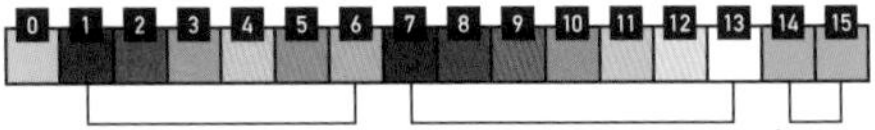

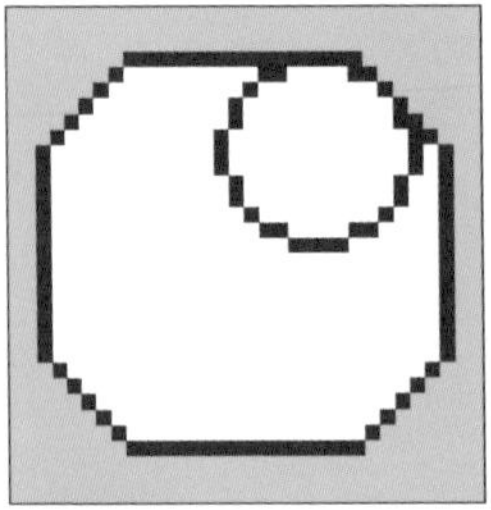

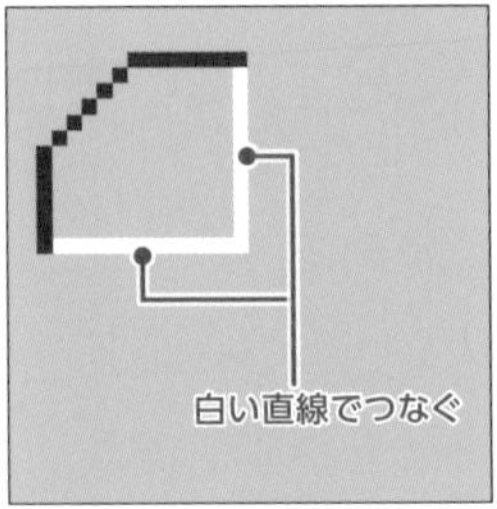

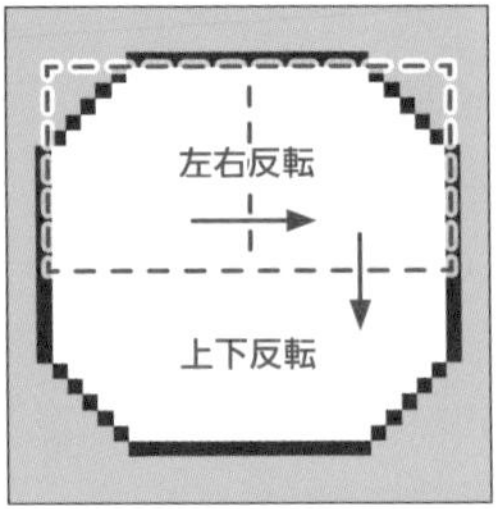

STEP 1 茶色（色1）で八角形のお皿の輪郭線を描き、その内側を白（色13）で塗りつぶします。レイヤを1枚追加して○ツールで茶色（色1）の円を描きます。

POINT お皿を描く際は、まず［直線の描画］ツールで縦線、斜め45°の線、横線の順に折線を描き、その端を白い縦線と横線でつなぎます。その内側を白く塗りつぶしたあと、コピー&ペースト→［左右反転］し、さらにコピー&ペースト→［上下反転］すると効率的です。

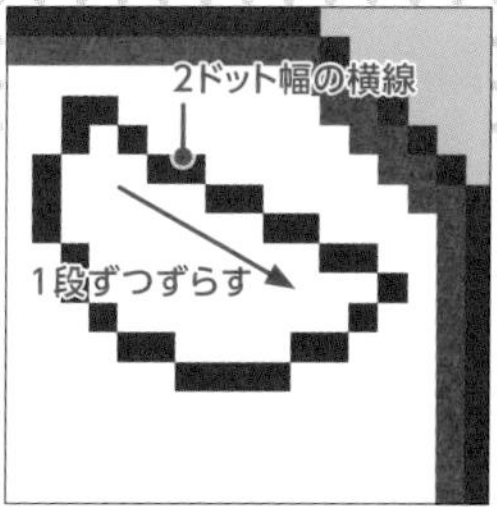

STEP 2 [直線の描画]ツールを使い、お皿を赤色(色2)でぐるりと縁取ります。円の右上を背景色で塗って消去したら、茶色(色7)の斜め線でつなぎ、内側を白く塗りつぶします。さらに右上の方を明るい茶色(色10)で半月状に塗ります。

POINT 斜めの線は、横2ドットを1段ずつずらしながら並べていくときれいに描けます。この半月状の形が、餃子のベースになります。

いったん完成!

STEP 3 お皿の輪郭を描いたのと同じ要領でオレンジ(色3)のラインを描きます。緑(色5)でL字の模様をひと組描き、コピー&ペーストして[イメージ]メニュー→[回転]で反時計回りに回転しながら配置します。さらに餃子をコピー&ペーストして位置を斜めにずらしながら並べます。

一口メモ

餃子のように、同じ形のものが並んだモチーフは、ひとつを描いてからコピー&ペーストして配置すると効率的です。このあとの工程でも、すべて1個だけ描きこんでからコピー&ペーストしています。

STEP 4

お皿の模様や餃子の焦げ目をなじませていきます。まず、お皿の白と赤い縁取りを中間色（色3）でなじませます。同様にオレンジのラインとお皿の白を黄色（色4）でなじませます。さらに餃子の白い生地と焦げ目をグラデーションでなじませます。

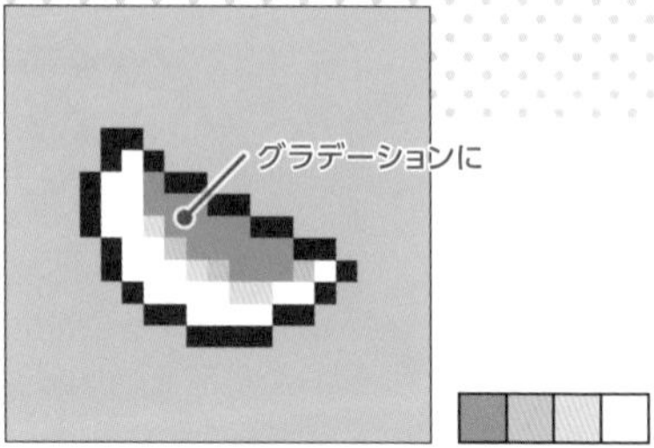

POINT

白い生地と焦げ目の茶色の境界をグラデーションでつなげていきます。生地の白（色13）～境目（色12、11）～焦げ目（色10）という具合に、パレットの色を順に置いていけばOKです。

STEP 5

お皿の緑の模様の一部を黄緑（色6）にして明るくし、お皿の白となじませます。お皿の角がちょっと寂しく感じたので、同じ色を置いてアクセントをつけてみました。餃子の焦げ目の上の方に濃い茶色（色9）を置き、生地の白と輪郭線を薄いベージュ（色11、12）でなじませました。

POINT

餃子は、おいしそうな焦げ目をつけたいので濃い茶色を置きます。餃子の白い生地と輪郭線は明るさの差が大きいので、元の白をなるべく残すように白に近い明るい色でなじませます。

STEP 6 レイヤを追加して皿に落ちる餃子の影を茶色のグラデーション(色9〜12)で描きます。さらに餃子と餃子の境目を茶色(色8)で塗り、隣同士がくっついていることを表現します。最後に、いちばん下の餃子の輪郭線を部分的に明るい色(色8)に塗り直します。ここでは、餃子のカーブ部分の丸みを表現しました。

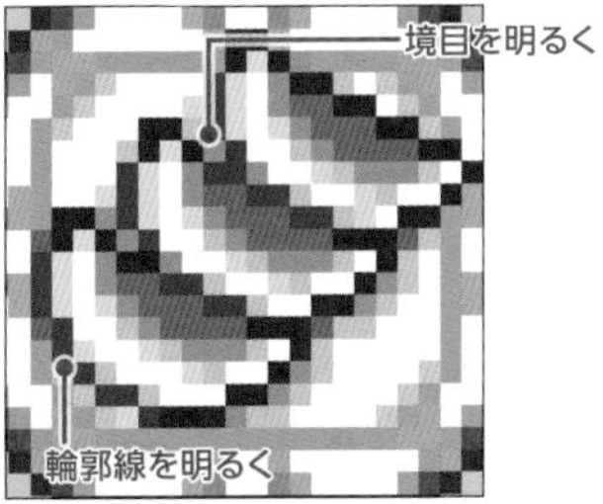

POINT くっきりとした色をグラデーションにしたり、明るい色に置き換えたりすることで、色をなじませたり、やわらかい印象にすることができます。ここでは、餃子の影や、餃子と餃子の境界をグラデーションでぼかし、輪郭線の一部を明るくすることで抑揚をつけ、おいしそうな餃子に仕上げました。

017 クリームソーダ

難易度 ☆☆☆☆☆

ファイル Lesson1 ⇒ 017

シュワシュワした炭酸が暑さや疲れを吹き飛ばしてくれるクリームソーダ。ガラスや氷、アイスの質感に気を配りながら清涼感を演出していきます。

サイズ 32×32

パレット［16色］

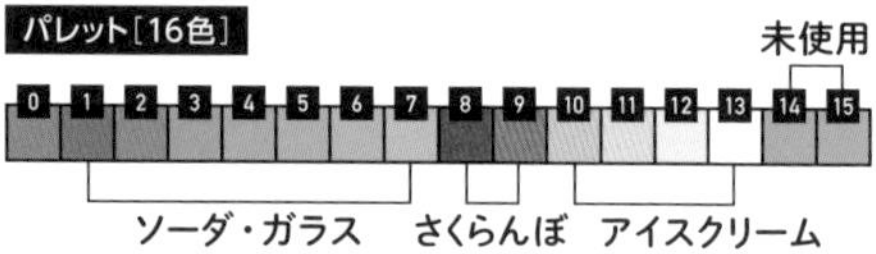

STEP 1

まずはグラスのベースを描きます。○ツールで青緑（色1）の横長の楕円を描いたら、その面を下に伸ばすイメージで円柱を描きます。円柱の中心から縦に2本直線を引いて脚の部分を描き、底面に小さな楕円形を描画します。各面は塗りつぶしツールで白く（色13）塗りつぶしておきます。

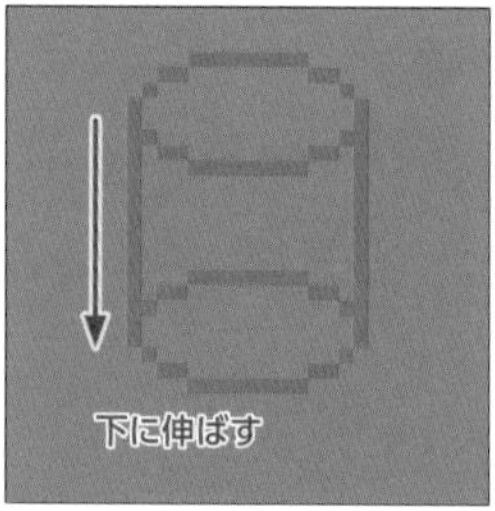

POINT

グラスを描く際は、飲み口の楕円をそのまま下に伸ばすイメージで円柱を描きます。続いて脚、台座（プレート）部分という具合に段階的に進めていくと描きやすいです。左右いずれか半分だけ描いて、コピー&ペースト→［左右反転］でもOKです！

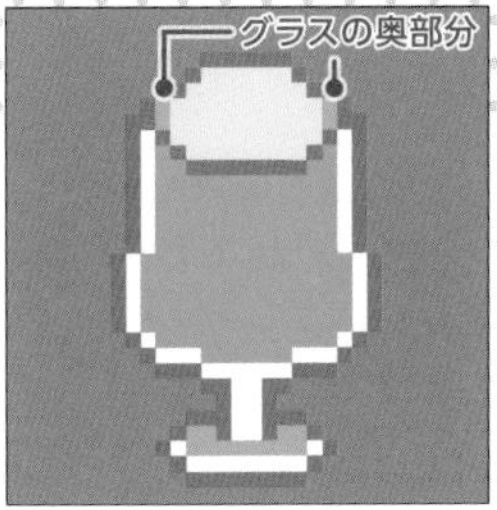

STEP 2

円柱の下部分に丸みをつけて、少しふくらんだ形にします。光の反射を表現するためグラスのフチの白を残し、他を青緑（色3）で塗りつぶします。プレートは手前の白を残し、残りを水色（色5）で塗ります。レイヤを1枚追加してクリーム色（色12）で球状のアイスを描き、その上辺に輪郭線を描き加えます。クリームの両端はグラスの奥部分なので色5で塗っています。

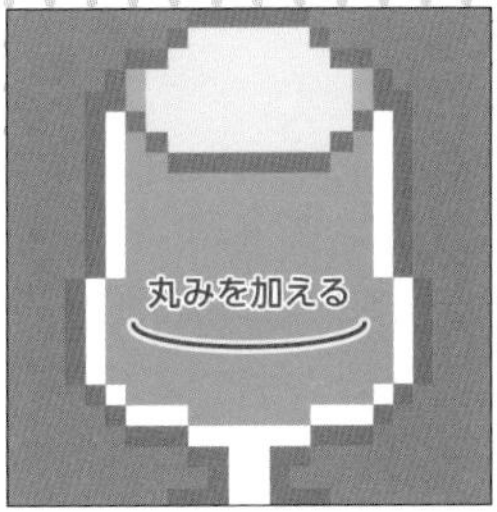

POINT グラスは、下部の両横を1ドット分広げ、飲み口部分をすぼめることでワイングラスのようなゆるくカーブした形状を表現しています。シンプルな形を描いてから整えることで、複雑な形状も描きやすくなります。

いったん完成！

STEP 3

アイスに淡い色（色10）で影をつけます。球状なのでハイライトが丸く残るように描きます。アイスの輪郭線も影の色に置き換えて明るく柔らかに。さらに右横に赤（色8）でさくらんぼを描き加えます。飲み口の手前の輪郭線は白に変更し、ソーダ水に沈んでいるアイスの下部や氷を明るい色（色6、7）で描きます。

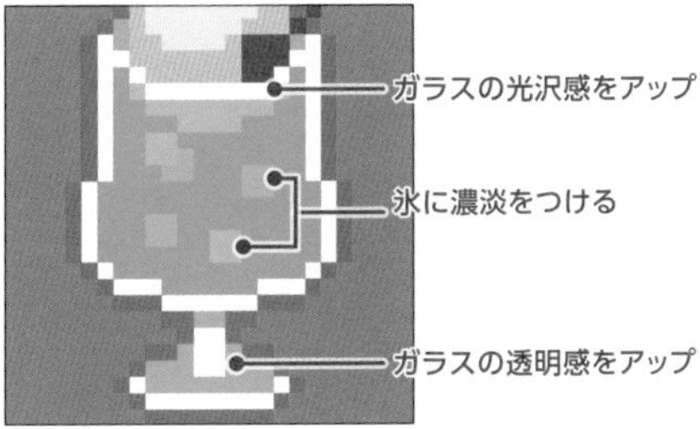

POINT グラスは、飲み口の手前の輪郭線を白に変え、脚部分の色を部分的に置き換えることで、ガラスの光沢感や透明感などの質感をアップしています。氷は濃淡をつけて複数描き、距離感を出します（奥の方が少し色が濃い）。

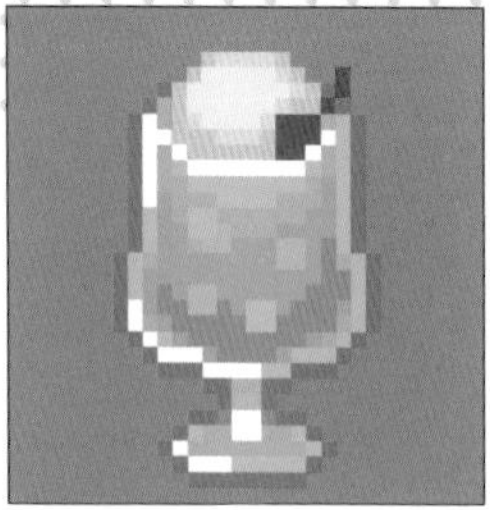

STEP 4 アイスクリームの基本色と影色を中間色（色11）でなじませます。ソーダ水は、氷の四角い形を残しながら下から上に向かって明るくなるよう青緑（色2〜7）のグラデーションをつけます。グラスやプレートの反射部分も部分的に明るい青（色7）に置き換えます。

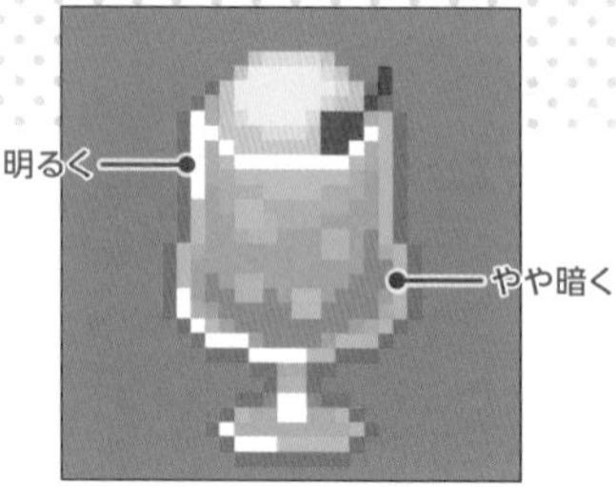

POINT グラスの反射は左側のふくらんだ部分を明るく、右側は照り返しのためやや暗めに見えるようにしています。プレート部分も同様に、左側が明るく、右が暗くなるよう描いています。

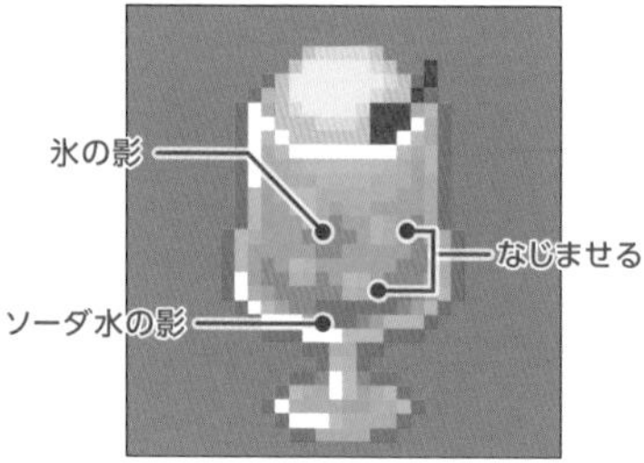

STEP 5 ソーダ水に色1で影を足して深みを出します。氷は中間色（色5、6）でソーダ水となじませ、左上の氷に影（色2）を加えて奥行きを強調します。アイスクリームの溶けかかった部分とソーダ水を中間色（色6）でなじませます。グラスの反射にさらに濃淡をつけます。

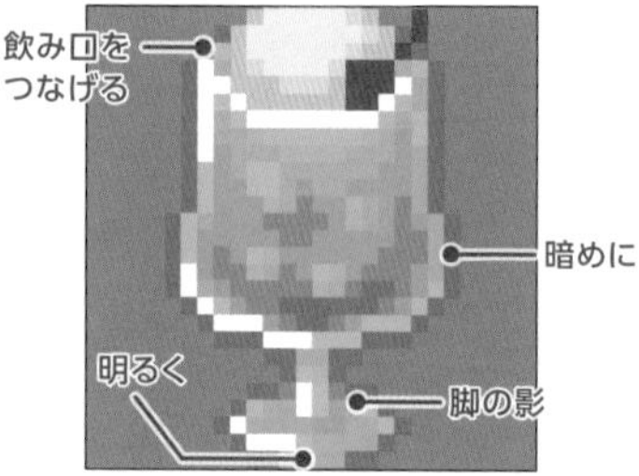

POINT グラスの反射は右側に青緑（色5）で影を入れて暗めに調整。飲み口部分の楕円がつながって見えるよう、1ドット明るい色（色7）をフチに置きます。プレートは、手前の直線が目立つので明るい青緑（色4）に塗り直し、脚の影などを描き加えています。

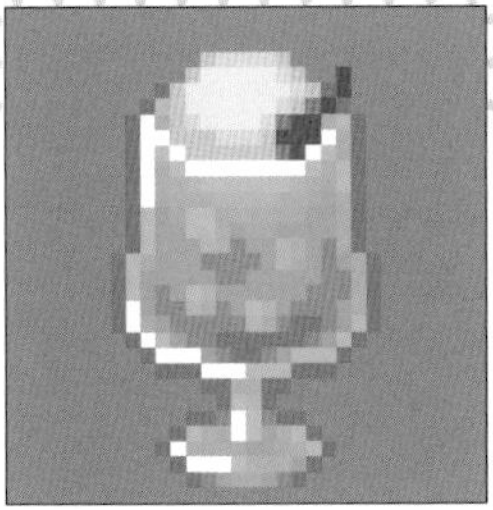

STEP 6 さくらんぼとアイスクリームを中間色（色9）でなじませます。ソーダ水のグラデーションがなめらかに見えるよう、色の境界部分を中間色（色4）でさらになじませます。プレートの手前の輪郭線もグラデーション（色2、3）でぼかして柔らかくします。最後に、レイヤを1枚追加して1ドットで炭酸を描き加えれば完成です！

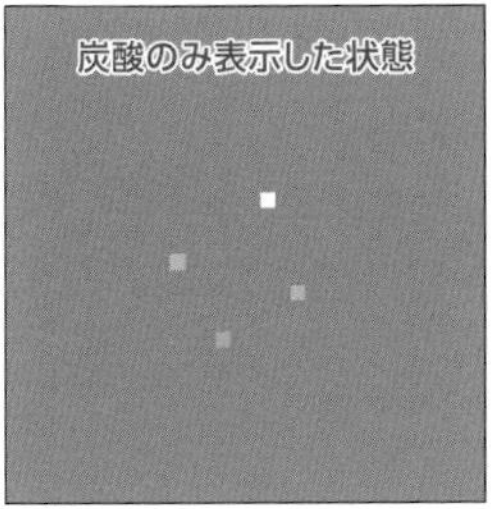

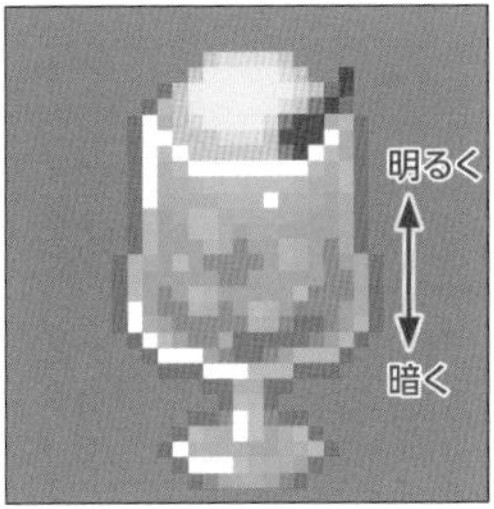

POINT ここでは、4つドットを描き加えて炭酸を表現しています。立ち上がっていく気泡をイメージし、下の方は暗く、上にいくにつれて明るくなるようドットの色に濃淡をつけました。ソーダ水などのレイヤに描き加えてもいいのですが、別レイヤにした方が調整しやすいです。

楽しいドット絵カタログ①

パーティーセット

みんなでワイワイ！
もうお腹いっぱい…。
でも、デザートは別腹♡

ゆかいな仲間と、おいしい食べ物・飲み物を持ち寄って
パーティーのはじまり！

Lesson 2
動物・生き物

018 うさぎの顔

難易度

ファイル Lesson2 ⇒ 018

長い耳とふわふわした
愛らしい見た目で人気のうさぎ。
グラデーションをうまく使って
柔らかな質感を出すのがポイントです。

サイズ 32×32

パレット[16色]

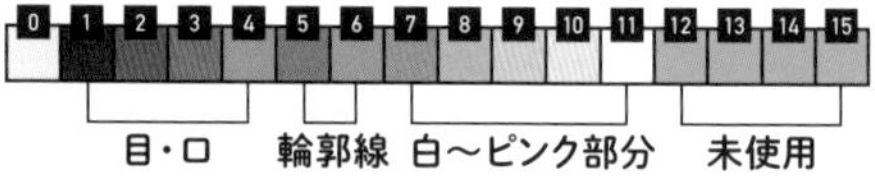

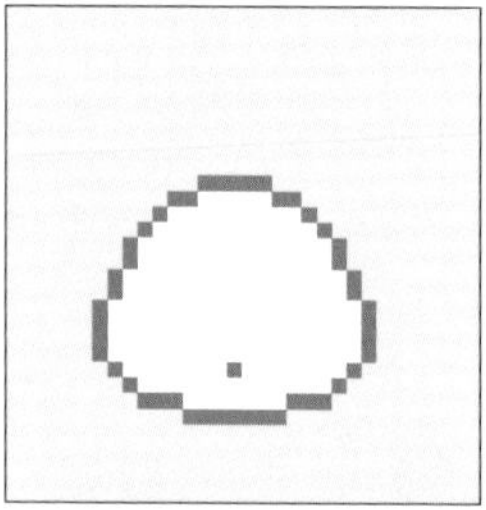

STEP 1

顔はおにぎりのイメージです。鉛筆ツールを使い、茶色(色5)で角が丸い三角形の左半分を描きます。続いてコピー&ペースト→[左右反転]して右半分に移動したら、左に1ドットずらして奇数ドットに調整し、白(色11)で塗りつぶしたあと顔の中心に鼻を1ドットサイズで描きます。

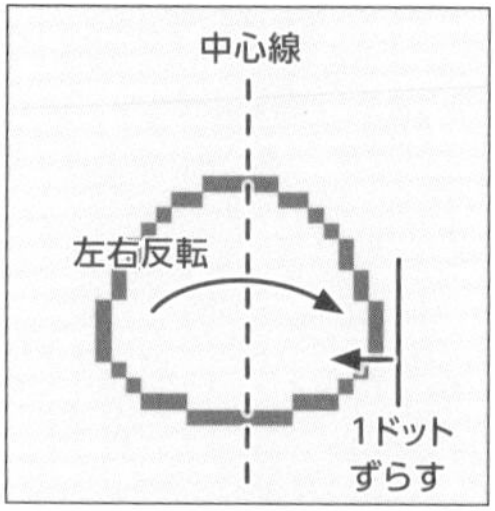

POINT

左半分描いてコピー&ペースト→[左右反転]すると、左右対称の絵柄を手軽に描けますが、横幅が偶数ドットだと中心にドットを置くことができません。今回はうさぎの鼻を1ドットで描きたかったので、反転して重ならないよう右半分に移動したあと、1ドット左にずらしています(P060「網焼きステーキ」参照)。

STEP 2 うさぎといえば長い耳！　縦長の楕円をやや斜めに傾けるように描きます。耳の先端を若干とがらせると、うさぎの耳らしくなります。さらに濃い茶色（色1）で目を描きます。

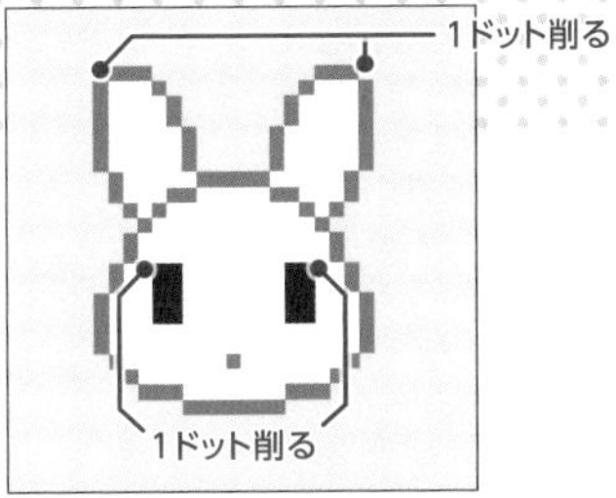

POINT 耳の先端は、直角に描いたあとで角の1ドットに背景色を置いて削ります。これによって、先端がとがったうさぎの耳を表現することができます。目も縦長の長方形を描いたあとで角を1ドット削って垂れ目気味にしています。

STEP 3 耳と顔の境界部分の線を白で塗りつぶしたら、耳の中をピンク（色8）で塗ります。**STEP1** で描いた鼻を中心にバツ印「×」を描き、上のドットをピンクに塗り替えます。

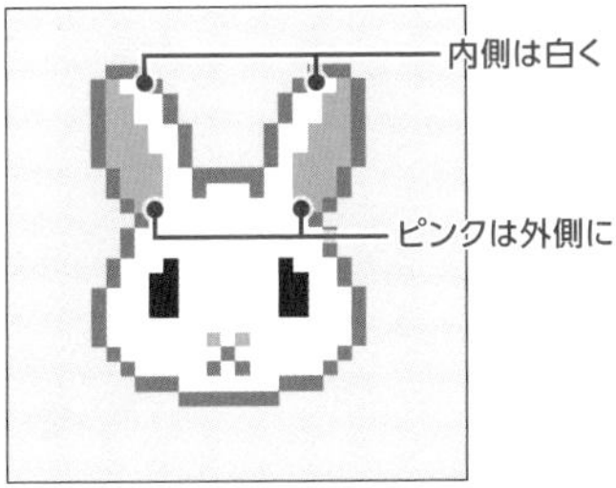

POINT ここでは、耳のピンク色の部分は外側に寄せて塗り、内側は白くしています（ピンク部分の内側と外側の両方に白い縁取りをつけると漫画っぽい仕上がりになって、それもまたカワイイです）。

STEP 4 耳の白い部分とピンクの部分を中間色（色9）でなじませます。耳の先端から頭頂部にかけてピンクのグラデーション（色8～10）をつけ、耳の白い部分が先端に向かって細く見えるようにします。さらに鼻の頭に濃いピンク（色3）を置きます。

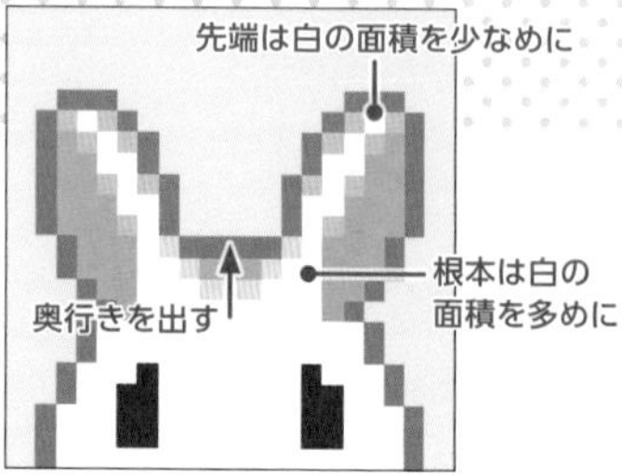

POINT 耳の白い部分は根本を太く、先端を細く描きます。白はふくらんで見えるので、根本の白の面積を多く、先端の白の面積を少なくすればOK。頭頂部は奥側を濃い色にすることで奥行きを出します。

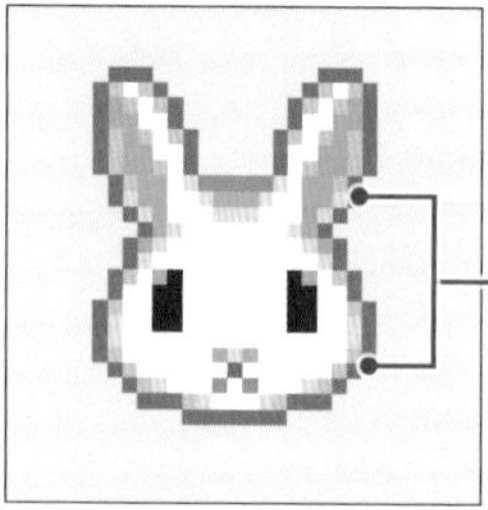

STEP 5 うさぎの顔の基本色と輪郭線をピンクのグラデーション（色8～10）でぼかします。同様に耳のピンク部分と外側の輪郭線の間に淡いグラデーションを入れ、根本から先端に向けてピンクが濃くなるようにします。さらに目の角の1ドット欠けた部分にピンク（色8）を置き、ハイライトとします。

STEP 6 左上からの光を想定して、輪郭線の一部を明るい茶色（色6）に塗り替えて柔らかい印象にします。最後に、目のハイライトの周囲と目の下1ドット分を赤茶色（色2）に変更してぼかし、うさぎらしい赤みがかった色にすれば完成です！

019 ちいさなハムスター

難易度 ☆☆☆☆☆

ファイル Lesson2 ⇒ 019

かわいらしい姿と仕草で
癒しを与えてくれるハムスター。
体のラインや耳の縁取りなど
特徴をとらえながら描きましょう。

サイズ 32×32

パレット［16色］

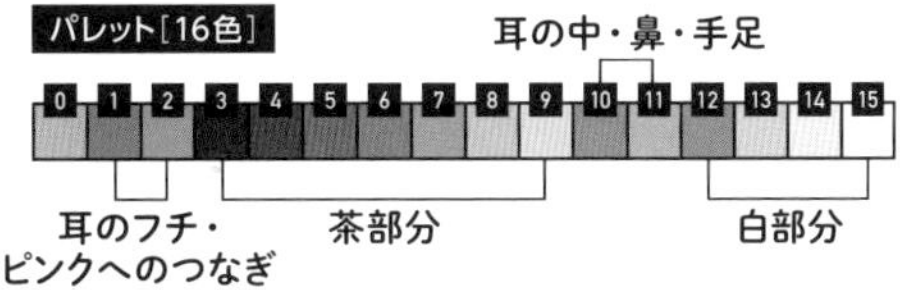

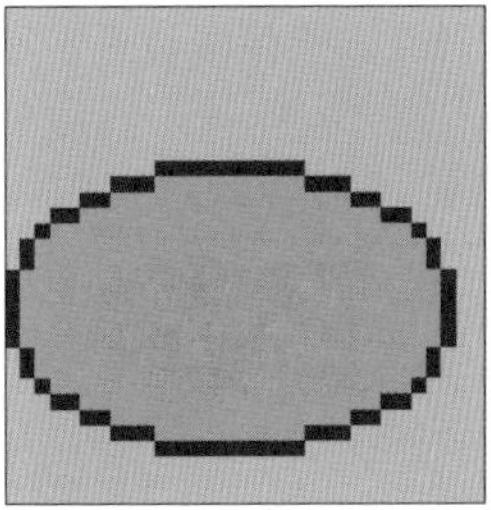

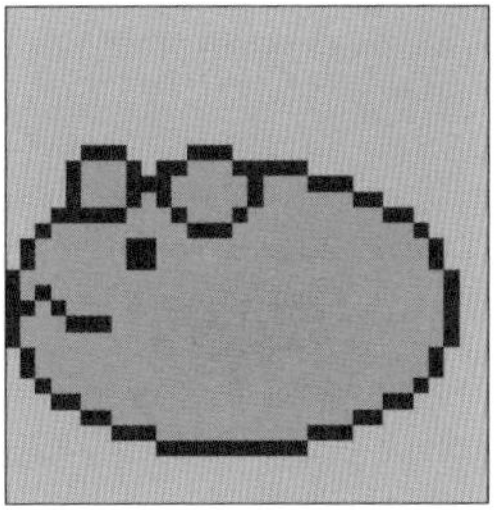

STEP 1 ハムスターは、いつ描いても本物のかわいさには勝てませんが、今回も挑戦してみます。まず、横向きの姿をイメージして、茶色（色3）でベースとなるつぶれた楕円形を描き、明るい茶色（色7）で塗りつぶします。そこに円形の耳をふたつつけ、目と口の位置を決めて鉛筆ツールで描きます。

一口メモ

同じサイズでも距離が離れている方が小さく見えます。そのため、耳は手前に比べて奥側をやや小さめに描いて奥行きを出しておきます。

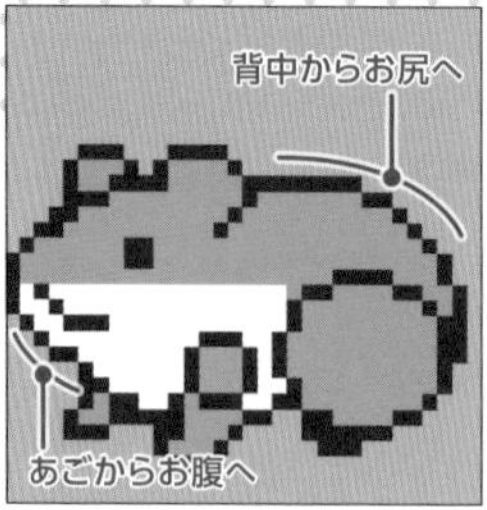

STEP 2

体の形を整えていきます。背中に当たる楕円の上部を1ドット低くして大きなお尻につなげ、あごを少し引っ込ませてお腹に流れるようにします。耳の付け根の輪郭線を消して胴体と一体化させ、胴は半分ほどを白（色15）で塗って後工程で模様を描く際の目安とします。さらに足も描き加えます。

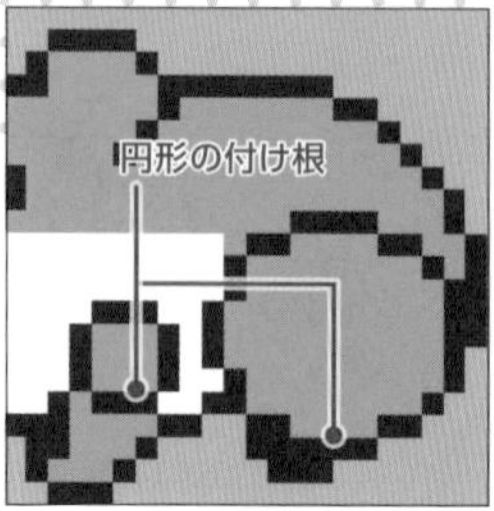

POINT 前足、後足ともに付け根部分に円をイメージし、そこから生やすように描きます。実際に円を描いておくと、足の形を決めやすいです。

STEP 3

付け根付近の輪郭線を消して、足を胴体と一体化させます。**STEP2** で目安として塗った白の境界線を目安に、模様を整えます。頭部は首辺りまで茶色くし、お尻の茶色の模様は丸くなるよう調整しました。さらに手足をピンク（色11）で塗り、尻尾を1ドットで白く描きました。

一口メモ

ハムスターの毛色や柄はさまざまなパターンがあるので、お好きなハムを描きましょう。今回はそのなかでもポピュラーなゴールデンハムスターのノーマルをイメージして描いています。

STEP 4 模様と胴体の基本色を中間色（色8、9）でなじませます。続いて胴体に薄いグレー（色13）で影をつけます。さらに耳の中と鼻をピンク（色11）で塗り、耳はグレー寄りのピンク（色1）で縁取ります。

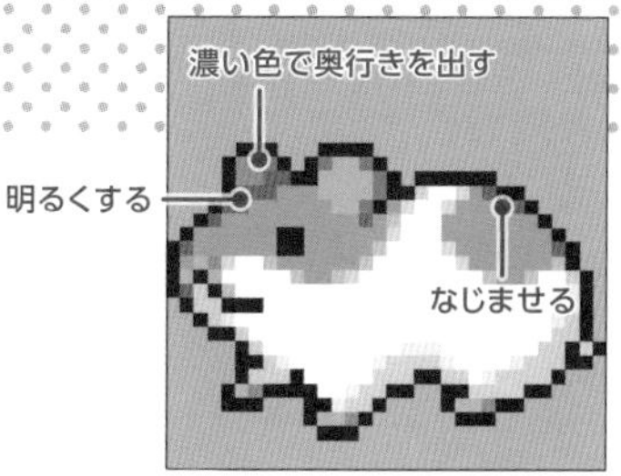

STEP 5 輪郭線と茶色の模様を濃い茶色（色5）でなじませます。おでこの輪郭線も同じ色で明るくして柔らかさを出します。胴体の基本色と影を淡いグレー（色14）でなじませます。奥の耳の中や、足の後部に濃いピンク（色10）を置いて奥行きを出します。

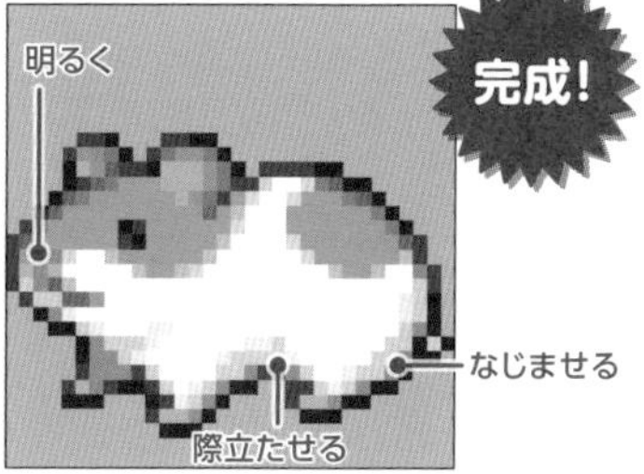

STEP 6 光が当たっている場所の輪郭線を茶色（色4）で少し明るくします。輪郭線と脚まわりの影を中間色（色12）でなじませ、後ろ足の付け根は影色（色13）を1ドット延ばして際立たせます。あとは前足や顔周りの輪郭線の色などを部分的に明るくしたら完成！

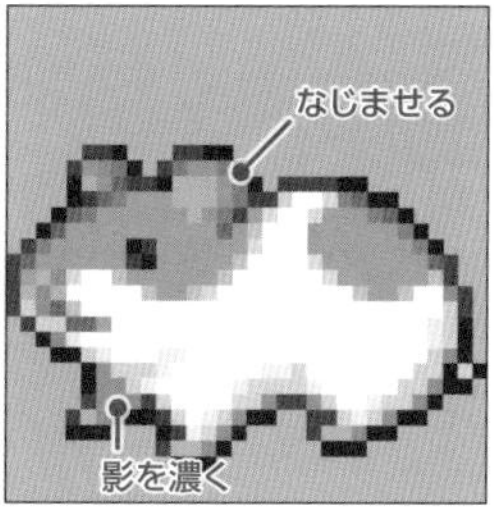

POINT 前足の影は色12で濃くして奥行きを出し、あご下に影色（色13、14）をつけました。また口元の輪郭線を茶色（色5、7）で明るくして、耳の中を色2でなじませています。目は、少し明るい色（色4）を斜めに入れてぼけた感じに整えています。

020 柴犬

難易度 ☆☆☆☆☆

ファイル Lesson2 ⇒ 020

キリッとした顔立ちで人気がある
日本を代表する犬種のひとつ、柴犬。
ピンと立った耳や口から覗く舌で
表情豊かに描いていきましょう。

サイズ 32×32

パレット［16色］

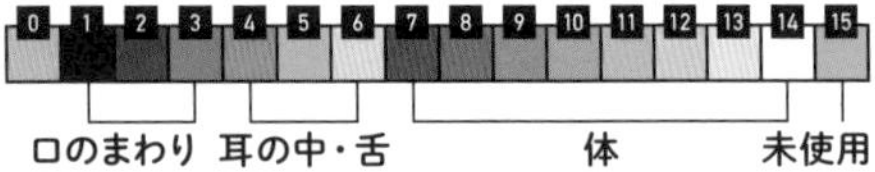

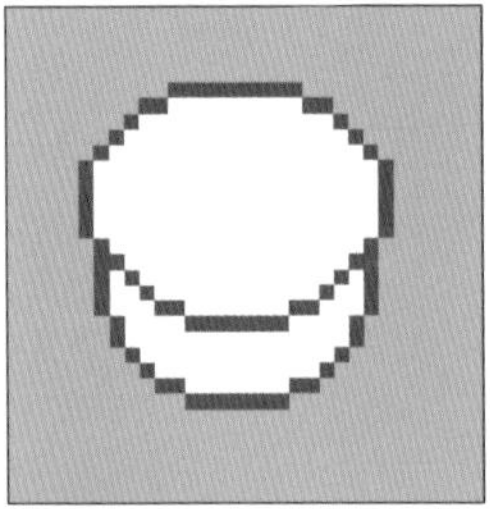

STEP 1 茶色（色7）で顔のベースを描き、内側を白（色14）で塗りつぶします。体は、縦の楕円が顔の奥に隠れているイメージで描きます。さらに黒（色1）で目と鼻を、白で前足の先を描き、位置を決めておきます。

POINT 顔は楕円形を基本とし、上はなだらかに、下は少し尖り気味に形を整えます。目や鼻は、左半分を描いてコピー&ペースト→［左右反転］して描きます。

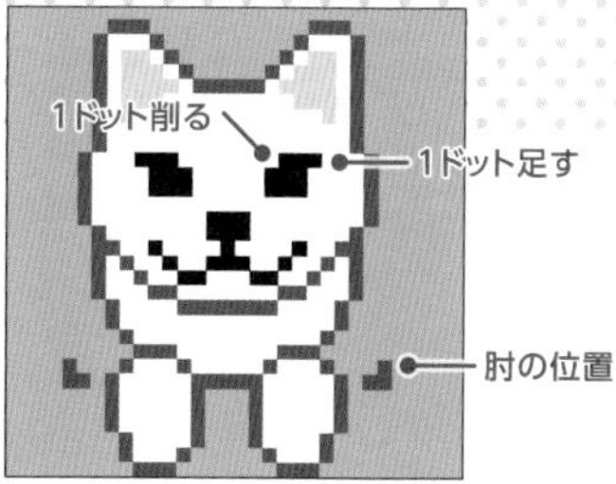

STEP 2 顔に三角形の耳をつけて、中を薄いピンク（色6）で三角形に塗ります。口は「3」を横倒しにした形に描きます。目は上辺の端に1ドット足し、内側は1ドット削って吊り目に整えます。縦の楕円をベースに前足を描き、肘の位置を決めておきます。

STEP 3 肩から肘、前足にかけてを線でつなげます。頬の端から目の下、鼻先にかけてを明るい茶色（色11）で塗ります。柴犬は舌を出した表情が好きなので、口を開けてピンク（色6）の舌を描きました。それに合わせてあごの輪郭線を1ドット下げ、明るい色（色11）に塗り替えます。

STEP 4 全体に影をつけていきます。耳の中は中心にいちばん暗いピンク（色5）がくるように色を置きます。頭部の茶色部分は、耳の根元から輪郭へ、そして目頭から鼻先にかけて茶色（色10）で。体は淡いオレンジ（色13）で影をつけます。

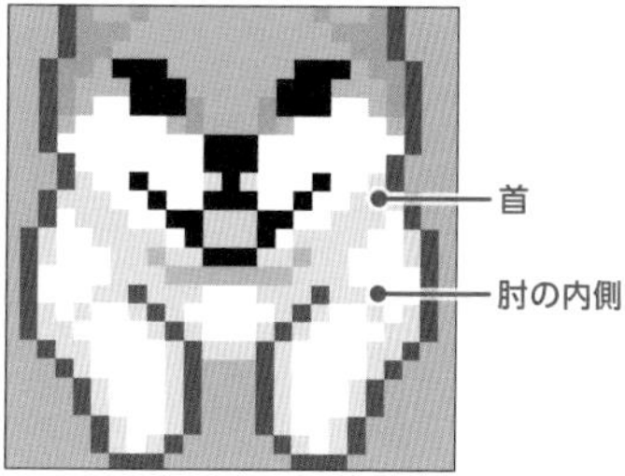

POINT 体の影は、腕と肘の内側、首、奥まったところに色を置いていきます。はっきりとした輪郭線ではなく、影で顔や足、肘などのパーツの形を区別することで、もふもふした柔らかな質感を出します。

STEP **5**

全体をなじませていきます。ここでは、頭部の茶色と白の境界を淡い色（色13）で、耳の内側を茶色（色9）、舌のピンクを濃い色（色4、5）、輪郭線と隣り合った色を中間色（色8〜12）でなじませました。また目は上のドットが欠けた部分に茶色（色9）を置き、下を1ドット濃い茶色（色8）に変えて周囲となじませています。

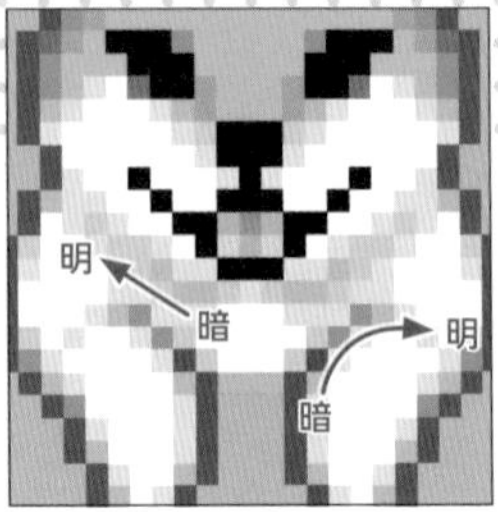

POINT 顔や肘の形を際立たせるため、あごの下や肘の内側のラインはグラデーションになるよう色を置いています。あごの下は手前が暗く、奥に向けて明るくなるよう、肘は内側が暗く、外に向かって明るくなるようにするのがポイントです。

完成!

STEP **6**

目の中心にグレー（色3）で光を入れ、吊り目の先端を少し明るく（色2）して生き生きとした表情に。鼻と口の周りをグレーのグラデーション（色1〜3）で白となじませます。さらに光が当たっている場所をイメージしながら、輪郭線を部分的に明るい色（色8）に変更します。それに合わせて舌も左側を明るく、右を暗く調整しました。

POINT 口の部分は、中心を暗く、端に向けて明るくなるようグラデーションを描きます。鼻は舌の左右2ドットを明るい色（色2）にすることで穴を表現しています。

021 目つきの悪い猫

難易度 ☆☆☆☆☆

ファイル Lesson2 ⇒ 021

自由気ままで甘えん坊なところもある猫は
どんな表情もかわいらしく感じます。
少しデフォルメを効かせながら
目つきに特徴を持たせて描いていきます。

サイズ 32×32

パレット［16色］

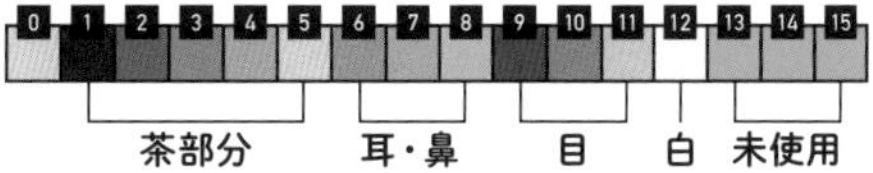

STEP 1 基本的には犬と同じ描き方です（P082「柴犬」参照）。まず茶色（色1）で楕円形を描き、形を整えて内側を白（色12）で塗りつぶします。胴体は、縦の楕円が顔の奥に隠れているイメージです。さらに青（色9）で目を、輪郭線と同じ色で鼻と口、前足の位置を決めます。

POINT 猫の顔は楕円の下部を少し狭く描きます。尻尾以外のパーツは左右対称なので、左半分を描いてコピー＆ペースト→［左右反転］で描いてもOKです。

STEP 2

目つきを悪くしました。これはこれでカワイイです。三角形をイメージしながら耳を描き、中をピンク（色8）で塗っておきます。あごと胴体の輪郭線を一部消して一体化させ、尻尾を描き加えます。**STEP1** で決めておいた前足の位置から肩にかけて、外側はゆるいカーブを、内側は直線を引いて前足とします。

STEP 3

目の中を水色（色11）に塗り、濃い青が斜めに3ドット並ぶように色を分けます。ここでは中央のドットを瞳と想定しています。顔と尻尾に薄茶色（色4）の模様を描きます。口元やあごのラインも同じ色にして柔らかい印象に。鼻の頭はピンク（色8）に塗ります。前足と胴体の境界線を部分的に消して一体化させます。

STEP 4

体に明るいベージュ（色5）を置いて影をつけます。同じ色で顔の模様に濃淡をつけます。ここでは、眉頭に薄茶色を1ドット残し、マロ眉毛のようにしています。

POINT

体の影は、光が当たる胸や肩、前足の先端に白を残すイメージで色を置いています。はっきりとした輪郭線ではなく、影で顔や胴体、足などを区別することで、柔らかな印象になります。

STEP 5 輪郭線と模様の薄茶色を少し濃い茶色（色3）でなじませます。耳の中に濃いピンク（色6）で影をつけます。目つきが少しきつく感じたので、濃い青のうち目頭と目尻に1段階明るい青（色10）を置いて印象を和らげました。

POINT 輪郭線と模様の薄茶色をなじませる際、濃い茶色（色3）の置き方で印象も変わってきます。ここでは、頭の上から頬にかけて模様を強調したかったので、その部分に濃い茶色を多めに置いています。

STEP 6 光が当たっている場所をイメージしながら、耳や肩、前足の輪郭線を部分的に焦茶（色2）に塗り明るくします。同じ色を頭の上や尻尾の先などに置いて、模様をさらに濃くします。耳の中のピンクを中間色（色7）でなじませます。

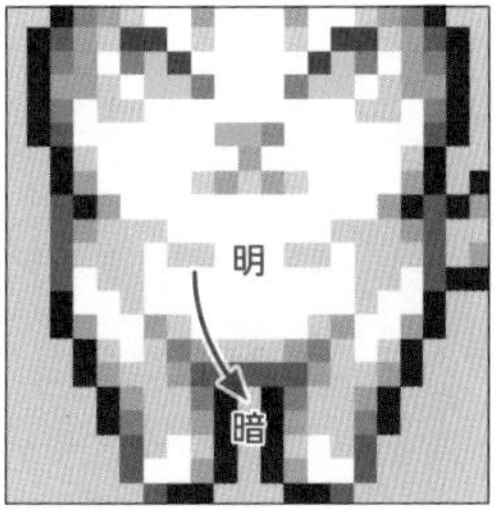

POINT 胸の部分は、手前が明るく、奥にいくにつれて暗くなるように茶色のグラデーション（色1～5）でつないでいます。これによって立体感を出すことができます。

022 パンダ

難易度 ☆☆☆☆☆

ファイル Lesson2 ⇒ 022

白と黒の丸みを帯びた体がかわいい
動物園の人気者、パンダ。
円の組み合わせで体を形作り、
白と黒をなじませながら描いていきます。

サイズ 32×32

パレット［16色］

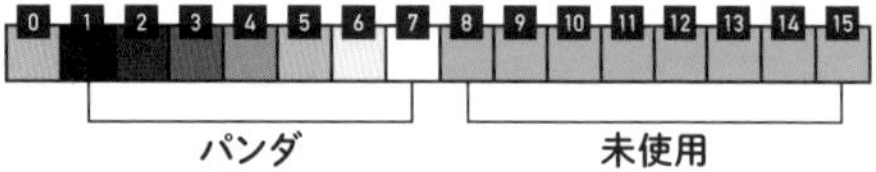

STEP 1

体のベースを描きます。鏡餅をイメージしながら、黒（色1）で上下に楕円を描いて白（色7）で塗りつぶします。上の楕円の半分よりやや下にT字を描き鼻とします。額を広めにすると幼くかわいい印象になります。左右対称のパーツは、すべて半分を描き、コピー＆ペースト→［左右反転］で描けます。

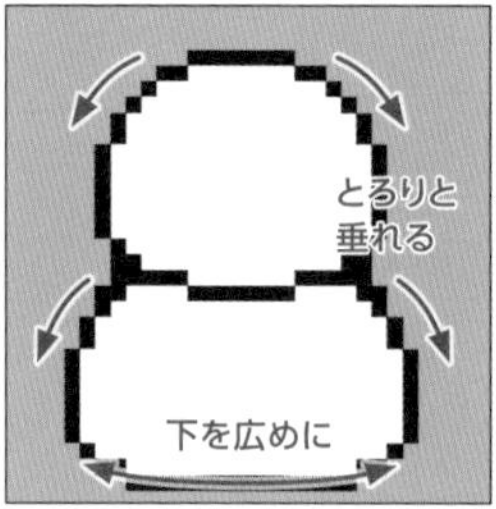

POINT 体のベースは整った楕円ではなく、重さで下にとろりと垂れているように、上をやや狭く下を広めに描くのがポイントです。

STEP 2 パンダのパーツはすべて楕円でできています。耳は小さな楕円で、目の周りは左下に垂れた楕円で表現します。今回は目は描きません。腕は右下に垂れた楕円で、手前に伸ばした足も楕円で描きます。さらに鼻の下に口を描きます。

一口メモ

口の端を上げて「ω」のような形にするとよりカワイイですが、パンダはただでさえカワイイのでこれくらいにしておきます……。全体的におもちのように丸々とした形にするとかわいくなります。

STEP 3 耳、目、腕、足を輪郭線と同じ黒（色1）で塗りつぶします。パンダといえば白黒ですが、やや温かみを出したいので無彩色の黒ではなく、少し赤みを入れた黒にしています。さらに首元を黒く塗りつぶし、耳の形や足の形を整えれば、シンプルなパンダが完成！

POINT 首元を黒く塗りつぶすときは、顔の輪郭はそのまま残るようにします。首のくびれが出ると丸みが減ってしまうので、くびれを出さないようにしています。

STEP 4 鼻と口以外の頭部をなじませます。中間色（色2～5）で、ひたすら黒と白をなじませていきます。四角いカドが出ないよう、丸い形を保つことを意識します。

POINT なじませる際は、カーブのピークなど凸にしたいところは明るいドットを、凹ませたい部分は暗いドットを置きます。あごのような長い直線の部分は、グラデーションを使って丁寧になじませていくときれいに仕上がります。

STEP 5 STEP4 と同じ要領で首から下、手足の白黒の境界部分をなじませます。丸みを帯びて見えるように注意しながら、明るいドットと暗いドットを置いていきましょう。足の内側1ドットに色2を置いてほんの少し丸みをつけます。

STEP 6 鼻と口を部分的に少し明るい色（色3、4）に塗り、白地に淡いベージュ（色6）を置いてなじませます。同じ淡いベージュで身体の右側に影をつけて立体感を出します。光が当たっているところをイメージしながら、その箇所の輪郭線を明るい色（色3）に変更し、ふくらみを出します。

023 ペンギン

難易度 ★★★☆☆

ファイル Lesson2 ⇒ 023

2本足でトコトコ歩く姿が
微笑みを誘う愛らしいペンギン。
楕円をベースにデフォルメを効かせ
漫画チックに仕上げていきます。

サイズ 32×32

パレット［16色］

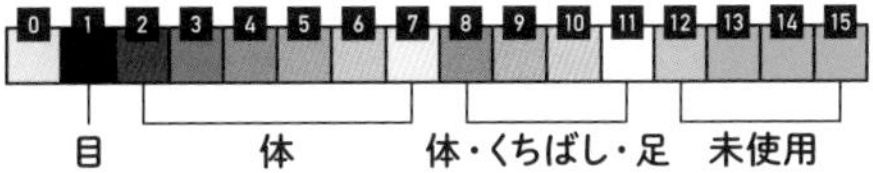

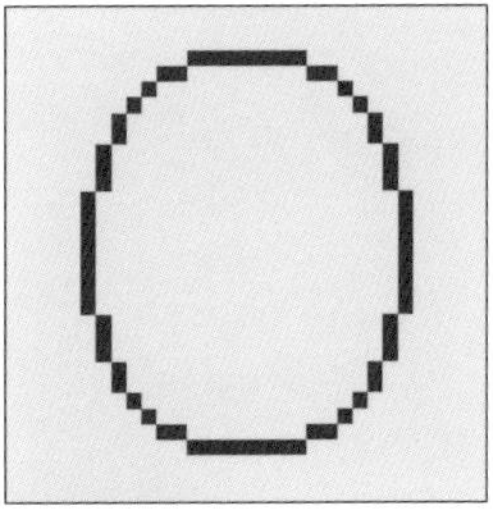

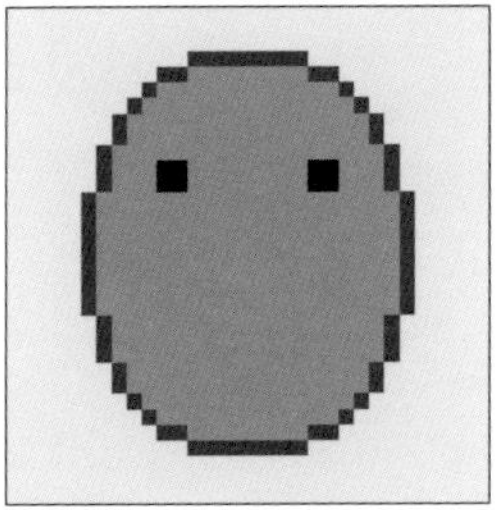

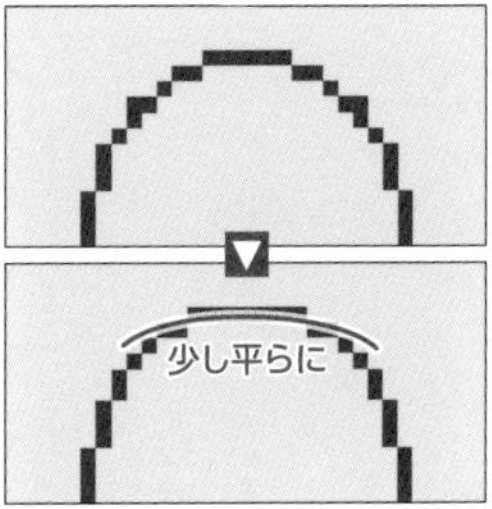

STEP 1 体のベースを描きます。○ツールを使い、濃いブルーグレー（色2）で縦長の楕円形を描きます。上下を少し平らに整えたら、内側を輪郭より明るいグレー（色4）で塗りつぶします。続いて黒（色1）で四角を描き、目とします。

POINT 今回は、ややずんぐりした漫画チックなペンギンにしたいので、○ツールで楕円を描いたあとに上下を少し広めに整えました。

STEP 2 体の半分くらいの位置から斜め下に向けて手（フリッパー）を描き加えます。黄色（色10）で楕円形の口を描きます。さらに胴体の下に同じ色で足を描き、分かりやすいよう濃い黄色（色8）で輪郭線をつけておきます。

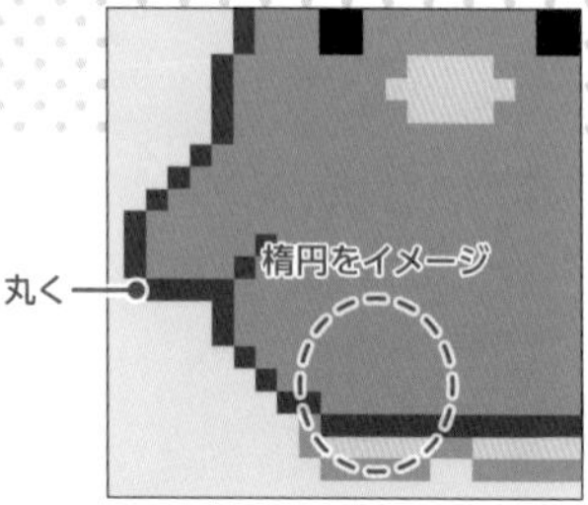

POINT 手の先端は直角に描いたあと、角の1ドットを削って丸く見えるようにします。足は一部が体に隠れていますが、縦の楕円をイメージしながら描きます。

STEP 3 手の下に白（色11）で線を引きます。続けて、エプロンを着けているように同じ白でお腹を塗り分けします。ペンギンの体は円柱状なので、首周りは曲面に沿ってカーブを描くイメージで丸いラインにし、手の付け根の切れ込みを1ドット削ってずんぐりした印象にしています。

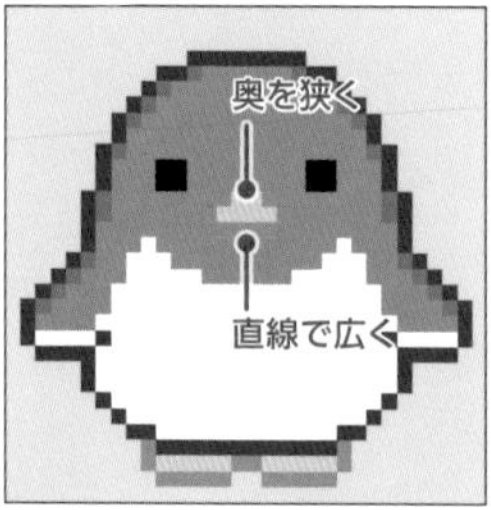

STEP 4 体のグレーと輪郭線を中間色（色3）でなじませます。口に濃い黄色（色8）で輪郭をつけます。漫画チックにしたいので、上下対照ではなくアヒル口のような手前が広い形に描きます。

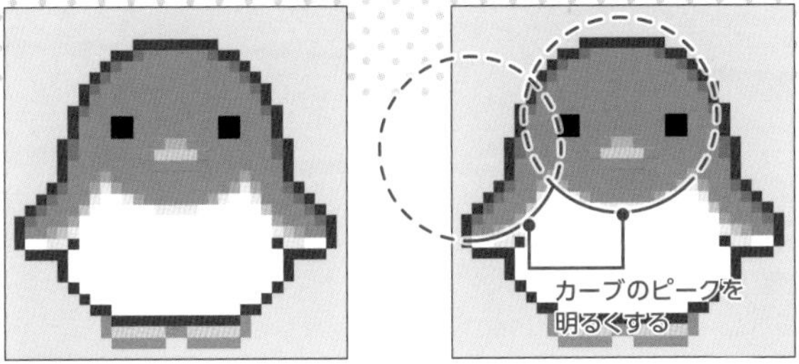

STEP 5 体のグレーと白の境界を中間色のグラデーション（色5〜7）でなじませます。境界線を円の一部ととらえ、カーブのピークに明るいドットを置いて丸みを出します。さらに口の奥を中間色（色9）でなじませます。

STEP 6 下半身の輪郭線と体の白をなじませます。**STEP5** と同様に、円を意識して丸みを出したいところに明るいドットを置きます。足にかかる直線が目立つので、足先がふくらんで見えるよう輪郭線の一部を明るくしました。足の中央に黄色（色9）で線をひき、漫画チックにふたつに割ります。

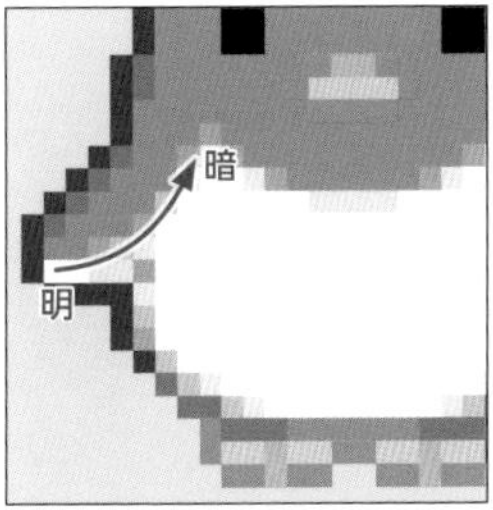

POINT 手の先から脇の下にかけて暗くなるよう、グラデーションで明暗のつながりを作ります。手の先端は幅が狭いので光が集まり明るく、脇の下は影になるので暗いという点をおさえています。

024 カニ

難易度 ☆☆☆☆☆

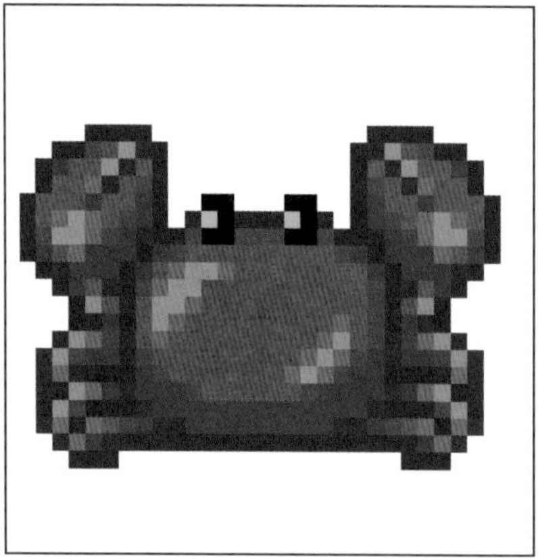

ファイル Lesson2 ⇒ 024

冬の味覚の王様といえばカニ。
角丸四角形や楕円形をベースに
形を整えながら、全体的に丸い
デフォルメされたカニを描いていきます。

サイズ 32×32

パレット[16色]

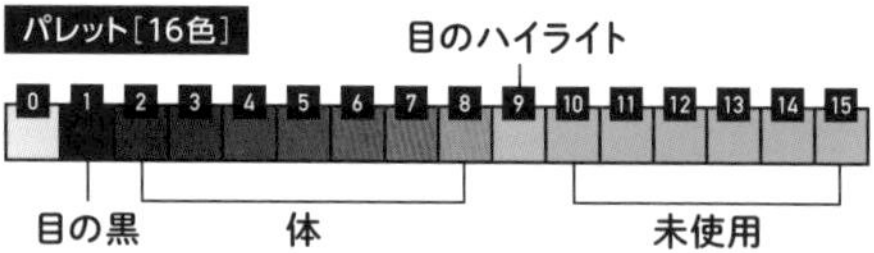

STEP 1

カニの足はハサミを含めて10本ですが、ちょっと省略して8本で描きます。甲羅部分は角丸が大きめの四角形、ハサミは楕円形を斜めにして先を細めた形が基本になります。ここでは濃い赤（色2）で輪郭線を描き、明るい赤（色6）で塗りつぶしました。

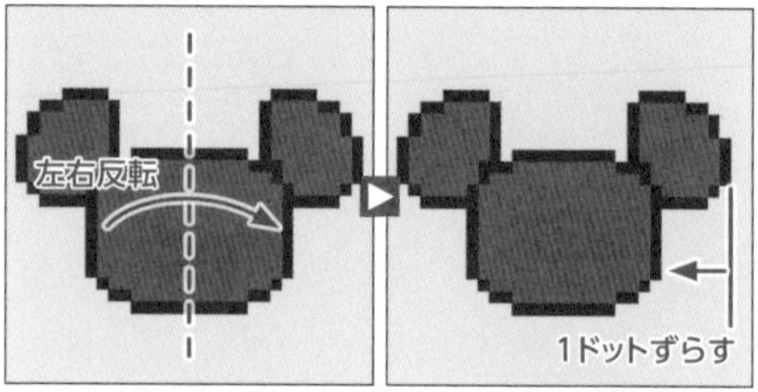

POINT 今回描くカニは、甲羅と目のハイライトを除いて左右対称になります。そのため、基本的に半分だけ描いてからコピー&ペースト→[左右反転]しています。ただし、そのままだとちょっと横長すぎるので、反転したあと1ドットぶん中心に寄せて調整しています。

STEP 2

目の位置を決めて濃い赤（色2）で描きます。ハサミを除いた足はひとつの塊としてとらえ、その輪郭を楕円形で描きます。後の工程でこの楕円を3本に分割していきますが、ここではその目安となる印をつけておきます。さらにハサミの中心に斜めの線を途中まで入れます。

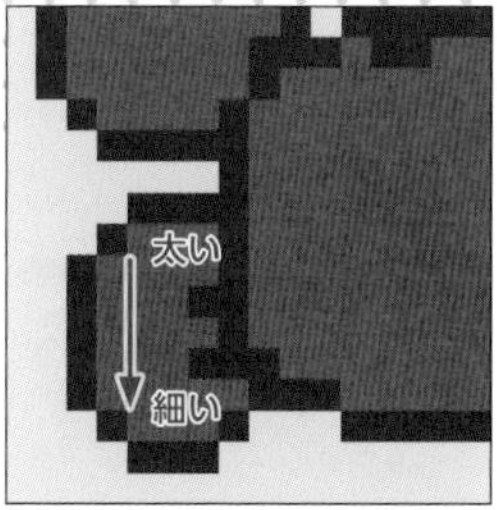

POINT 3本の足は、上がいちばん太く、下に向かって徐々に細くなるよう楕円に目安となる分割線を入れておきます。

STEP 3

STEP2 で描いた目安をもとに足を分割します。いちばん下の足と甲羅を直線で結んで直線にし、甲羅が丸くなりすぎないよう、四角い感じを出します。ハサミと足の間に関節を描いて、目を黒（色1）に塗り替えます。

POINT カニを描くうえで、足の分割はいちばんめんどうなところ。下方向にゆるくカーブさせるようにドットを置いていきます。

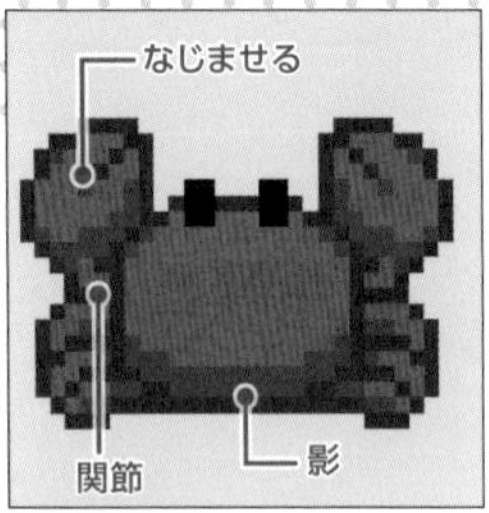

STEP 4 濃い赤色（色4）で甲羅やハサミ、足に影をつけていきます。同じ色でハサミの割れ目をなじませます。関節とハサミの境界線を部分的に消去してL字形につなげます。

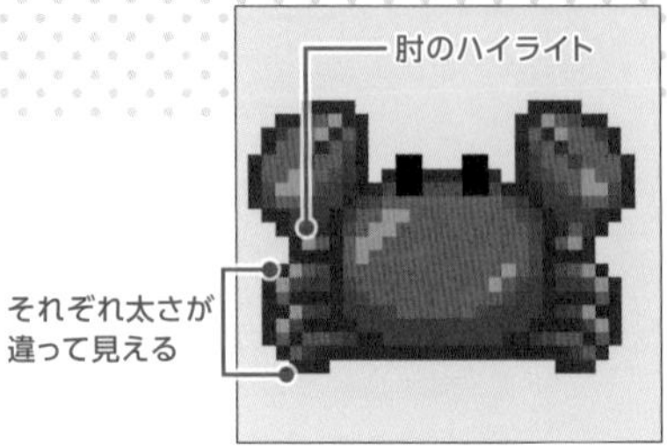

STEP 5 全体に明るいピンク（色8）でハイライトを入れます。甲羅のみ非対称にしています。関節は肘の部分にハイライトを置いて、曲がっている形を強調しました。いちばん下の足はハイライトを入れず暗いままにして、3本とも違った太さに見えるようにします。さらにカニの基本色と影色を中間色（色5）でなじませます。

STEP 6 カニの基本色とハイライトを中間色（色7）でなじませます。光の当たりそうな場所をイメージしながら輪郭線を部分的に明るい色（色3）に塗り替えます。基本色の反対色の水色（色9）で目にハイライトを入れて目立たせます。

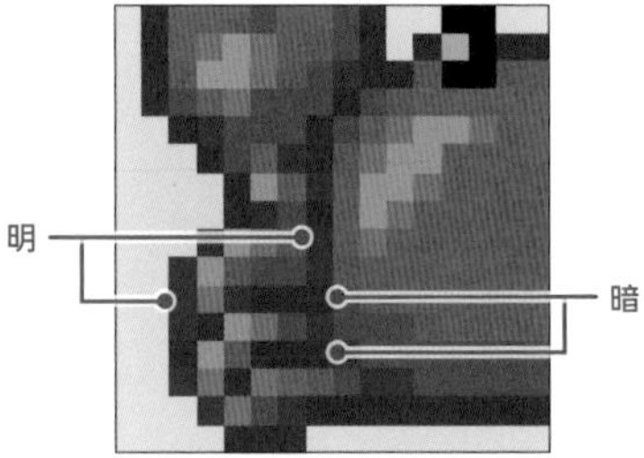

POINT 輪郭線は、元の形を考えながら光の当たりそうな部分を少し明るくします。ここでは、足の外側や足と甲羅の境目は明るく、足と足の間は暗くなるようにして、立体感を出しています。

025 こわくないサメ

難易度 ☆☆☆☆☆

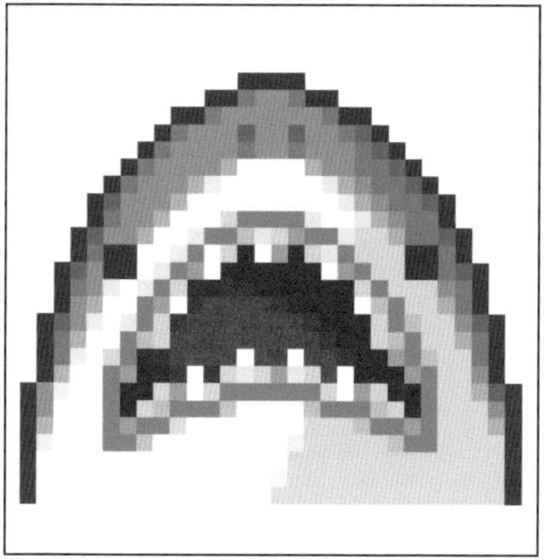

ファイル Lesson2 ⇒ 025

夏に楽しむパニック映画の主役として
人気がある海の暴れん坊、サメ。
大きな口や鋭い歯などの特徴をとらえつつ
丸みをつけてちょっぴりかわいく描きます。

サイズ 32×32

パレット［16色］

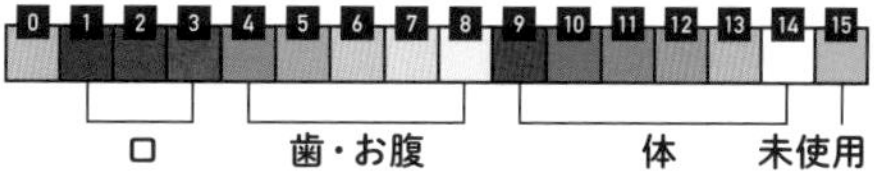

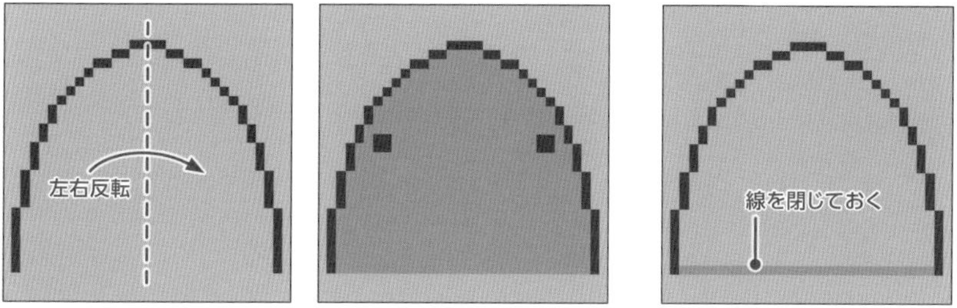

STEP 1 海から顔を出しているサメを描きます。鉛筆ツールを使い、濃い青（色9）で片側にゆるやかな弧を描いてコピー&ペースト→［左右反転］し、下辺に青（色12）で線を引いたら、塗りつぶしツールで内側を同じ青で塗りつぶし、濃い青（色9）で四角く目を描きます。

POINT 塗りつぶしツールは必ず線が閉じた状態で使います。今回のように、輪郭線をつけない部分がある場合は、事前に塗りつぶしたい色で線を引いて閉じておきます。

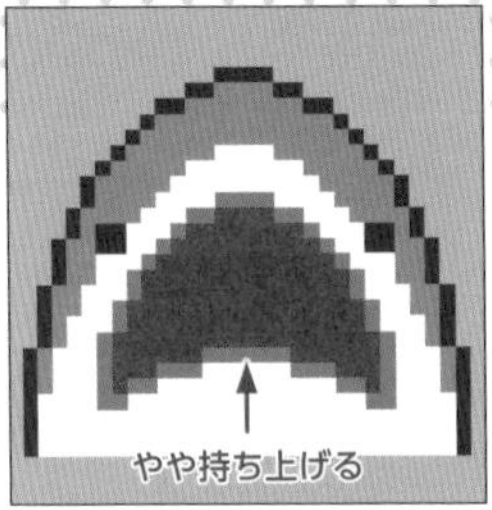

STEP 2

輪郭線を一回り小さくした弧を白（色14）で描いて下辺に直線を引いたあと、同じ色で塗りつぶしてお腹部分とします。サメといえば大きな口ですね！　口も三角形がベースですが、下辺の中央をやや持ち上げるようにゆるやかなグレー（色4）の弧を描き、内側を赤（色3）で塗りつぶします。半分だけ描いてコピー&ペースト→［左右反転］してもOKです。

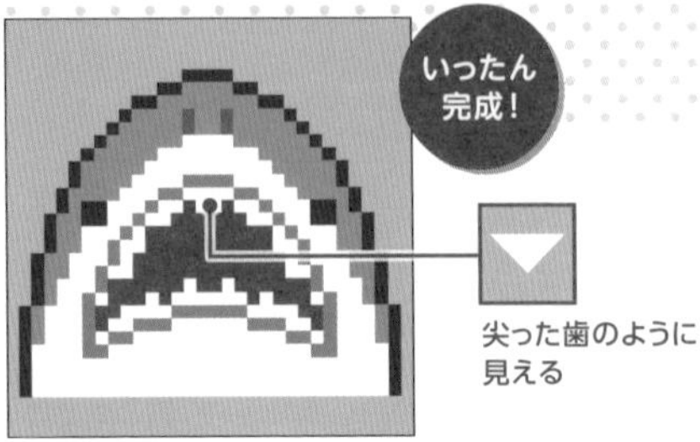

STEP 3

口の中に白で歯を描きます。「▽▽▽」のように▽を並べた歯を描きたいところなのですが、面積的に難しいのでドットが揃わないようガタガタに描いています。ちょっとかわいらしすぎるので、青（色10）で鼻の穴を描きました。

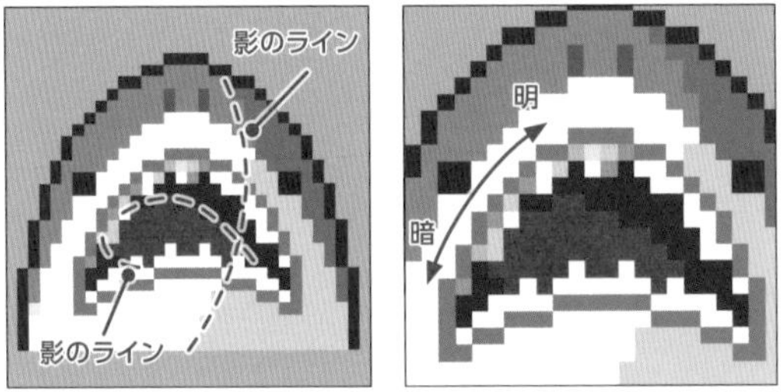

STEP 4

体の青い部分は少し濃い青（色11）で、白い部分はグレー（色7）で影を塗ります。口の中は奥に丸くなっているので、ゆるやかな弧で濃い赤（色1）に。さらに上半分の歯にグラデーション（色5～8）で明暗をつけます。尖った歯先は白く、口の中心から端にかけて暗くなるよう色を置きます。

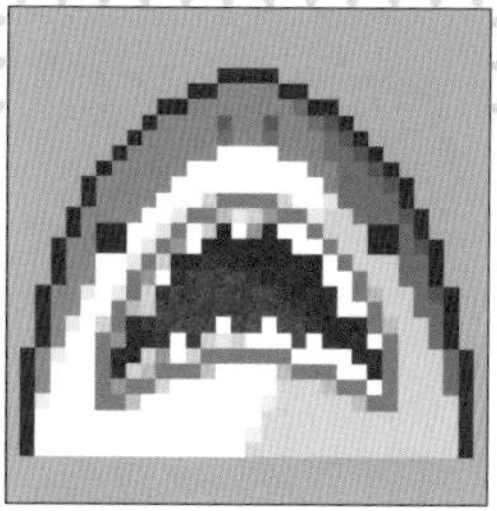

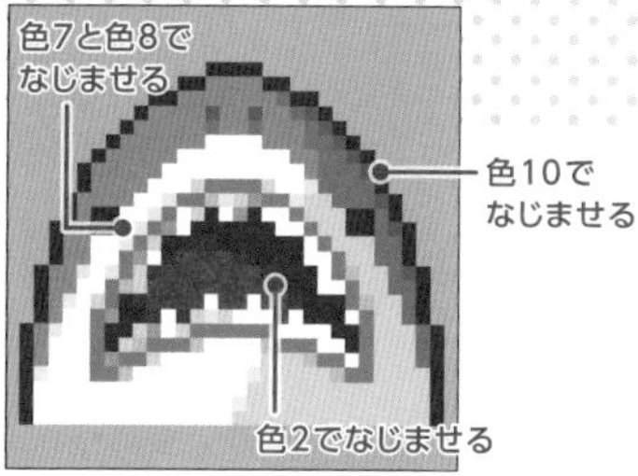

STEP 5 輪郭線や影と基本色を中間色でなじませます。口のグレーの輪郭線と体の白は明るい色（色6〜8）で、体の輪郭線と青い影は濃い青（色10）で、口の中の影は少し濃い赤（色2）でなじませました。下半分の歯に **STEP4** と同じように明暗をつけます。鼻の穴の下1ドットを青（色11）で明るく塗ります。

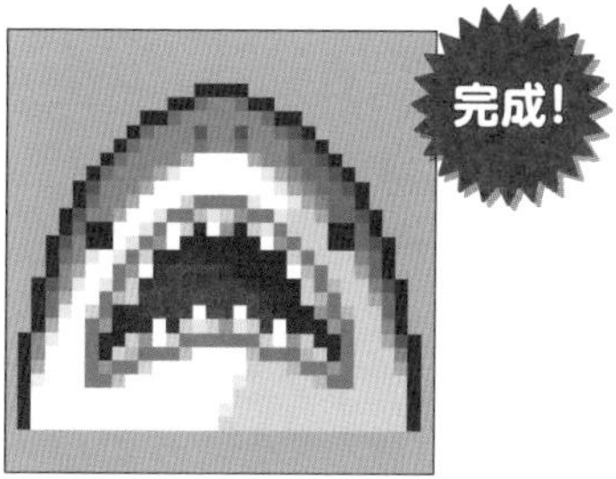

STEP 6 歯の部分だけ別レイヤにコピー&ペースト→［左右反転］します。さらに体の左側、輪郭線と青を中間色（色10、11）で、白と青の境界線を淡い色（色8、12、13）でなじませて完成です！

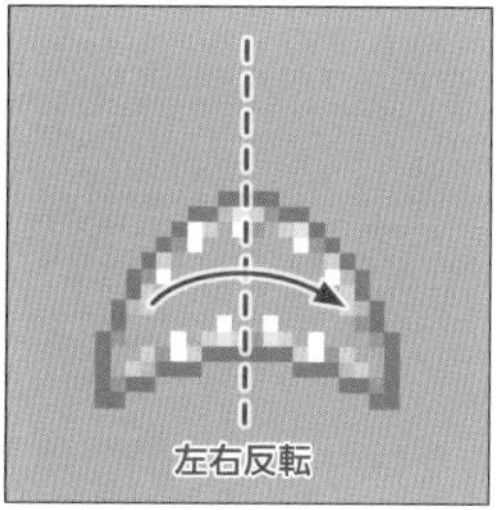

POINT

歯の部分は、いったん別レイヤに画像全体をコピー&ペーストしたあとで、不要部分を背景色で塗って歯だけを残します。続いて、［矩形領域の選択］ツールで明暗をつけた左半分を選択し、コピー&ペースト→［左右反転］して右半分にも明暗をつけたあとで調整しました（図は元画像のレイヤを非表示にした状態）。

026 やわらか牛

難易度 ☆☆☆☆☆

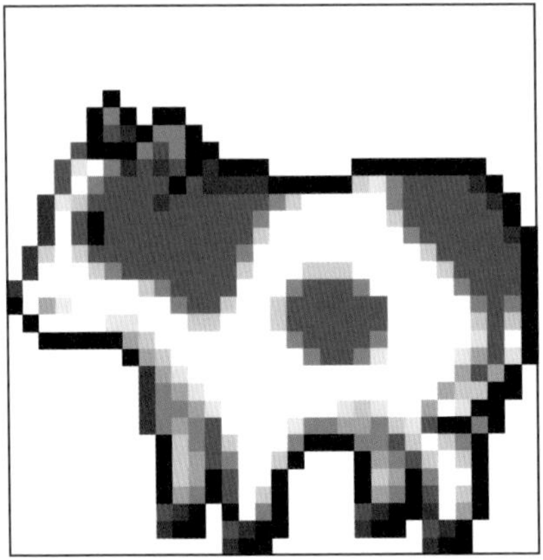

ファイル Lesson2⇒026

牛の体のような複雑な形は
細かくパーツを分けてから描きます。
四角や三角といった単純な形をもとに
丸みや模様をつけていくのがポイントです。

サイズ 32×32

パレット［16色］

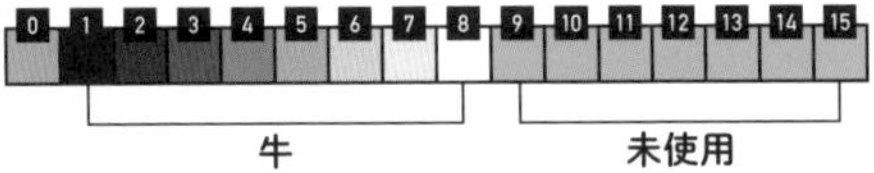

STEP 1 複雑な形を描くときは、まずパーツに分けてアタリを取っていきます。頭部は四角と三角を組み合わせた台形、耳や胴体、足は長方形という具合に、単純化した形を黒（色1）で描いて白（色8）で塗りつぶします。続いて写真などの資料を参考に牛の特徴をとらえつつ、形を考えていきます。

一口メモ

牛の特徴を考える際は、似ているけれど種が異なる豚や馬などと比べると分かりやすいです。たとえば牛のお尻は、豚や馬などのように途中から丸まっておらず、四角いままです。このようにひとつひとつ特徴を確認していきます。

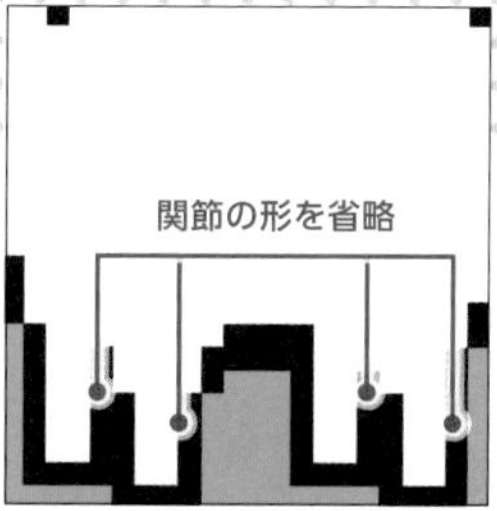

STEP 2 **STEP1** で描いたパーツとパーツの境界線を消して統合していきます。パーツ同士が滑らかにつながるように形を整えます。耳は現実の牛のように先端をとがらせます。

POINT 今回はデフォルメした牛を描くので、全体的に丸みをつけ、胴は短めにしています。足の関節も細かく表現せず、形を省略しました。逆にリアルに描きたい場合は、関節を意識します。

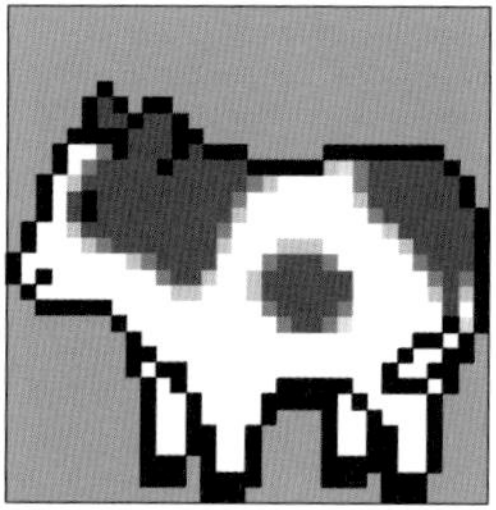

STEP 3 牛といえば、白黒のぶち模様！　顔の周り、お腹、お尻などに濃いグレー（色3）でランダムに模様をつけていきます。これでグッと牛らしくなりました。さらに先端が少しふくらんだ尻尾を描き加え、つま先を2ドット幅で黒く塗って蹄とします。

STEP 4 体の白と黒いぶち模様を中間色（色4〜7）でなじませます。ときどき表示を縮小して描きたい模様の形になっているか確認しながら進めます。均等に中間色を置くとぼやけて見えるので、へこませたいところや出したいところを意識しながら色を置いていきます。

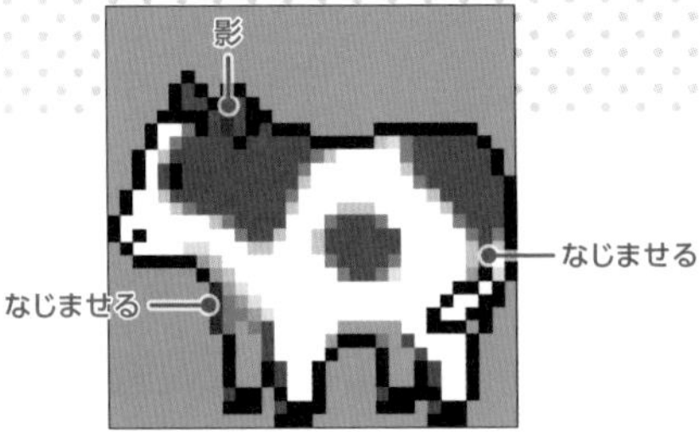

STEP 5 奥の足に影をつけて奥行きを出します。喉から胸、胸から前足、お腹から後ろ足、そして尻尾周辺を輪郭線を含めグラデーション（色2〜7）で基本色となじませていきます。さらに耳の中に影色（色2）を、蹄にハイライトを置きます。

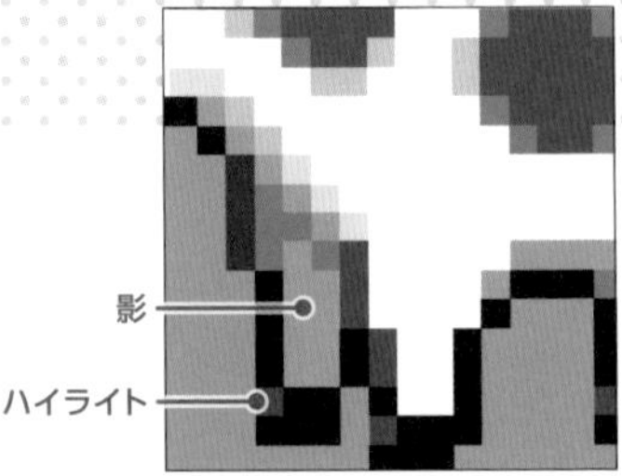

POINT 奥の足は、手前の足よりも少し暗くなるよう淡いグレー（色5）で影をつけて奥行きを出しています。蹄のハイライトは色3でうっすらつけています。

STEP 6 足と尻尾をグラデーション（色2〜7）でなじませます。奥の足にハイライトを置いて明暗をつけ、尻尾の輪郭線の左側を明るくしてふさふさ感を出します。鼻の穴は黒だときつく感じるので明るい色（色5、7）に。耳の付け根をグレー（色2）でなじませ、先端を明るい色（色4）にしてとがった形を強調します。

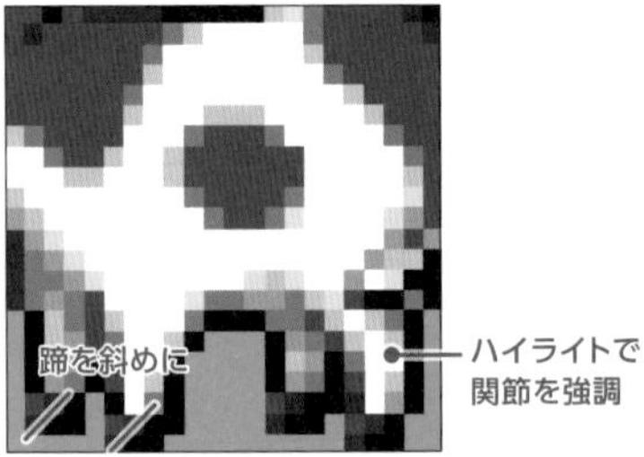

POINT 手前の後足に1ドットだけハイライトを置き、足の関節を強調しました。あまりリアルにしたくないので、1本の足だけ関節を匂わせて残り3本は脳内補完してもらう方法に。蹄が斜めに見えるよう、部分的にグレー（色2、3）に置き換えています。

027 おばけ

難易度 ☆☆☆★★

ファイル Lesson2 ⇒ 027

ハロウィン風のかわいらしいおばけは
楕円の端を尻尾状にとがらせて描きます。
両手や舌に明るめの色を置いて
重い印象にならないよう注意しましょう。

サイズ 32×32

パレット[16色]

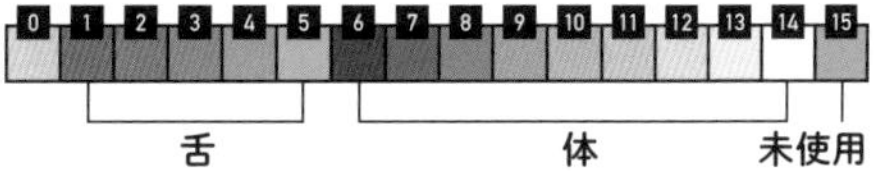

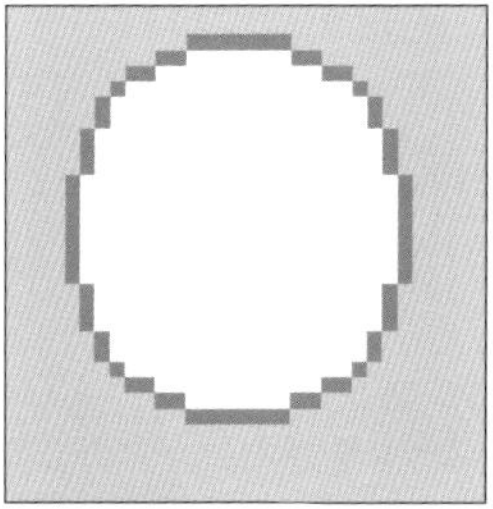

STEP 1 おばけの体のベースを描きます。ハロウィンを意識して、紫やピンク系の色を使ってみようと思います。そこでまず、パープル(色8)でやや縦長の楕円を描いて白(色14)で塗りつぶします。

STEP 2 おばけに足はない……ということで、楕円の右下を伸ばして尻尾状にとがらせます。楕円のカーブから滑らかに伸びるように描きます。続いて紫(色6)で目と口を描き加えます。口はあとで舌を足すことを考慮して大きめにしておきます。

STEP 3 少しくすんだピンク（色3）で口から斜め下にべろーんと出た舌を描きます。次に風船のような丸みを意識しつつ、淡いパープル（色11）で体に影をつけます。

POINT おばけは球状なので、境界線が弧を描くように影をつけます。ただし右手で遮られた部分があるので、1本の弧ではなく、右手付近で少し段差をつけておきます。

STEP 4 体の基本色の白と影を中間色のグラデーション（色12、13）でなじませます。次に、舌に濃いピンク（色1）で影をつけます。舌は口の奥につながっているので根本部分も影色にしておきます。

一口メモ

舌の色やその影の色は、若干グレーの入ったピンクにしています。おばけなので、あざやかなピンクではなく、少しくすんだ感じを目指して色を置いています。

STEP 5 輪郭線と隣り合う色をグラデーション(色9〜11)でなじませ、目と口を紫(色7)でなじませます。両手や舌の周囲は薄紫(色12)で。舌の内側は影が広がりすぎると重い印象になるので、明るい色(色2)でなじませ、ピンク(色5)のハイライトを置いています。

POINT 両手は体になじむよう、根本を明るくします。向かって左側の手の付け根にカドが出ていますが、なじませようと明るい色に置き換えると付け根が分かりにくくなるので、そのままにしています。

STEP 6 頭の左上と、両手の上半分の輪郭線を明るい色(色9)に塗り替えます。舌の基本色とハイライトを明るいピンク(色4)でなじませれば完成です！

POINT 舌の基本色とハイライトをなじませる際は、べろーんと出た舌の形に合わせて、左下にゆるくカーブした形に明るくします。

028 さらうぞ！UFO

難易度 ★★★★★

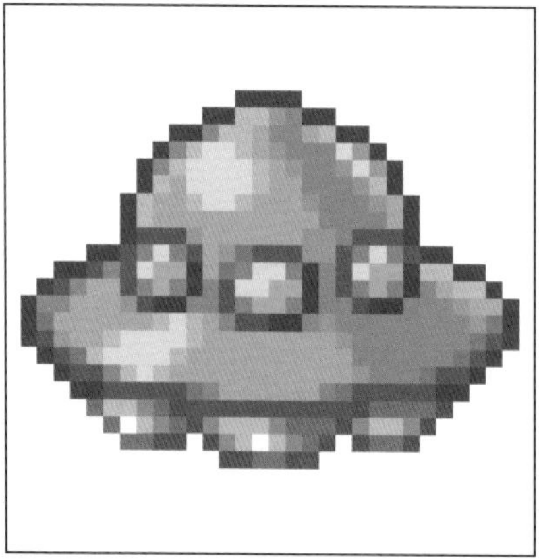

ファイル Lesson2⇒028

どこか懐かしいアダムスキー型UFO。
半球部分と円盤部分とで
光の反射や陰影を描き分けながら
金属の質感を出していきます。

サイズ 32×32

パレット［16色］

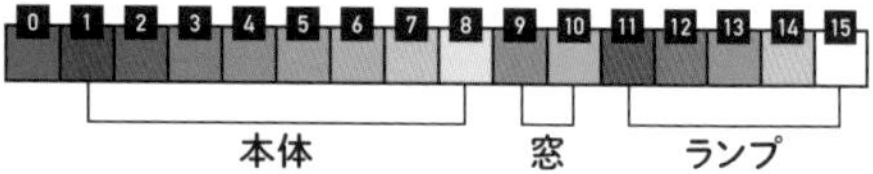

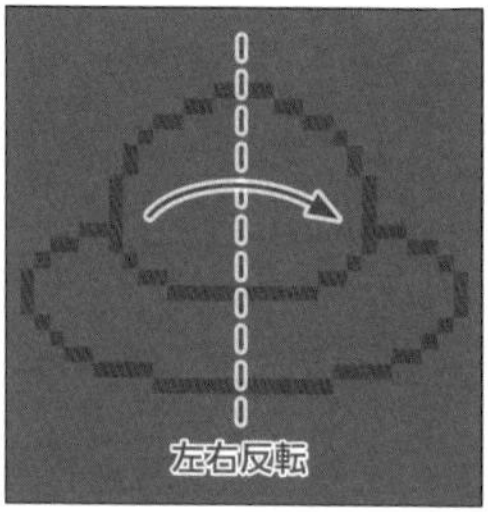

STEP 1 UFOは、つば付き帽子のような形が基本になります。上部に半球があって、その下に少しだけ厚みのある円盤があります。そこでまず、青紫（色1）で左半分だけ描き、コピー＆ペースト→［左右反転］したあと、内側を薄い青（色6）で塗りつぶします。

POINT 円盤部分は後工程でフチに色を塗って厚みを表現するので、そのぶんを考慮して縦の幅を広めに描きます。

STEP 2

UFOといえばアブダクション（誘拐）。連れ去る動物を探すには外を見る窓が必要です。そこで半球の周りに青紫（色1）で3つの円を描き、水色（色10）で塗りつぶします。円盤の下にはランプのように光る謎の球をつけます。茶色（色11）で輪郭を描き、内側を黄色（色14）で塗りつぶします。

POINT ランプのような光る球は、大半が円盤に隠れて見えませんが、円をイメージして描きます。レイヤを1枚追加して円を描き、位置を調整してからUFO本体のレイヤの下に移動すると描きやすいです。

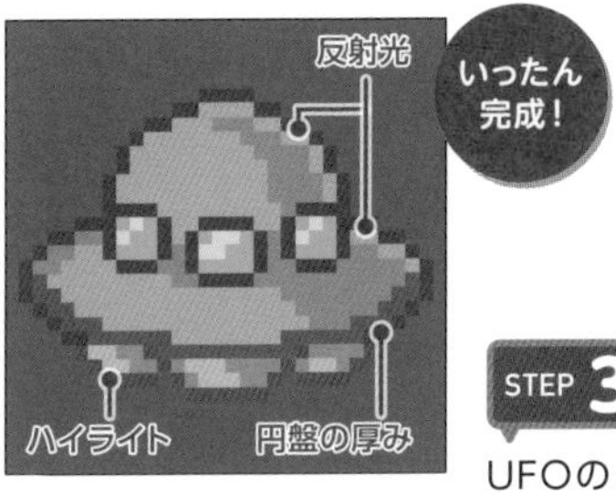

STEP 3

UFOのような未来的なものは金属質のイメージなので、反射光を残しつつ少し濃い色（色4）で影を落とします。円盤部分は青紫（色2）で厚みをつけます。謎の黄色い球はハイライトを残しつつ薄茶（色13）で塗り、窓には薄い水色（色8）でハイライトを入れます。

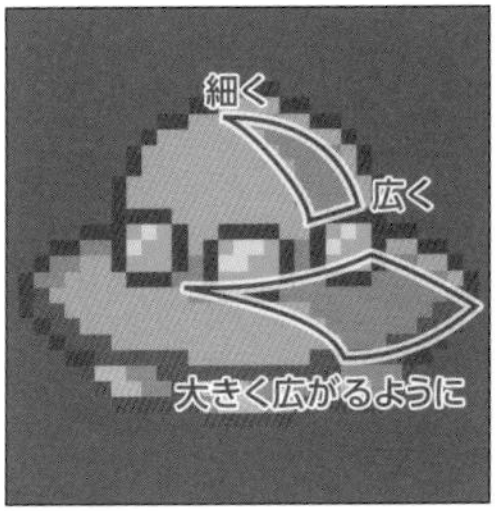

POINT 半球部分の影は、上端は細く、下にいくほど球に沿って広がるように描きます。円盤部分の影は、半球との境界部分から大きく広がるように描きます。

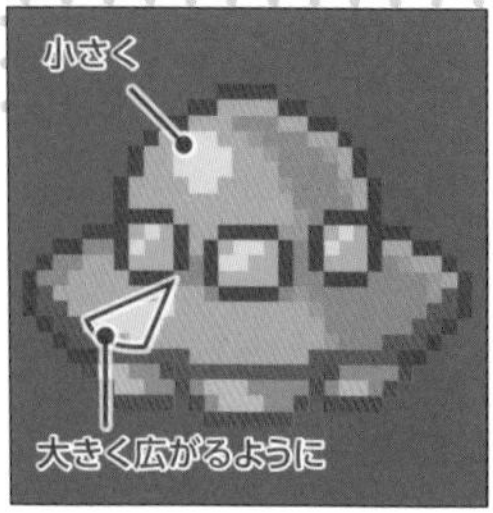

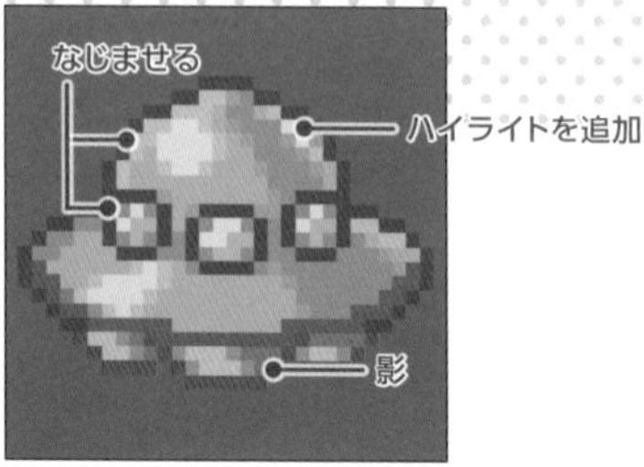

STEP 4 UFOの基本色と影を中間色（色5）でなじませます。さらに薄い水色（色8）でハイライトを入れます。球は光が1点に集まるのでハイライトは小さい丸に、面は光が広がるので幅広く描きます。

STEP 5 UFOのハイライトを基本色と淡い水色（色7）でなじませます。反射光の部分に薄い水色（色8）でハイライトを追加します。窓の中と輪郭線も青（色9）でなじませておきます。さらに謎の黄色い球に茶色（色12）で影を落としました。

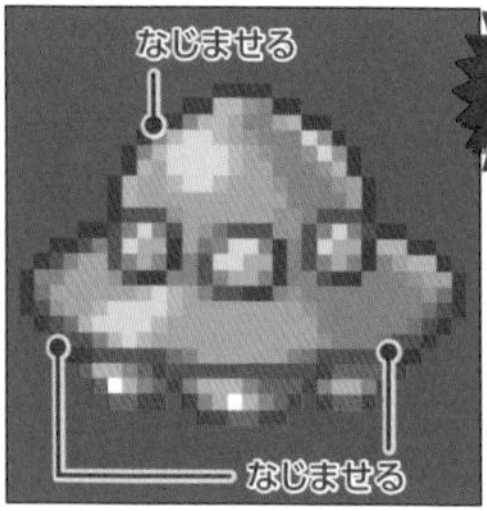

完成!

STEP 6 円盤上部左側の輪郭線が若干きつい印象なので、光が当たっている感じが消えないように薄紫（色4）で少しだけハイライトとなじませました。窓の輪郭線の左側を色2、3でなじませ、黄色い球に色15でハイライトを入れました。円盤の厚みを紫（色3、4）でなじませ、光の球を微調整します。

POINT 謎の光の球は下部が直線にならないよう、球の天辺の一部を薄茶色（色12）で明るくして丸く見えるようにしています。

029 あの宇宙人

難易度 ☆☆☆☆☆

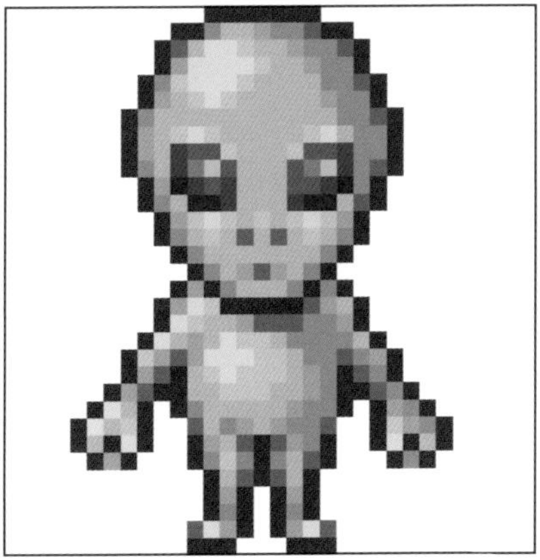

ファイル Lesson2 ⇒ 029

誰もが一度は目にしたことがありそうな
映画などにもよく登場する、あの宇宙人。
腕の関節や肘、指先などにハイライトを使い
体の構造を表現してみます。

サイズ 32×32

パレット［16色］

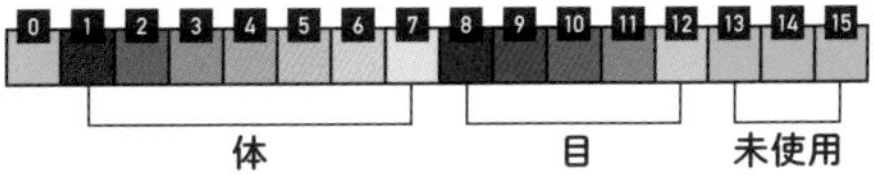

STEP 1

映画などで見かける宇宙人は、頭部が大きく手足が細長いのが特徴です。そこで、まず黒に近いグレー（色1）でアタリを取ります。頭部はやや縦長の楕円、胴体は四角、足は細長い長方形をイメージし、左半分描いたあと、コピー&ペースト→［左右反転］して奇数ドットに調整し、内側を薄いグレー（色5）で塗りつぶします。

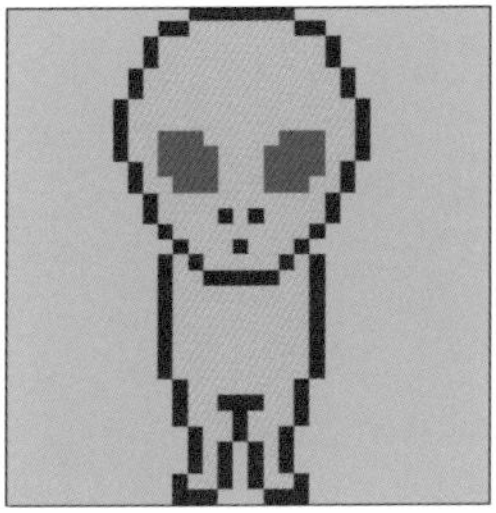

STEP 2

青（色10）で吊り上がった大きな目を描きます。鼻の穴と口は1ドットの点で表現します。脚と胴体の境界線を消して合体させ、太ももをなるべく細めに作って股の位置を決めておきます。

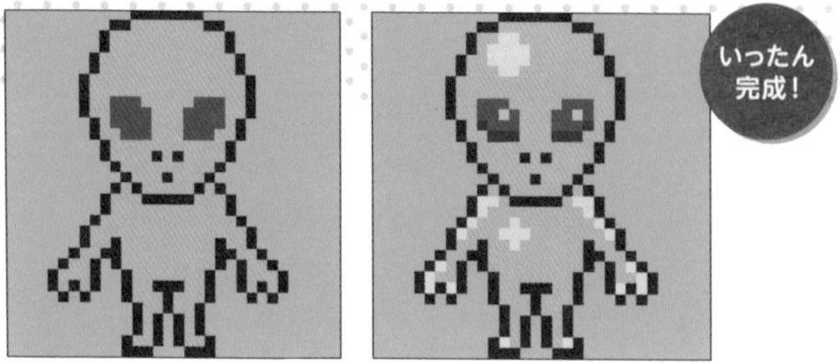

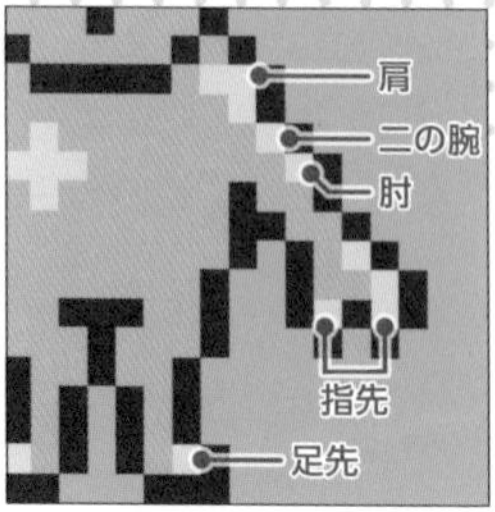

STEP 3 胴体部分に腕を描きます。人間より長く細めにし、手は軽く握っている形をイメージして丸く描きます。頭部と腕、指先、胸、足先に明るいグレー（色7）でハイライトを入れ、目に水色（色12）でハイライトを、濃い青（色9）で影を入れます。

POINT 腕の関節や指先、足先など、小さなパーツでも形を表現したいところにハイライトを入れると、それらのパーツを認識しやすくなります。

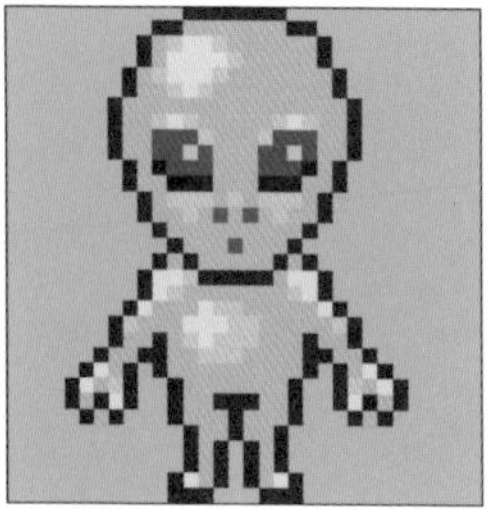

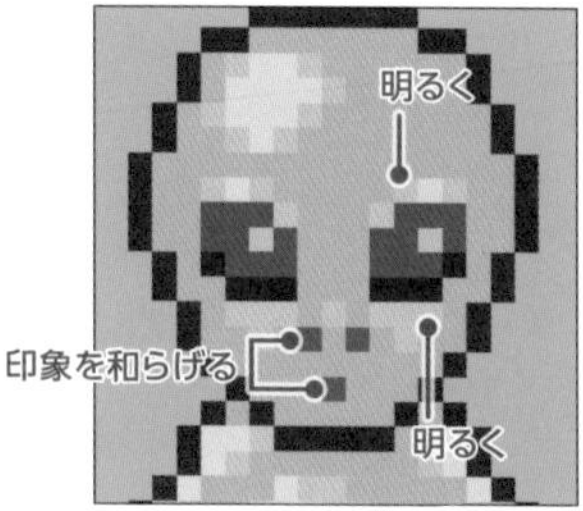

STEP 4 体の基本色とハイライトを中間色の薄いグレー（色6）でなじませます。さらに目の上や頬、鼻の周りに薄いグレー（色6、7）を置いて高さがあることを表現します。

POINT 目の上や頬、鼻の周りは少し盛り上がっており、光が当たって明るくなりやすい部分なので体の基本色より明るいグレーを置いています。鼻の穴と口は、もとの色より若干薄い色（色2）に変更して印象を和らげました。

STEP 5 全体に濃いグレー(色3)で影を落とします。光源が左上にあると想定して、右側に多く影を落としました。右腕は **STEP3** で意識した場所(腕や指先など)にハイライトが残るようにしています。股間や足首などにも影をつけて立体感を強調します。

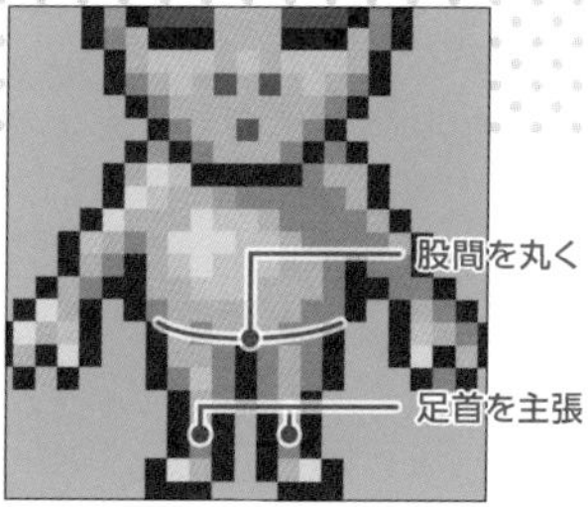

POINT 股間はカーブするように影を置いて丸みを帯びさせます。足首部分に1ドット影を落として、足首の存在を主張します。

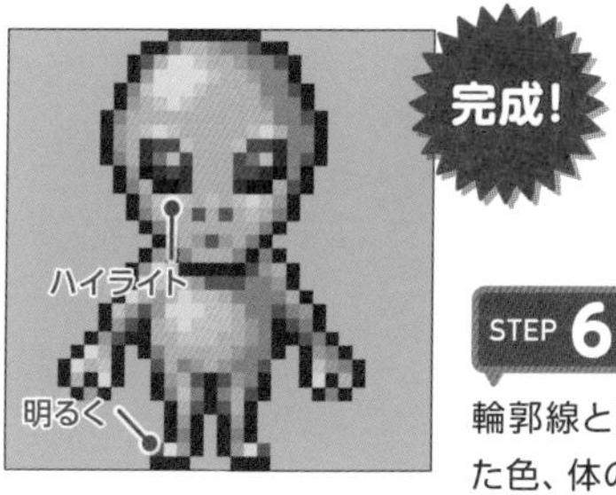

STEP 6 輪郭線と隣り合った色、体の基本色と影、目の基本色と影、口周辺をすべて中間色のグラデーションでなじませていきます。さらに頬にハイライトを追加して頬骨を表現し、足先の輪郭線も部分的に明るくして足の先を表現します。首の右下に色2で影を落として、完成です!

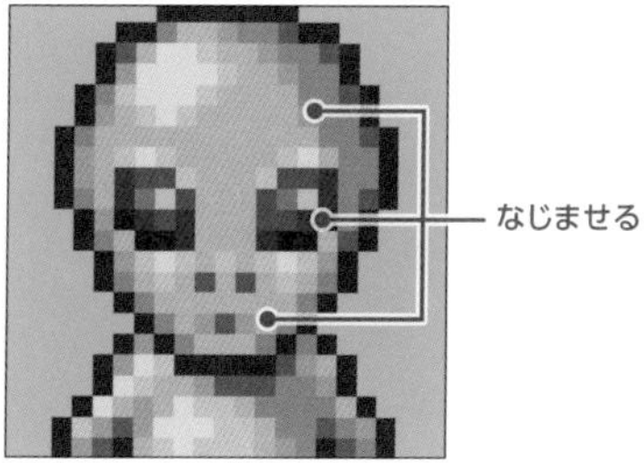

POINT なじませるのは面倒ですね! 3番と5番の間を4番でつなげるような、ひたすら色と色の間を埋めていく工程です。目を休めつつ丁寧に置いていきましょう。

030 ツチノコ

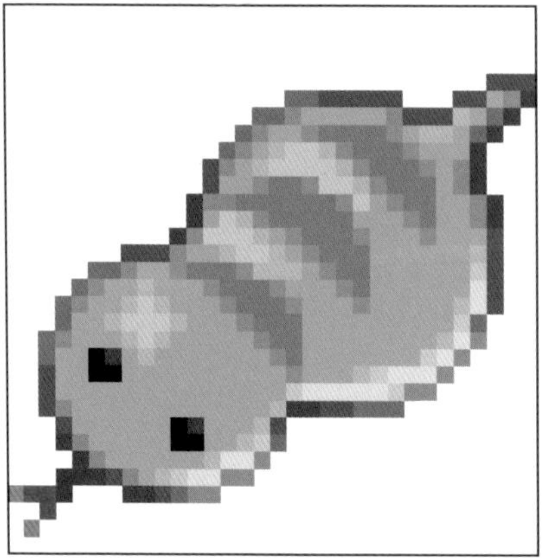

難易度 ★★★☆☆

ファイル Lesson2 ⇒ 030

日本を代表する未確認生物といえばツチノコ。
大小の円をベースに体を描いて
顔のパーツや模様をあしらいます。
ムチムチ感をつけてかわいく仕上げましょう。

サイズ 32×32

パレット[16色]

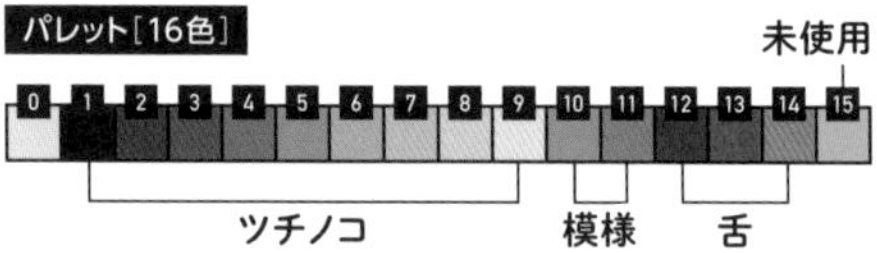

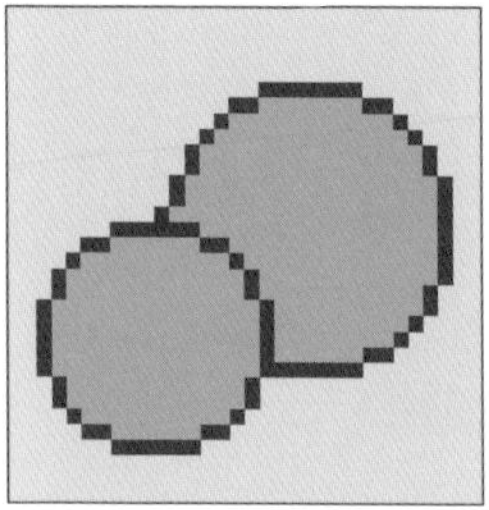

STEP 1

ツチノコは、小さな円と大きな円を部分的に重ねたような形がベースになります。小さな円が頭部、大きな円が体に当たります。そこで、まずは○ツールなどで茶色(色2)の大小の円を描き、内側を黄土色(色6)で塗りつぶします。かわいさを増したい場合は頭を大きめに描きます。

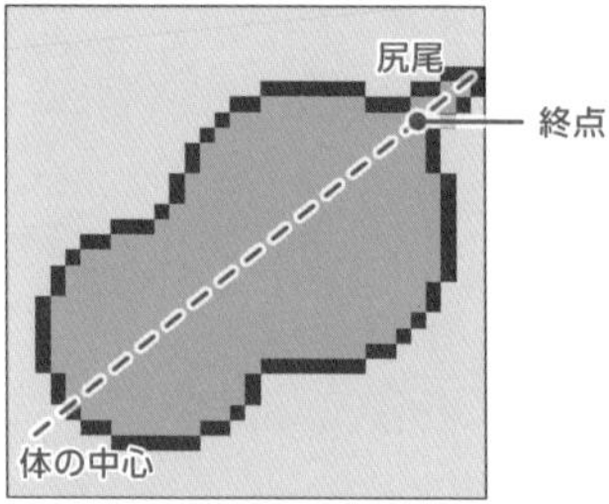

STEP 2

ふたつの円の境目をツチノコの基本色(色6)で塗り、頭と体を一体化させます。ひょうたんみたいな形になりますね。体の中心の終点から尻尾を生やせばツチノコのシルエットができあがり。

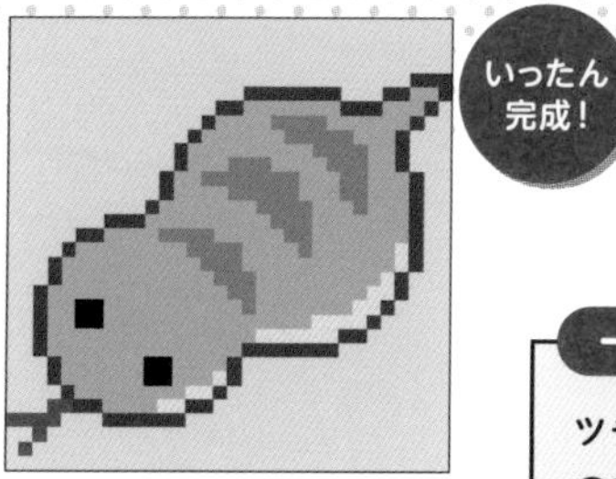

STEP 3 黒(色1)で黒目を、赤(色13)で舌を描きます。舌は蛇のように先端がふたつに分かれて「Y」字になるように表現します。続いて背中に薄い茶色(色11)で模様をつけます。さらにあごの下からお腹の流れを明るい色(色9)で塗ったらシンプルなツチノコの完成！

一口メモ

ツチノコは正体不明の生き物なので、模様は適当……ですが、よく胴が太いヘビに形容されるのでヘビ柄をデフォルメしたものにしています。あごの下やお腹を明るくしたのも、ヘビを参考にしています。

STEP 4 背中の模様と体の基本色を淡い茶色(色10)でなじませます。黒目の角を1ドットだけ茶色(色2)で明るくして、ほんの少し丸みを帯びて見えるようにします。赤い舌の根元に少し暗い赤(色12)を置き、あごの下とお腹のハイライトを淡い黄色(色7、8)で体になじませます。

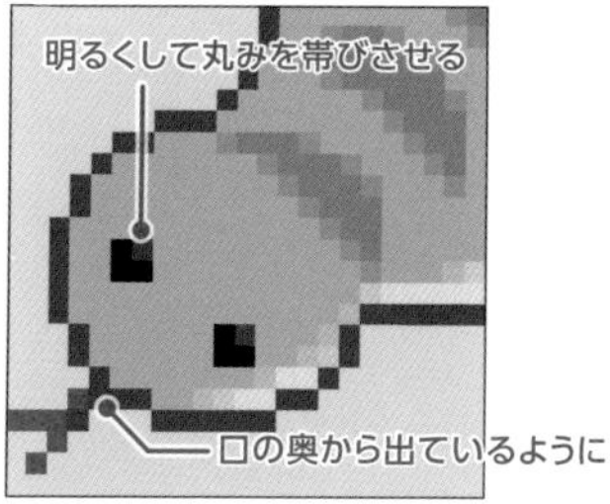

POINT 最初は目に白いハイライトを入れようと考えていましたが、膨張色で大きく見えすぎるのでやめました。代わりに黒に近い茶色を置き、目の面積はそのままに丸みを出しています。舌の付け根を暗くしたのは、口の奥から出ている状態を表現するためです。

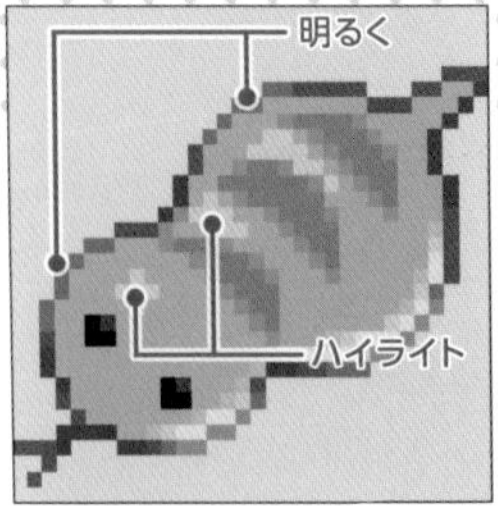

STEP 5 ツチノコの頭と体の左上に、淡い黄色(色8)でハイライトを入れて立体感を出します。光が当たる部分の輪郭線を茶色(色3〜5)に塗り替えて少しだけ明るくしました。

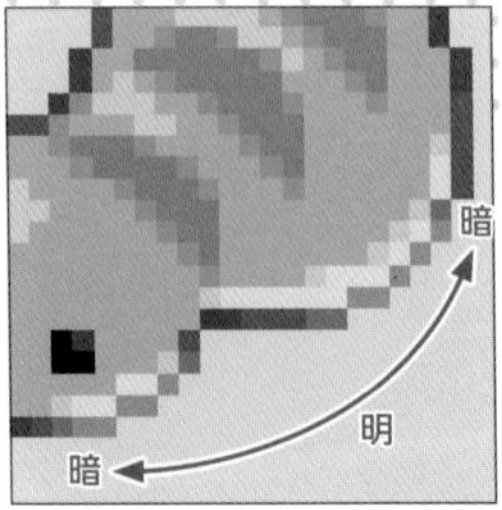

POINT 今回は左上からの光を想定しているので、あごの下とお腹の輪郭線は本来影になる部分ですが、元の輪郭線より明るい色のグラデーション(色3〜5)に変更しています。その方がツチノコの丸くムチムチした感じを出せるためです。

STEP 6 体の基本色とハイライトを中間色(色7)でなじませます。また輪郭線と隣り合った色を中間色(色4、5)でなじませます。さらに尻尾を少し明るくして、舌の先もピンク(色14)で明るくしておきます。

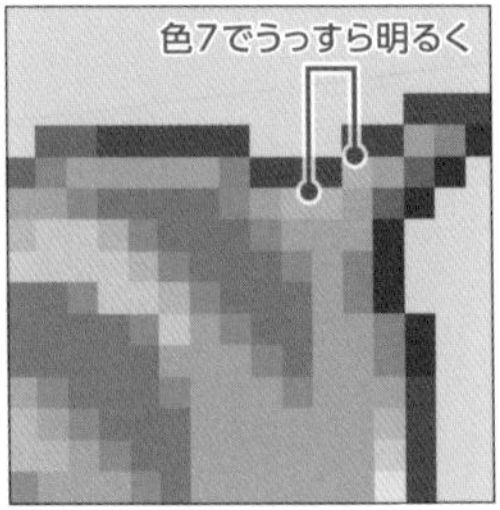

POINT 尻尾は明るい黄色(色7)でうっすら明るくしています。これによって、ピンと伸ばした感じを出すことができます。

031 むっちりマグロ

難易度 ★★★★☆

ファイル Lesson2 ⇒ 031

お寿司のネタとして大人気のマグロ。
むっちりした丸い体や、ひれの形状など
特徴をしっかりとらえながら
バランスよく描いていきます。

サイズ 32×32

パレット[16色]

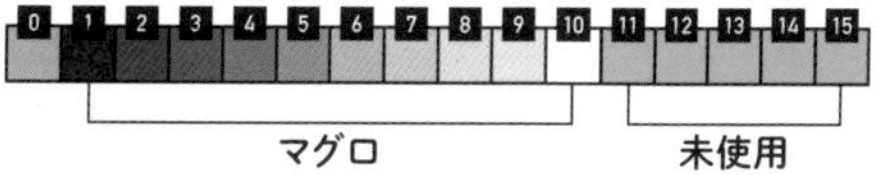

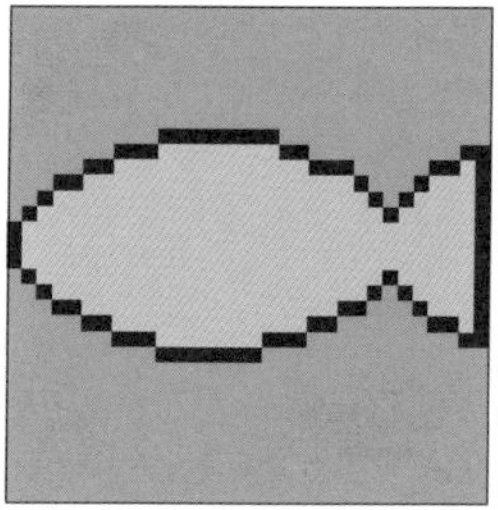

STEP 1

デフォルメしたむっちり丸めのマグロ。ラグビーボールのような両端がとがった楕円形に三角形の尾びれをプラスした形が基本です。まず、横長の楕円を紺色（色1）で描き薄いブルー（色7）で塗りつぶします。尾の三角も同様に描き楕円と合体させ、重なった輪郭線を薄いブルーで塗り消します。

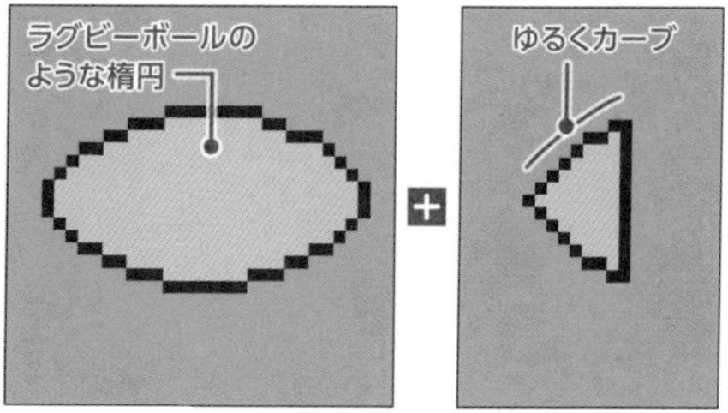

POINT マグロの体は、両端を絞った楕円を描き、頂点が左を向いた三角形を組み合わせるようにすると描きやすいです。三角形は直線ではなく、2辺がゆるくカーブした形を意識して描きます。

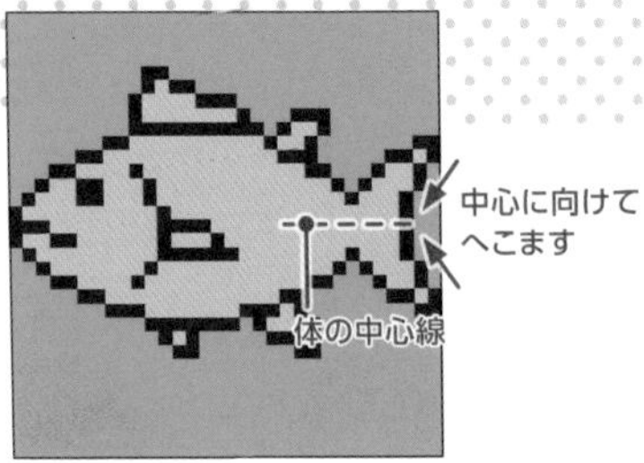

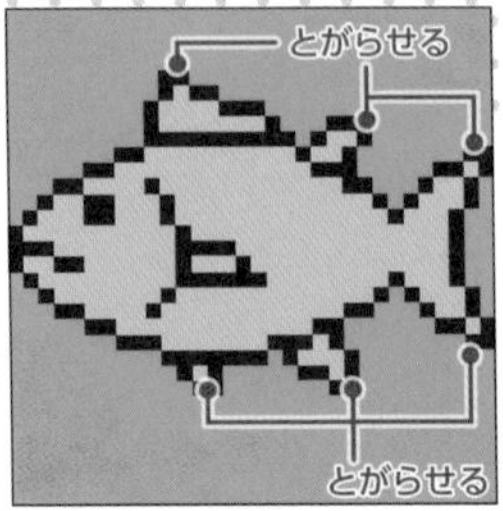

STEP 2 目や口、背びれなど各パーツを描いていきます。最初に目の位置とエラの位置を決めるとバランスが取りやすいです。背びれをふたつ、腹びれをふたつ描き、尾びれは体の中心に向けてへこませます。魚は受け口なので、あごを出すように口の線を右下がりにします。

POINT 背びれ、尾びれ、腹びれなど、ひれはすべて先端を1ドットにしてとがらせ、ぴーんと張った形にします。

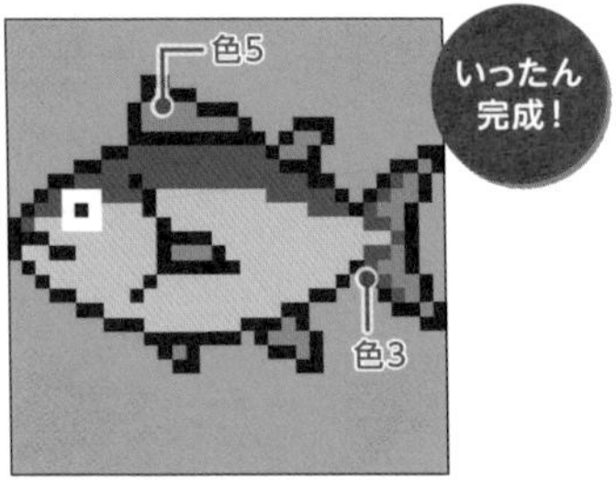

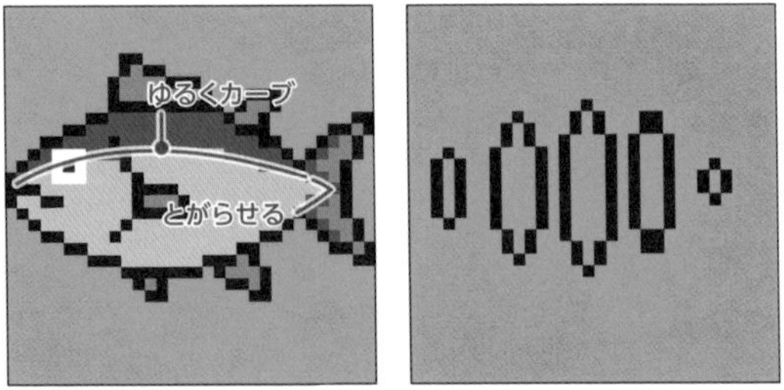

STEP 3 目の周囲に白（色10）で白目を追加します。背の部分に青（色3）を塗って、ざっくりと体部分の色分けを行います。ひれは体の基本色よりやや濃い青（色5）で塗り、尾びれは背と同じ青（色3）で端を縁どります。

POINT マグロは縦の断面で考えると楕円の集まりなので、背の青は横一直線ではなくゆるくカーブさせてふくらみを表現します。また、体の右端が尾びれに食い込んでいるような感じでとがらせるのもポイントです。

STEP 4

体の基本色と背の濃青色の境界を、中間色(色4～6)でなじませます。同様に尾びれの上半分を中間色でなじませたら、コピー&ペースト→[上下反転]で尾びれの下半分に配置します。前方の背びれは青(色3)でストライプ模様にし、後方の背びれは同じ色で輪郭線となじませます。さらに目が丸く見えるように、目の角に薄い青(色7)で影を入れます。

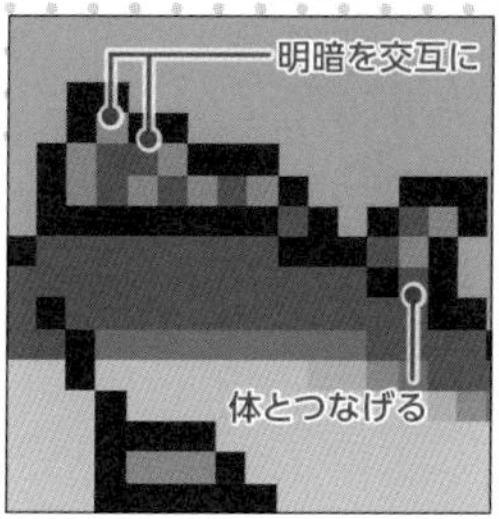

POINT 前方の背びれは、明るい青と暗い青を交互に置いてストライプ模様にし、ひれの形状を表現します。後方の背びれは、背との境界線を削って体と一体化させます。

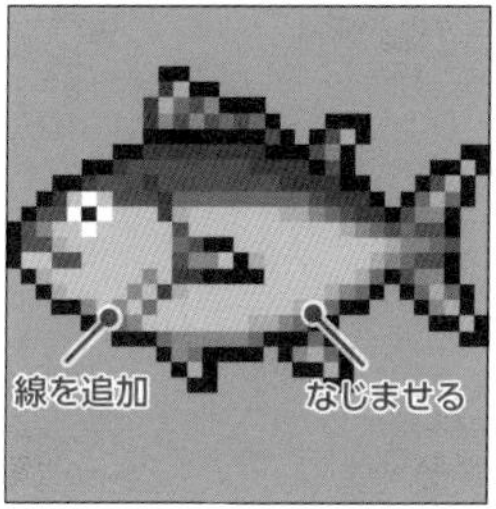

STEP 5

輪郭線と隣り合った色を中間色(色2～6)でなじませていきます。ちょっと面倒ですが、ひとつずつ丁寧にグラデーションをつけていきます。ひれの先端に色6でハイライトを入れ、先端のとがった感じを強調します。さらに口とエラの線を明るい色(色2～4)に変更し、エラの内側に青(色5)で線を追加して少しだけリアルにしてみました。

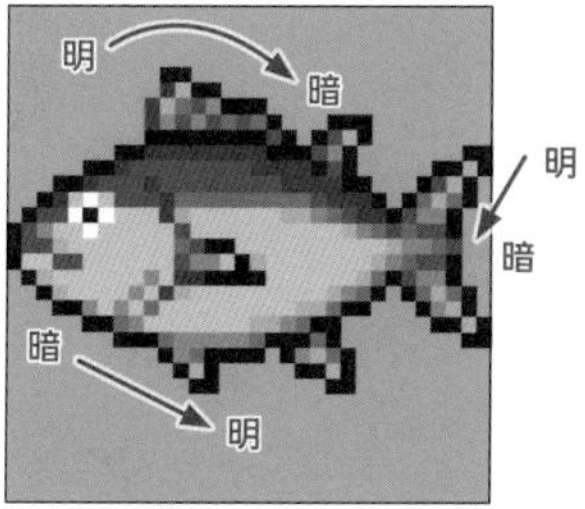

POINT ひれにもグラデーションをつけて陰影を表現しています。背びれは前方が明るく、後方が暗くなるようにし、尾びれや腹びれなど、そのほかのひれは先端が明るく、根元が暗くなるようにしています。

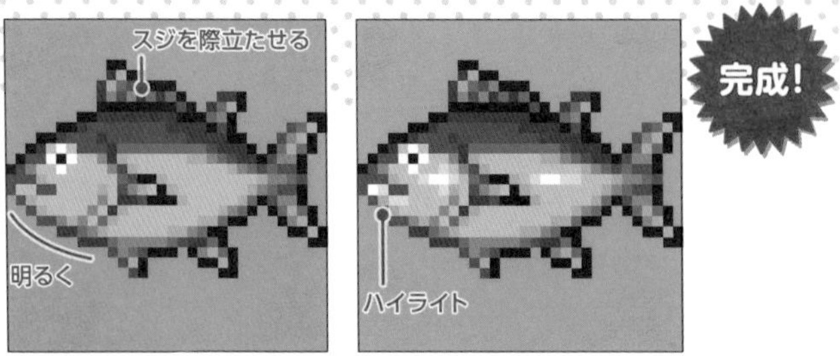

STEP 6 光が当たりそうな部分の輪郭線（ひれの左側）を明るい青（色2～4）に塗り替えて立体感を出します。体の下部は光が当たりませんが、ここも明るくしました。前方の背びれはスジ状に際立たせておきます（下記 POINT 参照）。
体に白（色10）と明るいグレー（色9）で強いハイライトを入れ、銀色が輝いているように見せます。下の唇にもハイライトを入れて受け口を強調し、魚っぽくします。

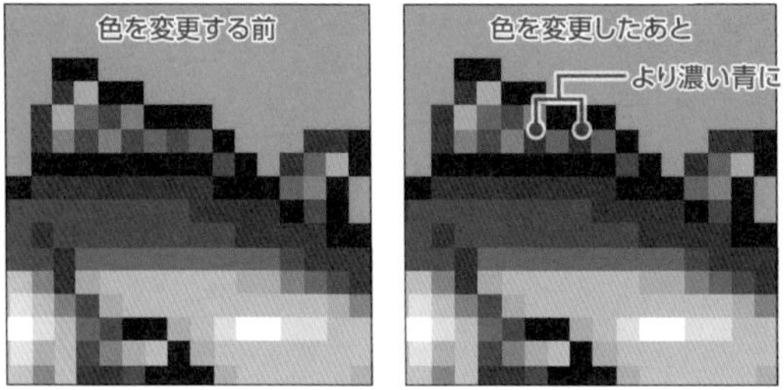

POINT 前方の背びれは、明るい青と暗い青を交互に置いてスジ状にしていますが、その暗い青のうち後ろ半分ほどを、より濃い青（色2）に変更してストライプ模様がくっきり見えるようにしています。それによって、ひれの質感が際立ち、前から後ろにかけて綺麗なグラデーションになります。

032 リス

難易度 ★★★★★

ファイル Lesson2 ⇒ 032

くるんとした大きな尻尾や
ちょこちょこした動きがかわいいリス。
体の形だけでなく姿勢の特徴をとらえながら
描くとリスらしい仕上がりになります。

サイズ 32×32

パレット[16色]

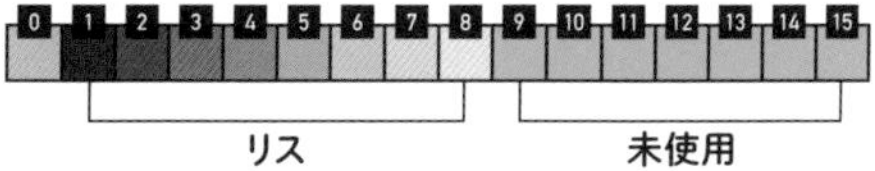

STEP 1

リスも複雑なモチーフですね……そんな時は落ち着いて。いつものようにパーツに分解して考えていきましょう。まずは面積が大きい頭と胴体から。茶色(色1)で輪郭線を描いたあと、内側を薄茶(色5)で塗りつぶします。頭と胴体のアタリを取ったら、目の位置を決めておきます。

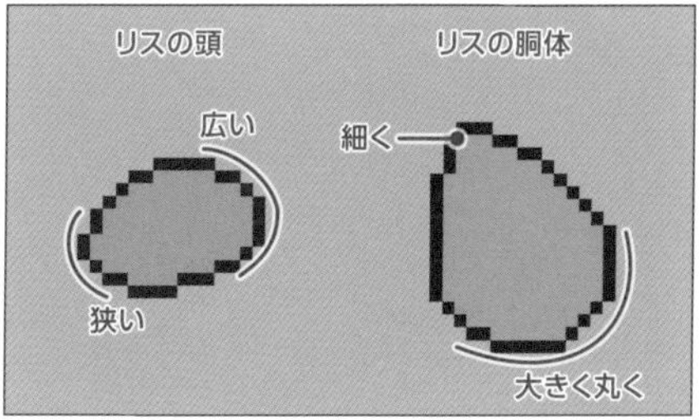

POINT リスの頭はピーナッツのような形で、鼻先が狭く後頭部にかけて広くなっていきます。胴体は、首が細めでお尻が丸く大きくなっています。

STEP 2 さらにパーツを描いていきます。耳は小さな円をふたつ、手は小さく細めに描きます。脚は膝を曲げて（人間で言えば）しゃがんでいる状態。膝や腿の丸みを考え円をイメージして描きます。尻尾は始点と終点を決め、終点に楕円を描いておきます。

一口メモ

耳は手前より奥の方を少し小さめに描いて奥行きを表現します。リスはいつも何かをかじっているイメージなので、手を口元に持っていくとリスっぽくなります。脚や尻尾はふさふさした毛で覆われているので、円や楕円でアタリを取ると描きやすいです。

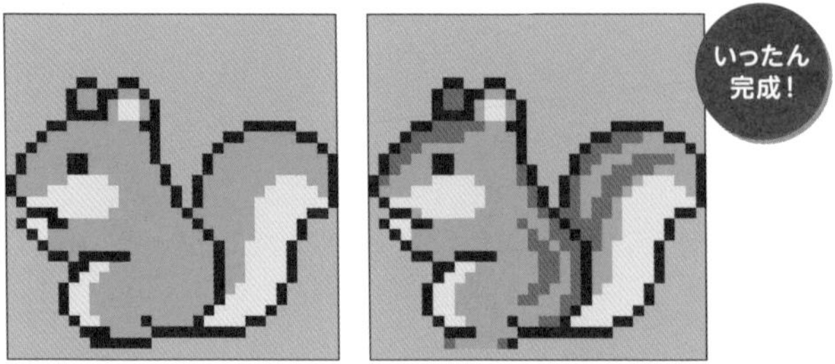

STEP 3 パーツとパーツの境界の線を体の基本色（色5）で塗って一体化します。脚も付け根の主線を消して体に融合させています。尻尾は目立たせたいので、お尻の主線は残しておきます。耳や頬、手、膝、尻尾の裏側を明るい黄色（色8）で塗り、茶色（色3）でシマ模様をあしらいます。

POINT リスの足は大きいので1ドット分の高さがほしいところですが、輪郭線をつけると2ドット必要になり太くなりすぎてしまいます。そこで足の輪郭線をなくして両端に明るいドットを置くだけにとどめました。

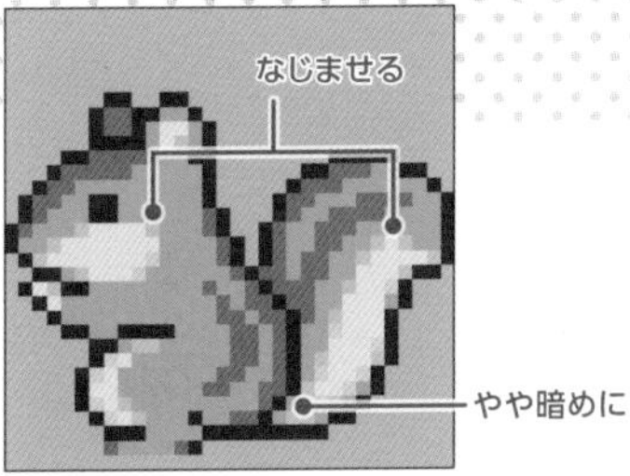

STEP 4 STEP3で塗り分けた黄色部分と体の基本色を中間色（色5〜7）でなじませます。尻尾はお尻と重なり影ができる箇所なので、根元をやや暗めに打ちます。

POINT 明るい色はふくらんで見えるので、ときどき表示を縮小して絵の全体を確認し、ふくらみすぎていないか、逆にふくらませたいのにへこんで見えないかチェックし、必要に応じて修正します。

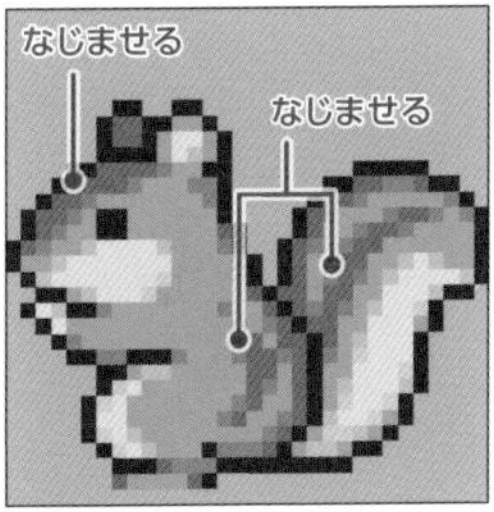

STEP 5 シマ模様を明るい茶色（色4）で体の基本色となじませます。シマの先端の形に注意しながらドットを置いていきます。シマ模様のほかにも、輪郭線と体の境界を色3、4でなじませていきます。足首の部分をやや暗くして、モフモフに足が埋まっていることを表現しています。

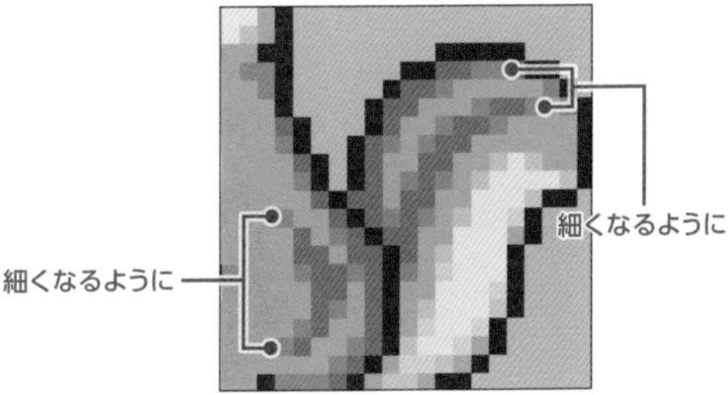

POINT シマ模様部分は、先端が太くならないように（細く見えるように）注意します。ここでは、胴体のシマの先端や、尻尾のシマの先端に明るいドットを置いて細く見えるようにしています。

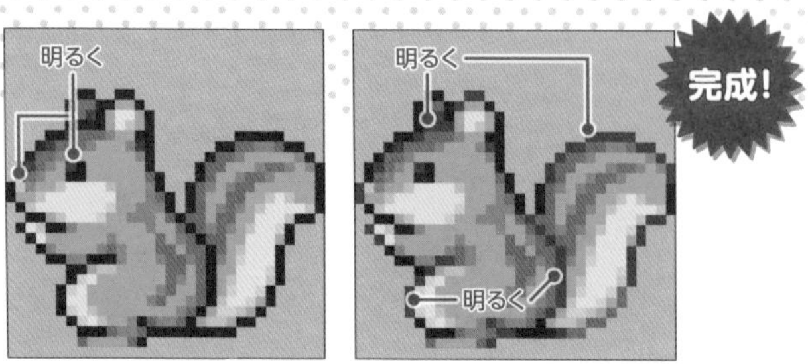

STEP 6 鼻先に1ドットだけ明るい色(色6)を置いて鼻の位置を主張させます。目も角を1ドットだけ明るい色(色2)で塗ります。おでこや尻尾の先、膝の輪郭線を少し明るい色(色2)に塗り直して柔らかさを出します。お尻と尻尾が重なっている部分の輪郭線も明るくして体に少しなじんでいるように見せます。手の付け根が体となじむよう、輪郭線と影になる部分を色2〜4で塗りました。首の位置にも色4で影を入れ、凹みがあることを示しています。おでこの輪郭線とシマ模様を色2でなじませました。

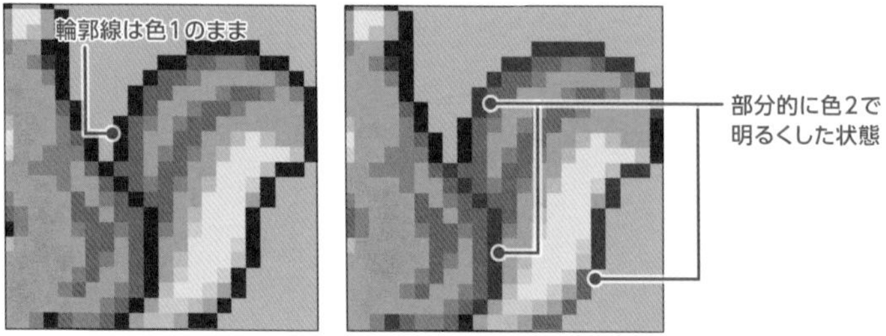

POINT 輪郭線の一部を明るい色に置き換えると、その部分が柔らかい印象になります。左図は輪郭線を濃い色(色1)のままにした状態、右図は輪郭線を部分的に明るい色(色2)にした状態です。柔らかさを出すことで、体の立体感を引き立たせることができます。

033 もこもこ羊

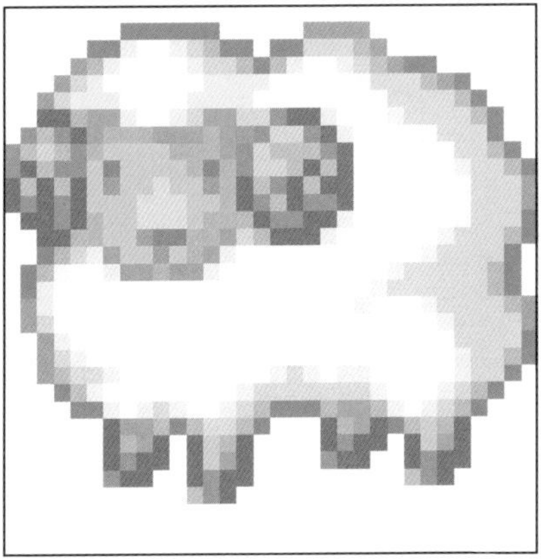

難易度 ☆☆☆☆★

ファイル Lesson2 ⇒ 033

羊といえば、まず思い浮かべるのが
もこもこふわふわした毛では？
ランダムな半円をつないで体の輪郭を作り
淡いグラデで毛の質感を出していきます。

サイズ 32×32

パレット［16色］

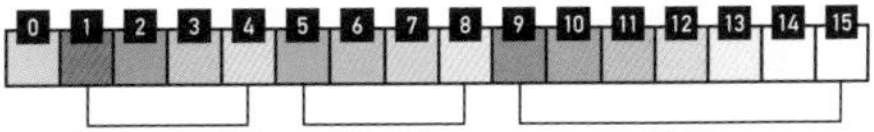

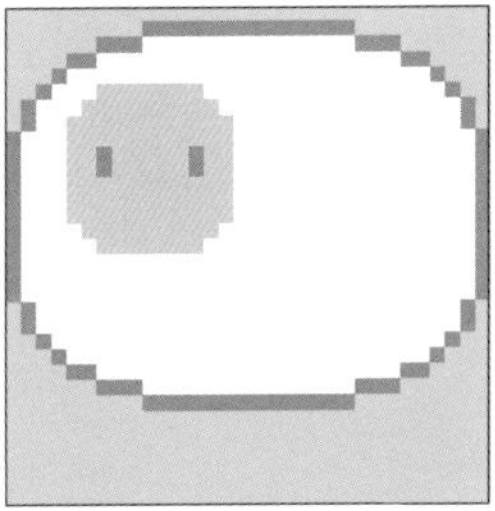

STEP 1 まずは羊毛のボリュームをイメージしながら、白（色15）で角の丸い横長の長方形を描きます。ここでは、長方形を描いたあとでグレー（色9）の輪郭線で囲っておきました。次にレイヤを1枚追加して淡いピンク（色7）で顔の部分を円形に塗り、グレーで目を描きます。

POINT この段階ではグレーの輪郭線はつけなくても問題ありませんが、形の調整がうまくいかなかったときに輪郭線があると元の形に戻って考え直しやすいです。

STEP 2

羊の体をふわふわに変形します。半円を連続でつないでいくイメージで形を整えます。次に淡いピンク（色7）で縦長の長方形を描き茶色（色1）の輪郭線をつけ、奥行きを考えつつ4本コピー＆ペーストして足とします。額の生え際に剃り込みを入れ、T字の鼻をつけたあと、黄色（色3）い縦の楕円でツノのアタリを取ります。

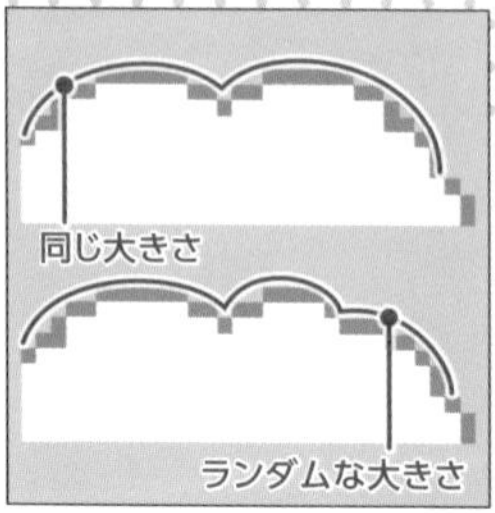

POINT 羊の体は、上図のような同じリズムの半円ではなく、下図のようにランダムな半円を連続でつないでいくようなイメージで描くと、単調になりません。

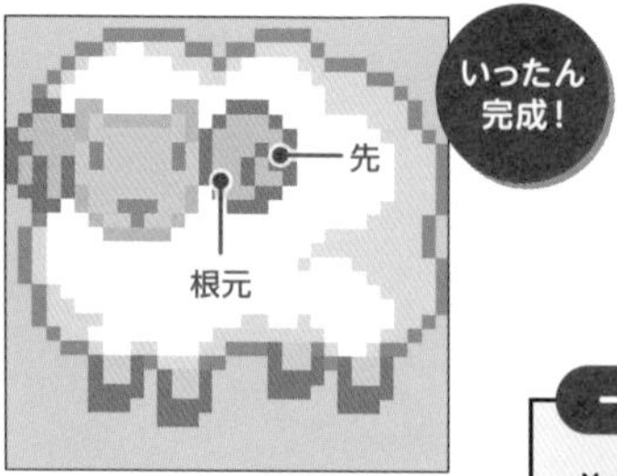

STEP 3

羊毛にグレー（色12）で影をつけます。淡いピンク（色6）で顔の輪郭線を取り、ツノは内側にくるくると巻いているような丸い形にします。その際、ツノの根元が太く先が細くなるよう描きます。足先を茶色（色1）で塗り、ひづめをつけます。

一口メモ

羊毛の影は、グレーに少し赤を混ぜて紫系の色にしています。無彩色のグレーだと無機的に見えて生き物らしい印象が薄れてしまうので、青や赤などの色みをプラスすることが多いです。

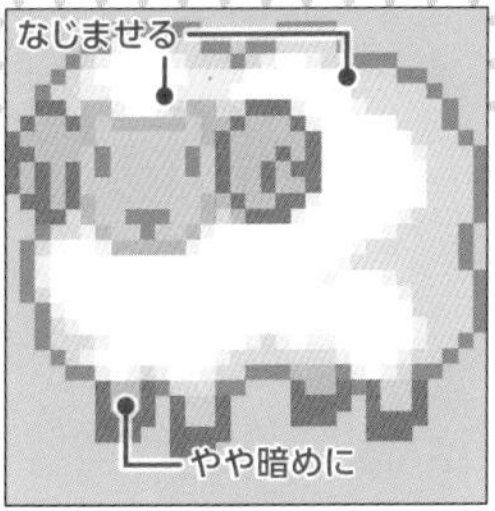

STEP 4 羊毛の影と体の基本色の白を中間色（色13、14）でなじませます。ふわふわ感を出すため、ごく淡いグラデーションにしています。ツノや顔の境界も同様に淡いグラデーション（色11〜13）で白となじませます。奥行きを出すため奥の足を少し暗い色（色6）に塗り替えます。

POINT 体の輪郭と同様に、羊毛の影も丸くなるように注意します。明るい色はふくらんで見え、暗い色はへこんで見えます。絵は二次元ですが、実際にはさまざまな大きさの球が体にくっついている状態ととらえます。それぞれの球の影を想像すると、自然と影は丸い形になっていきます。

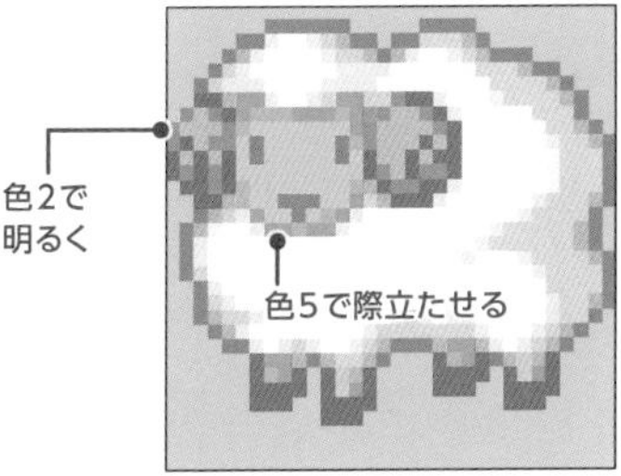

STEP 5 全体的に輪郭線と隣り合った色をなじませます。足に影とハイライトをつけます。さらにツノに影をつけて左上の輪郭線を明るくします。顔が体の白と溶けて目立ちにくく感じたので、輪郭線に少し濃い色（色5）を置き、顔を際立たせました。

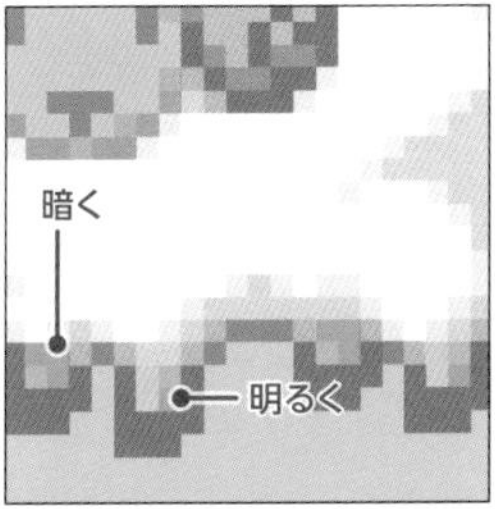

POINT 足はピンクのグラデーション（色5〜7）で基本色と影、ハイライトを表現します。その際、奥行きを考えてドットを置きます。奥の足は暗く、手前の足は明るく見えるようにします。

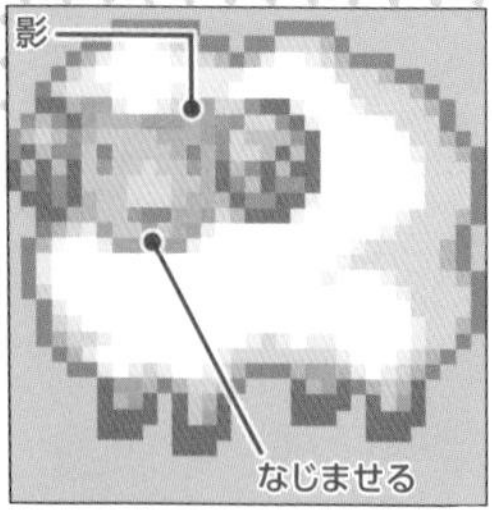

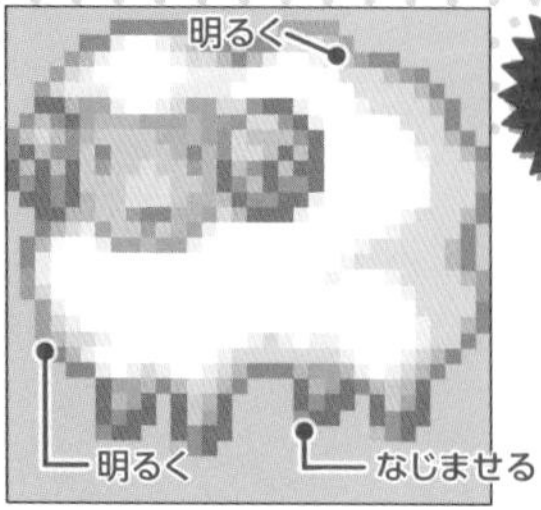

完成！

STEP 6 ツノはハイライトを黄色（色4）の横線で入れてスジをつけ、ツノの質感と立体感をアップします。顔にピンク（色6）で影を、薄いピンク（色8）でハイライトを置き、鼻骨の盛り上がりを表現します。さらに目と鼻をグレー（色10）で基本色となじませておきます。
ひづめの先を明るくして基本色となじませます。あとは光が当たりそうな箇所の輪郭線を明るくすれば完成です！

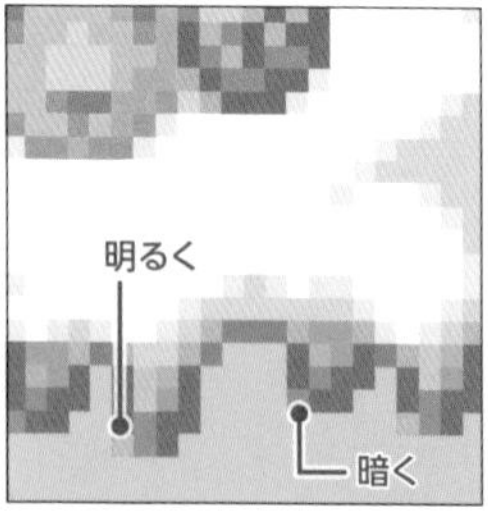

POINT ひづめの先を明るくする際に、奥の足と手前の足が同じ明るさになってしまわないように気をつけます。ここでは、手前の足先のみ黄色（色3）のドットを置き、明暗差ができるようにしています。

一口メモ

羊の実物をよ〜く見てみましょう。ツノに細かいスジが入っていますね。小さなドット絵では表現が難しいですが、ハイライトや影をスジ状に置いてツノらしい質感や立体感を表現するようにしています。

034 顔出しキツネ

難易度 ☆☆☆☆★

ファイル 📁Lesson2 ⇒ 📁034

昔話などにもよく登場し
日本文化に深く根付いた動物、キツネ。
吊り目やとがった鼻先などの特徴を
意識しながら描いていきましょう。

サイズ 32×32

パレット[16色]

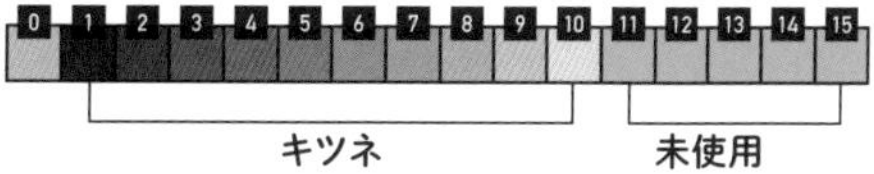

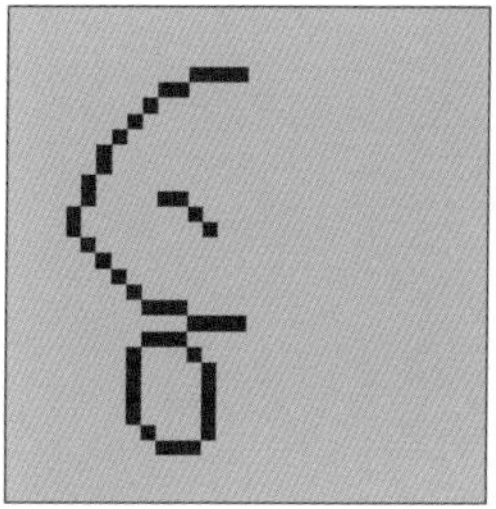

STEP 1 キツネの正面からの顔と前足を描いていきます。顔はレモンのような形を基本に、特徴である吊り目を加え、前足は楕円をベースにします。まず、鉛筆ツールなどを使い茶色(色1)で左半分だけ描いたら、コピー&ペースト→[左右反転]して、内側を淡い黄色(色10)で塗りつぶします。

一口メモ

特徴である吊り目は、斜め45°の線を描いて目尻の部分だけ2ドット横に伸ばして切れ長の眼を強調しています。前足は犬がお手をするために伸ばしているようなイメージで、楕円形をもとに肘の位置と足先を意識して整えます。

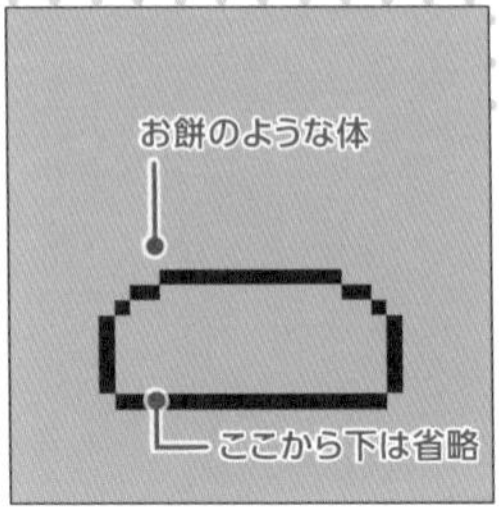

STEP 2 三角形の耳をつけます。耳がぴんと張って見えるよう、角をとがらせて描きます。次に顔の中心に茶色い四角で鼻をつけます。さらに体を描き加え、首の輪郭線を部分的に基本色で塗って消し、体と一体化させます。

POINT 体は図のような平たいお餅を顔の下につけているような感じに描きます。本来はお餅の下にも胴体が続いているのですが、今回は窓から顔と手をひょっこり出しているイメージで、胴体は省略しています。

STEP 3 耳と足先が黒いのはキタキツネなど、多くのキツネの特徴です。そこで耳の先と前足の先を輪郭線と同じ茶色で塗ります。顔と体をキツネ色（色8）で塗り分けます。左右対称のままだと単調なので、向かって右側の足を下げて変化をつけました。

POINT キツネは鼻先が大きくとがっているので、毛色の境界もその形状に沿ってカーブして見えます。そのため色分けする際は、直線で区切るのではなくゆるくカーブした形になるよう注意します。

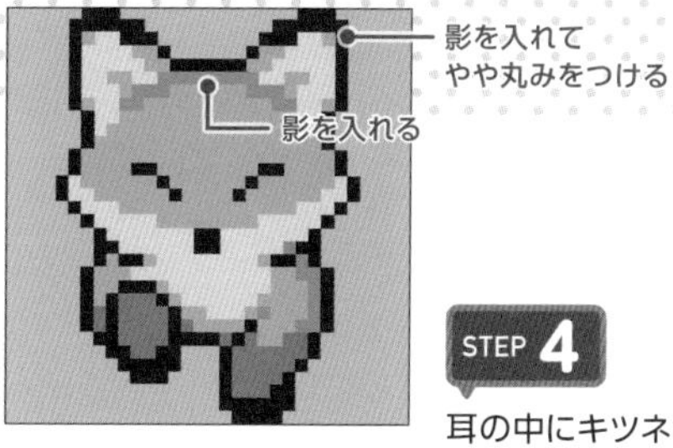

STEP 4

耳の中にキツネ色（色8）で、頭頂部に茶色（色6）で影を入れます。耳はとがったように見せたいのですが、直角が目につきすぎないよう角に1ドット影を入れてやや丸くしています。前足は後工程で濃淡をつけますが、その準備として暗い色（色5、6）で影を入れておきます。

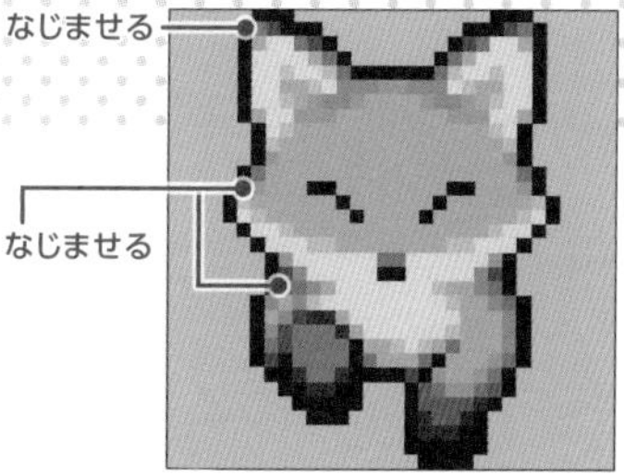

STEP 5

耳先端の中の影を茶色（色3、5）でなじませます。鼻を1ドット幅だけ茶色（色5）で明るくし、焦茶の鼻先（マズル）が長細く見えるようにします。全体的に影と基本色を茶色のグラデーション（色2〜9）でなじませていきます。

STEP 6

引き続き全体的にグラデーションで濃淡をつけていきます。目や鼻もグラデーションで体の色になじませます。目は目元を明るく、目尻に行くにつれて濃くなるように色を置きます。鼻は明度の異なる茶色を置いて少し丸く見えるようにしています。最後に輪郭線の一部を明るい色に塗り替えて毛のふわふわ感を出して完成です！

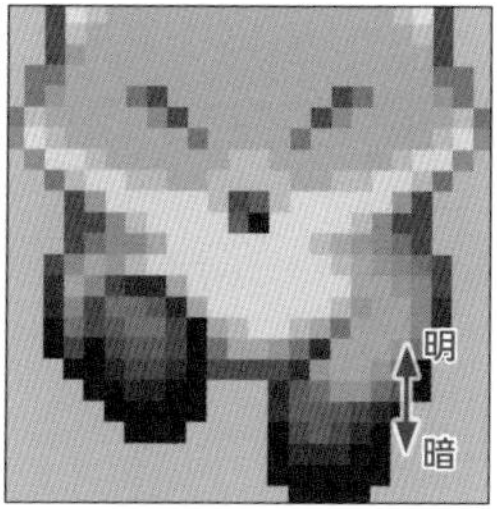

POINT

手はとくにグラデーションが多いので根気よく濃淡をつけていきます。足先が濃く、根元に行くにつれ明るくなるように、濃い茶色（色1）から明るい茶色（色8）までを順番に置いていくようにします。

035 インコ

難易度 ☆☆☆☆★

ファイル Lesson2 ⇒ 035

カラフルでおしゃべり好きなインコは
円と半円を組み合わせた形がベースに。
くちばしの上のろう膜や目の周りの模様など
ディテールまでしっかり描き込みます。

サイズ 32×32

パレット［16色］

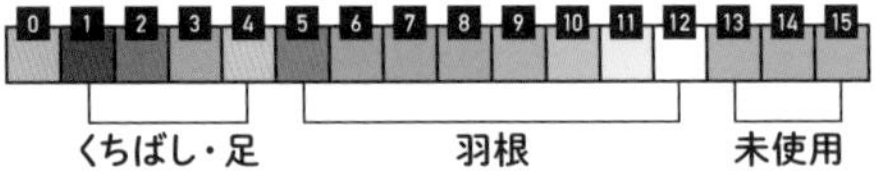

STEP 1

今回も複雑なので、パーツごとに形を考えていきます。インコの頭は円形、体は斜めの半円がベースです。尾羽は細長い長方形。目の位置は、頭の中心よりやや左に置きます。それぞれ輪郭線を茶色（色1）で描いたあと、内側を黄色（色11）で塗りつぶします。

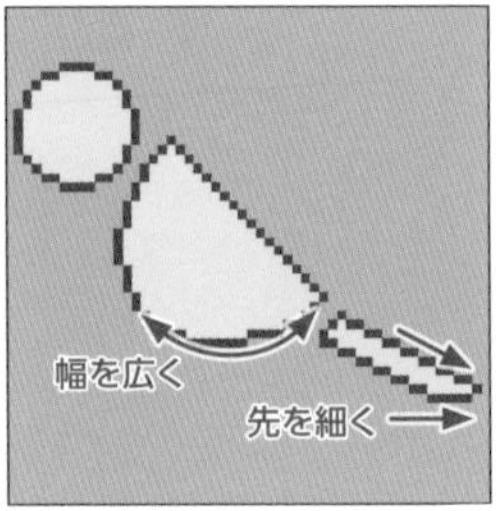

POINT パーツごとに分けると図のようになります。体は円を斜め半分にしたような形ですが、お腹がぼってり丸くなるように、下部の幅を広くします。尾羽は細長い長方形で、先端に行くにしたがって細くなるようにします。

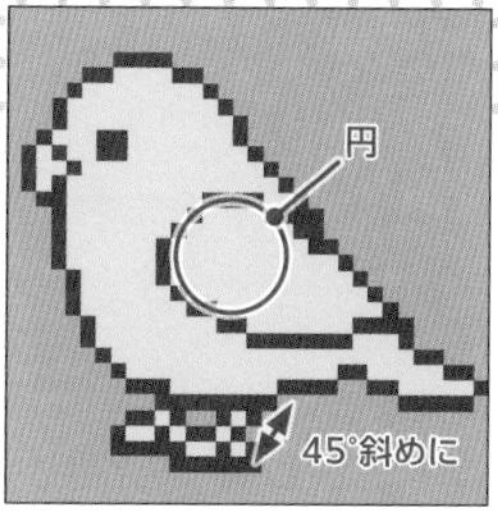

STEP 2

頭と体の境界部分を基本色の黄色で塗って一体化させます。尾羽も体と融合させます。鉛筆ツールなどでくちばしと、羽根、足を描き加えます。羽根は笹かまぼこのような形で、付け根は円形になっており、尾の方に近づくにつれ幅が狭くなっていきます。足は45°斜めに生やすときれいです。

POINT 尾羽の付け根は直線にならないよう気をつけます。一般的に直線が多いと硬い絵になりがち。機械などの無機的なモチーフには向いていますが、インコは有機的な形でかわいらしい生き物なので、できるだけ曲線を多く使用します。

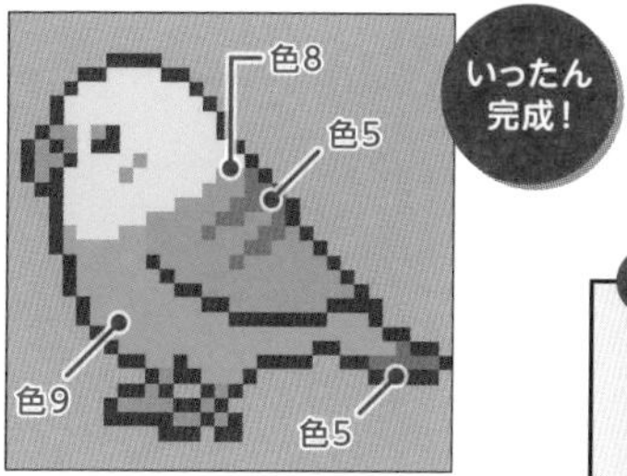

STEP 3

体を黄色と緑に塗り分けます。お腹周りが少し明るい緑（色9）で、羽根がほんの少し濃い緑（色8）です。次にくちばしと足を明るい茶色（色3）で塗り、くちばしの付け根のふくらんだ部分（ろう膜）と目の周りの模様、目の角も同じ色で塗っておきます。さらに濃い緑（色5）で羽根に模様を入れ、同じ色で尾羽の先も塗っておきます。

一口メモ

インコはさまざまなタイプがあり、体の模様もそれぞれ異なっています。今回はなじみのあるセキセイインコをイメージして羽根に模様を入れていますが、別のタイプにしたい場合や、よりシンプルにしたい場合は、模様なしでもOKです。

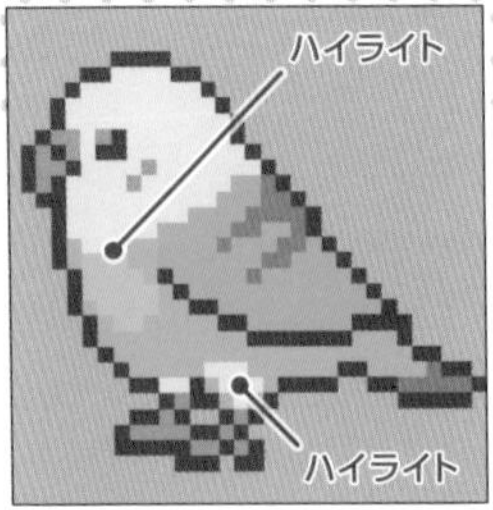

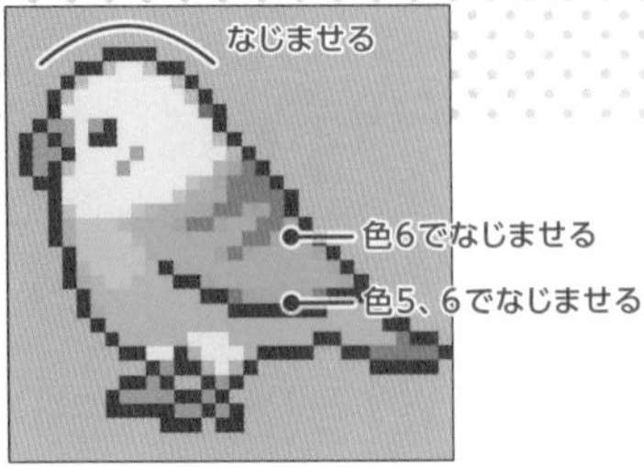

STEP 4 胸に明るい黄緑（色10）で、足の腿部分に黄色（色11）でハイライトを入れ、胸の盛り上がりと腿の肉付きを表現します。頭部の黄色と輪郭線を濃い黄色（色2、4）でなじませます。また体の黄色と首周りの緑を黄緑（色9、10）でなじませます。さらに羽根の基本色と模様を緑（色6）で、輪郭線と周囲の色を緑（色5、6）でなじませます。胸と輪郭線も色8でなじませます。

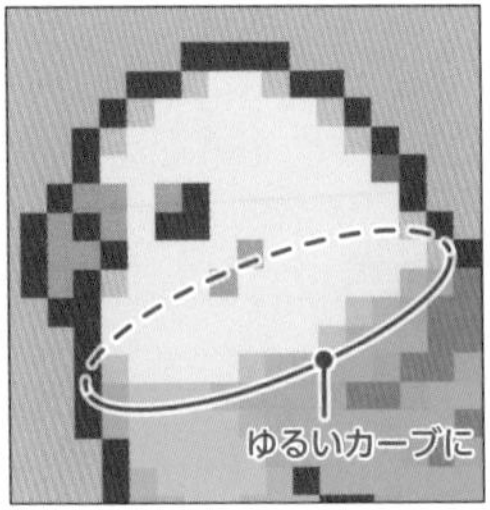

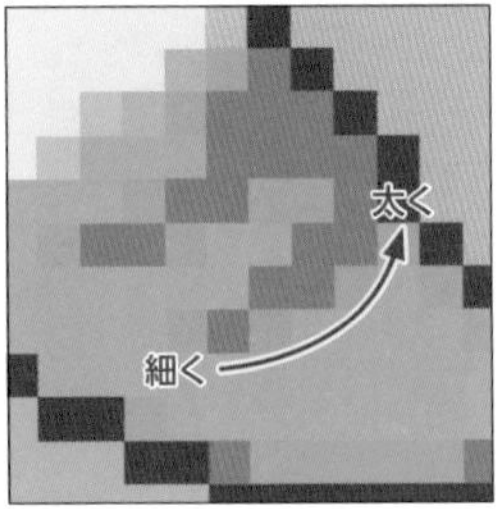

POINT インコの頭部の黄色と体の緑の境界は、首周りの断面をイメージしながらゆるいカーブを描くように色をなじませます。羽根につけた濃い緑の模様は、内側を細く、外側に向かって幅広くなるように表現します。

一口メモ

インコのような鳥類は、一般的に外に出っ張った耳がついていません。その代わり耳孔と呼ばれる穴があり、通常は耳羽と呼ばれる羽根で覆われています。今回の作品でいえば、ちょうど目の右下に入れた模様あたりになります。空を飛ぶときに空気抵抗が生じないよう、このような構造になっているそうです。

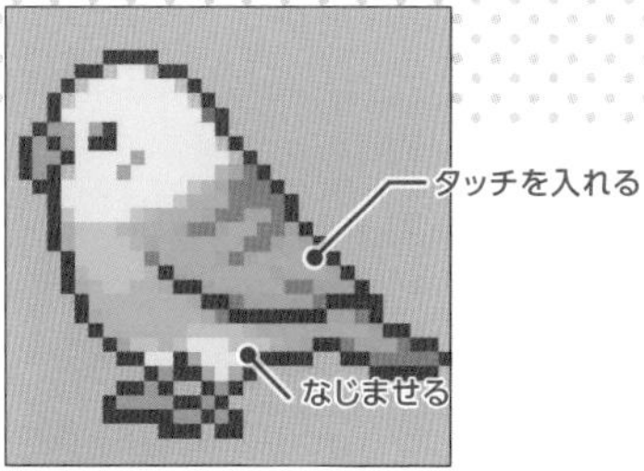

STEP 5 太ももと体の基本色を明るい黄緑（色10）でなじませます。尾羽は先端から付け根までをグラデーション状にドットを打ちます。羽根に少しだけタッチを入れ、羽根の重なっているところを表現しました。

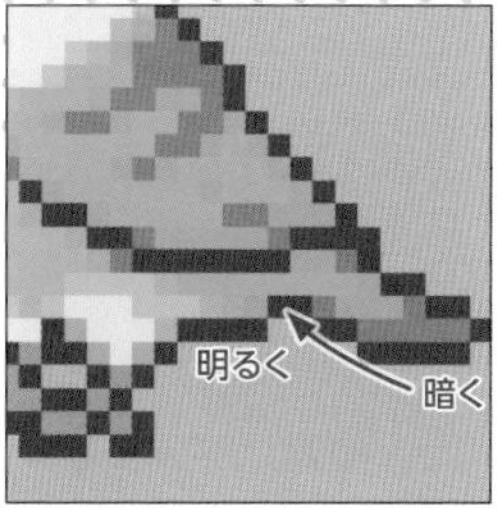

POINT 尾羽は、先端が暗く、付け根が明るくなるよう緑のグラデーション（色5〜8）で色を置いていきます。

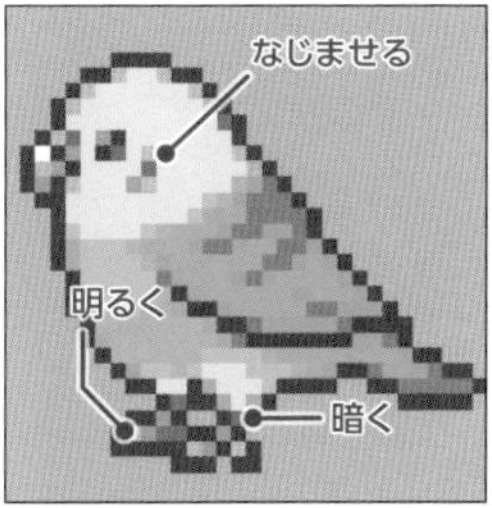

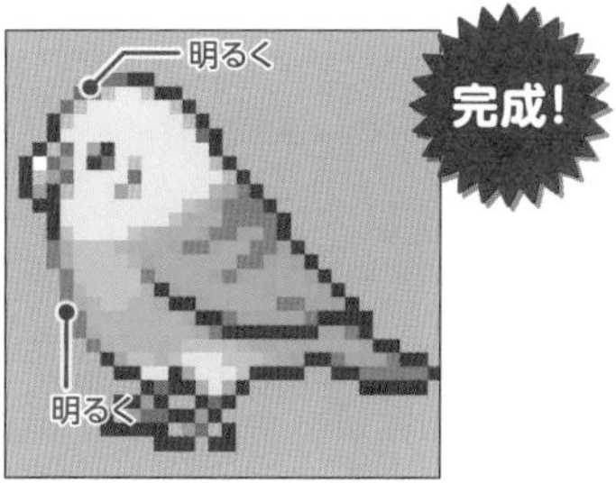

STEP 6 くちばしに白（色12）のハイライトを置き、テカテカした質感を出します。顔の模様を明るい黄色（色4）と茶色（色2）で黄色になじませます。足先に色4を置き「指先！」と主張させます。足の付け根は茶色（色2）で暗くします。おでこの輪郭線を茶色（色2）に、胸の輪郭線を緑（色5）に塗り替えて明るくし、柔らかさを出しました。

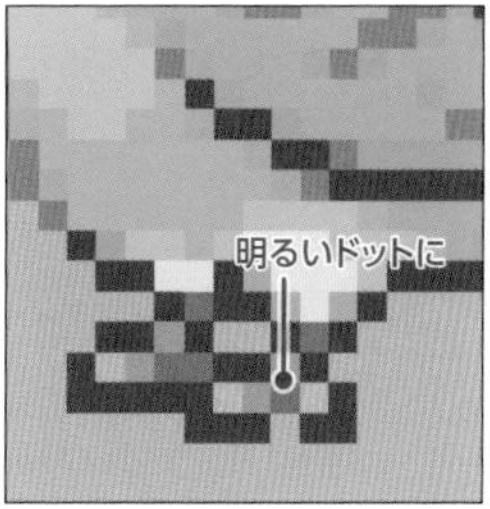

POINT インコの足指は4本ですが、今回はデフォルメして前後に分かれている形にしています。輪郭線をつけると太く見えてしまいがちなので、手前の足の分かれ目を少し明るい色（色2）に塗り替えています。

楽しいドット絵カタログ②

不思議な生き物・物体

本当に存在するのかわからないけど、
不思議好きなら、いつかは遭遇してみたい！

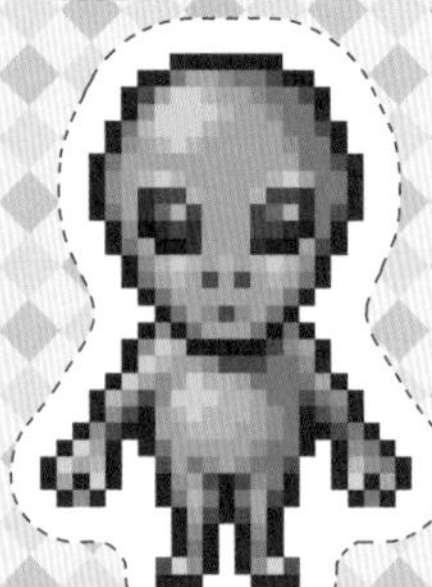

事件発生!?
緊急出動。。。

牛がUFOに……！
宇宙人と言えば、
このワタシ！

Lesson 3

人物・服飾

036 真珠のネックレス

難易度 ☆☆★★★

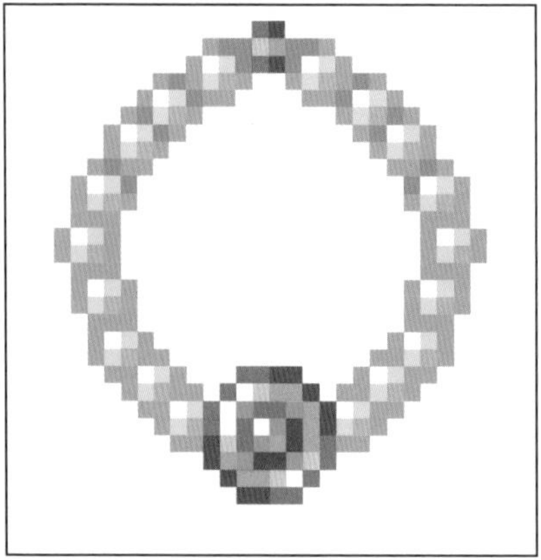

ファイル Lesson3 ⇒ 036

大きな宝石が燦然ときらめく
ゴージャスな真珠のネックレス。
真珠は一粒描いたあとで
コピー&ペーストして並べると効率的です。

サイズ 32×32

パレット［16色］

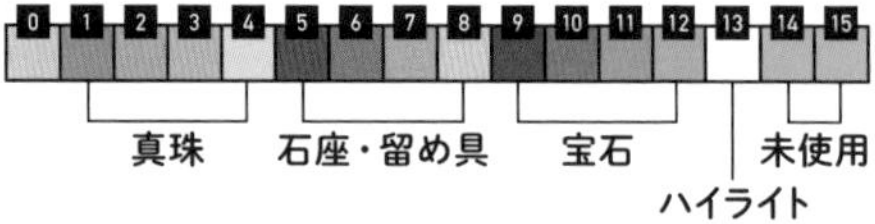

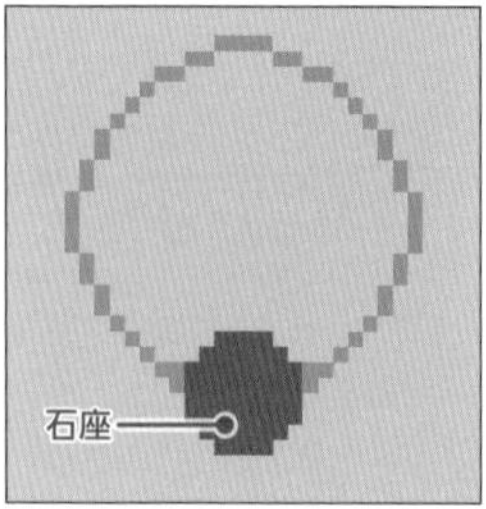

STEP 1

真ん中に大きな宝石がついた真珠のネックレスを描いていきます。といっても、ほとんどコピー&ペーストで作成します。まずは真珠のネックレスのガイドとなる円形の線を好みの色（ここでは色1）で引きます。続いてその中央に、茶色（色5）で宝石の石座を描きます。

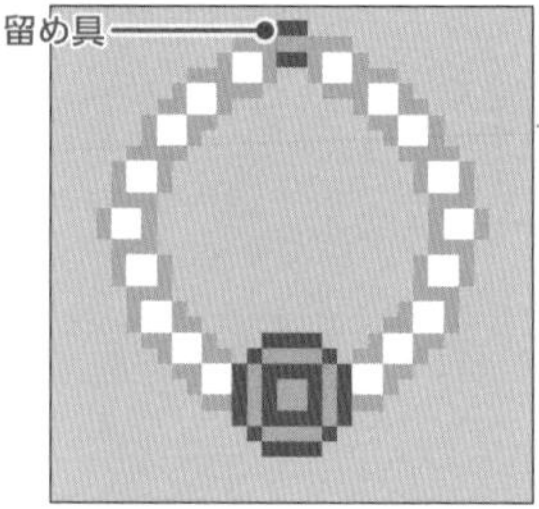

STEP 2

水色（色2）で玉をひとつ描き、内側を白（色13）で塗りつぶします。これをコピー&ペーストしてガイドに沿って並べます。次にガイドの頂点に色5、7で留め具を足します。石座は明るい茶（色7）で周囲を1ドット幅で縁取り、真ん中に四角を描きます。ここはあとで宝石を嵌め込む部分になります。

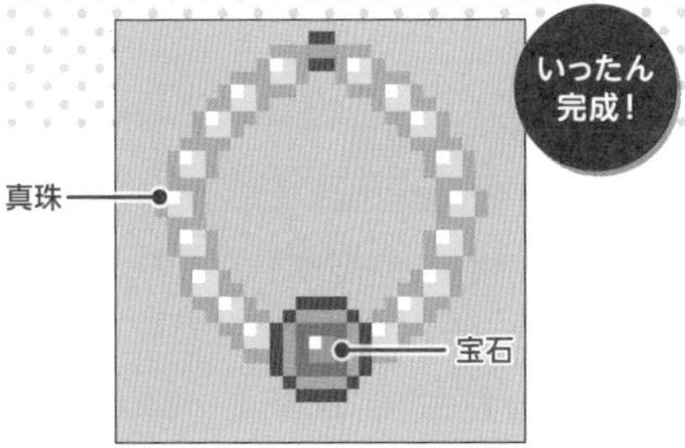

STEP 3 真珠の左上の1ドットだけ白を残し、あとはやや緑の入った水色（色4）で塗って影をつけます。宝石は内側を明るい緑（色11）でぬり、濃い緑（色10）で縁取って白（色13）でハイライトを入れます。

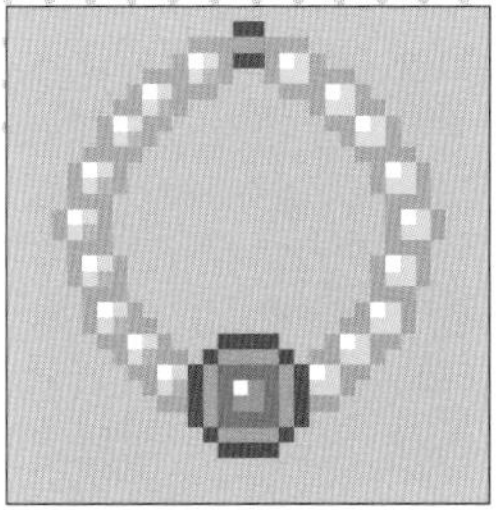

STEP 4 真珠の右下に紫（色3）の影を1ドット置き、ひたすらコピー&ペーストして、まずは左半分だけ並べていきます。実物の真珠は単調なグラデーションではなく、複数の色が混じっていて本当に美しいですよね。できるだけ再現していきたいところです。

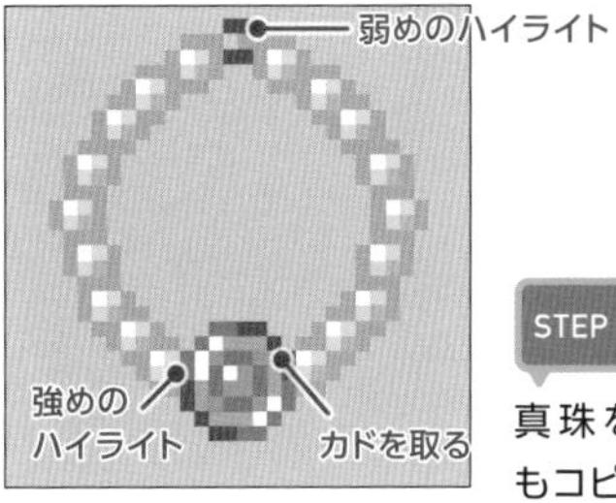

STEP 5 真珠を右半分にもコピー&ペーストしていきます。緑の宝石の四隅が角ばっているので、薄い緑（色11）のドットを置いてカドを取ります。石座に白で強めに、留め具に黄色（色8）で弱めにハイライトを入れます。手前と奥とでハイライトに強弱をつけることで奥行きを出します。石座の輪郭線の一部を色6で塗ります。

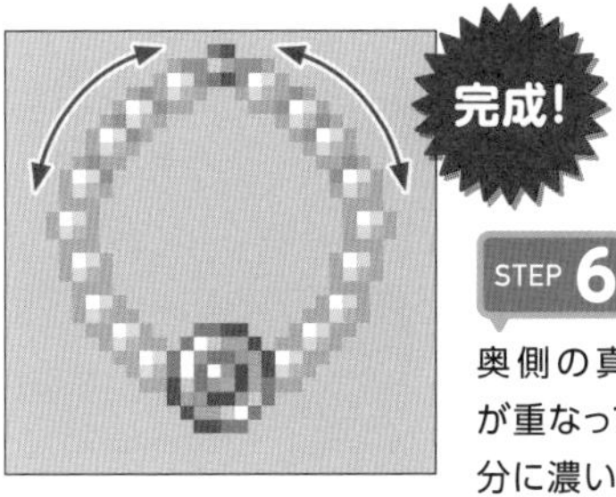

STEP 6 奥側の真珠同士が重なっている部分に濃い青（色1）を置いて奥行きを強調します。石座のハイライトと基本色を中間色（色8）でなじませ、留め具もハイライト側の輪郭線を明るい茶色（色6）でなじませます。宝石はハイライトの右下にやや明るい緑（色12）を入れて照り返しを表現し、右と下の縁取りを濃い緑（色9）に変更します。

037 Tシャツ

難易度 ☆☆☆☆☆

ファイル Lesson3 ⇒ 037

着こなしにアクセントをつけてくれる
ボーダー柄のTシャツ。
T字に並べた長方形でアタリを取ったあと
袖や襟元の形を整えて模様をあしらいます。

サイズ 32×32

パレット［16色］

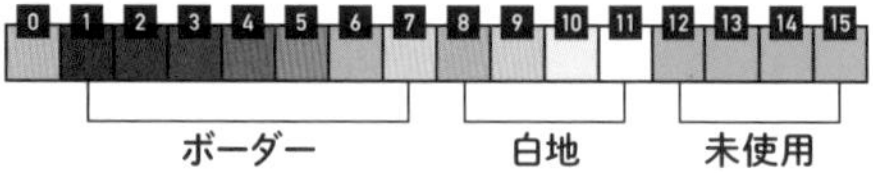

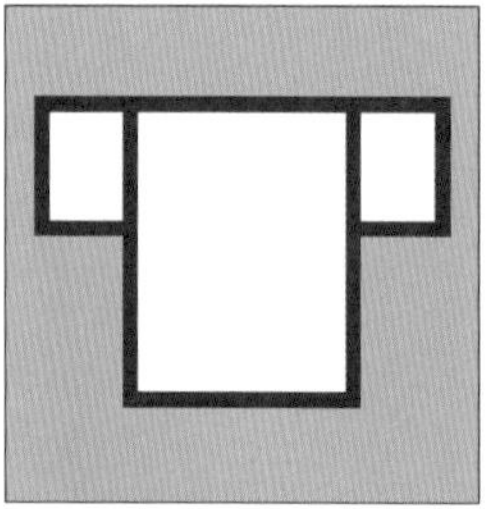

STEP 1 □ツールで赤茶色（色1）の大小の長方形を描いて内側を白（色11）で塗りつぶします。なお、**STEP3** までは片側を描いてからコピー&ペースト→［左右反転］し、左右対称になるよう配置しています。

STEP 2 袖部分の形を整えていきます。肩のラインは45°の線を引き、袖口は2段階のドットで腕の形に沿うように斜めにします。襟ぐりは半円形に。襟の形を強調したいので2ドット幅にしています。裾のカドを1ドット削ります。

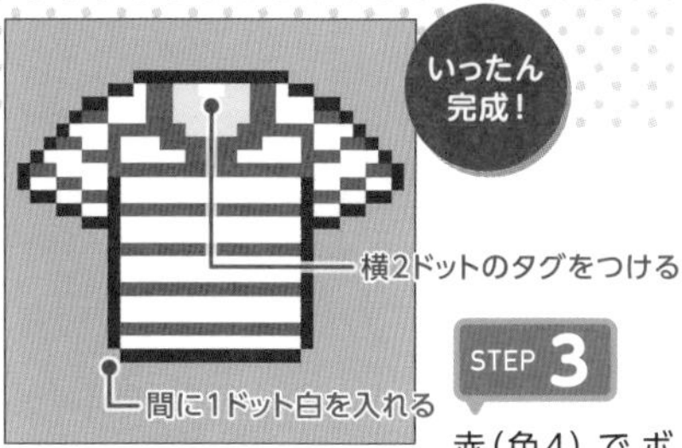

STEP 3 赤（色4）でボーダーを入れます。裾の輪郭線といちばん下の横縞が隣接すると重い印象になるので、間に1ドット白を入れて間隔を取っています。袖にも袖口と同じ傾きの赤い線をつけていきます。さらに後ろ襟の内側を水色（色10）で塗りつぶし、その中央を横2ドットぶん白くしてタグとします。

STEP 4 袖の縞模様を中間色（色5〜7）でなじませます。なるべく横縞が太く見えないように、ごく薄い色でなじませています。胴体の赤い横の直線はきれいなので、このままでOKです。

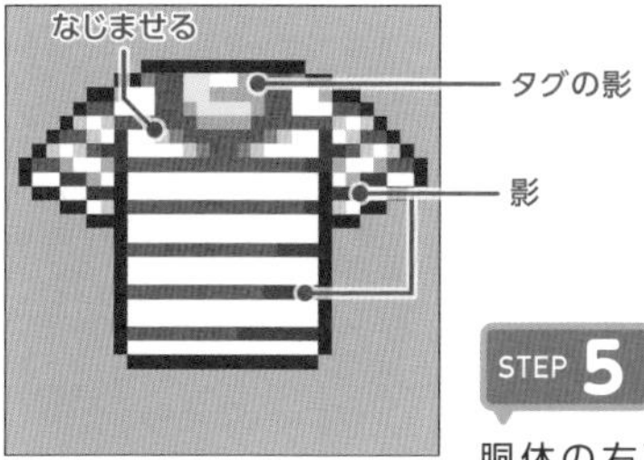

STEP 5 胴体の右下の赤い横縞をほんの少し濃い色（色3）に変更し、影をつけて立体感を出します。同様に脇の下にも影をつけます。襟ぐりの赤いラインを中間色（色5、7）で白地となじませ、後ろ襟の内側に青（色8）でタグの影を落とします。タグに影をつけて主張させると服らしくなるので、ぜひつけたいです。

STEP 6 後ろ襟の内側の基本色とタグの影を中間色（色9）でなじませます。今回はボーダー柄にしましたが、白い無地のTシャツにしたい場合は、縞模様を省略して同じ手順で描けばOKです！

038 ジーンズ

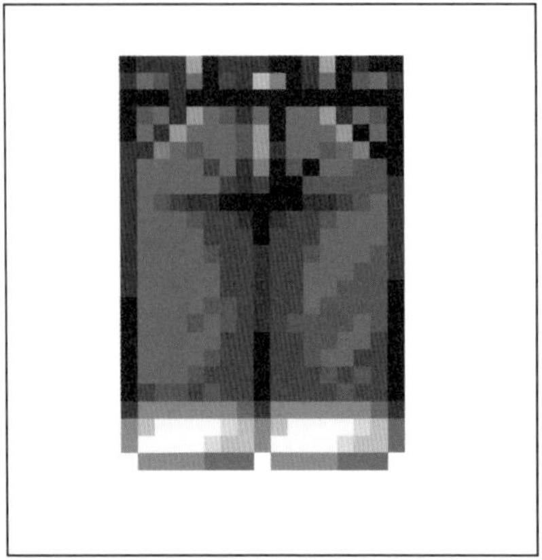

難易度 ☆☆☆★★

ファイル Lesson3 ⇒ 038

カジュアルなファッションに
欠かせないアイテムといえばジーンズ。
影の色やつけ方を工夫して
デニムらしい質感を出していきます。

サイズ 32×32

パレット[16色]

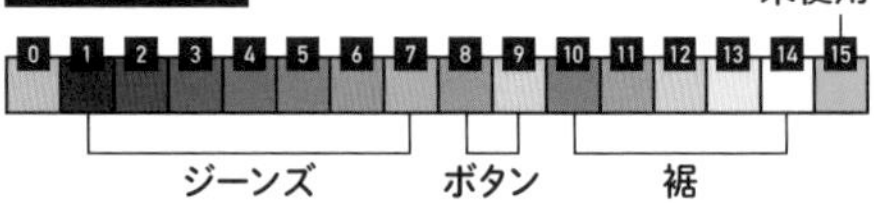

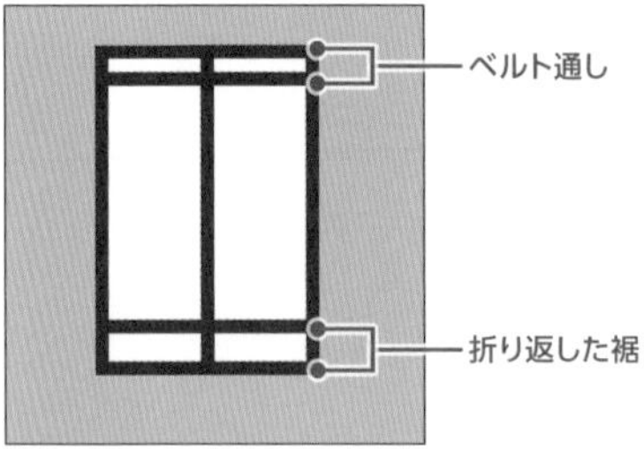

STEP 1 裾をまくったジーンズを描きます。まず□ツールで色1の長方形を描き、[直線の描画]ツールで上下に2本水平線を引きます。上がベルト通し、下が裾になります。続いてクリーム色(色14)で内側を塗りつぶします。

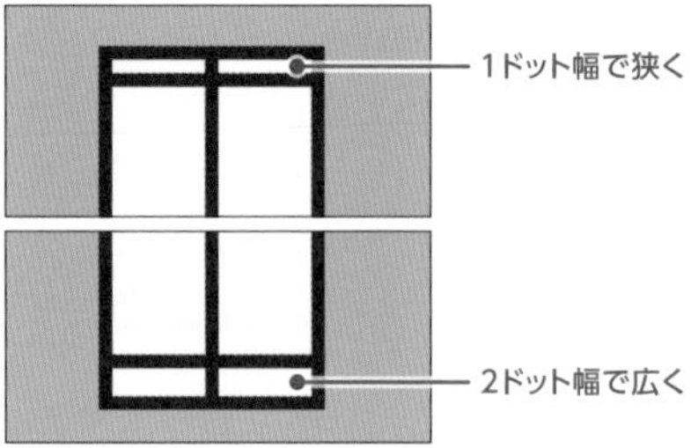

POINT 2本の水平線を引くときは、上は1ドット幅で狭く、下は2ドット幅と広くして、用途の違いを出しています。

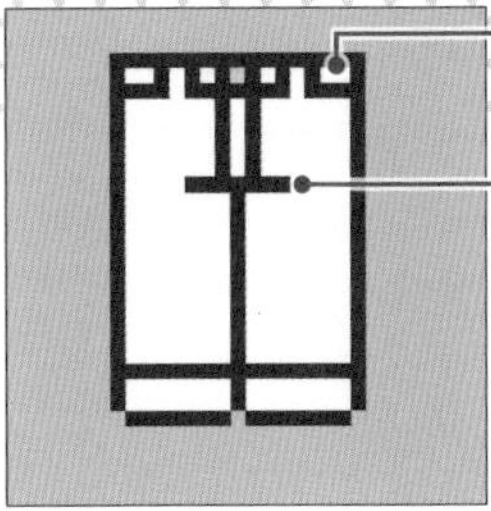

STEP 2

ジーンズは股にジッパーがあり、そこが中心となります。その両側に縦線を引き、ジッパー部分はクリーム色で塗っておきます。さらに脚の付け根に横線を引き、ベルト通しとボタンを描いて、ボタンに黄色(色9)を置きます。裾は角を削って四角い印象を少しだけ減らします。

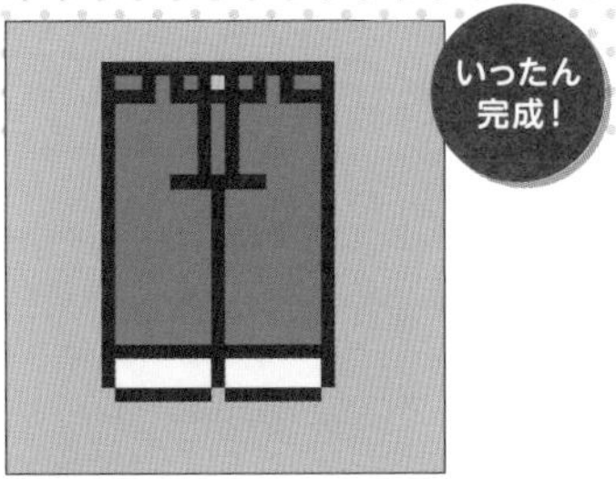

STEP 3 裾とボタン以外の部分を青(色5)で塗りつぶします。裾はデニムの白っぽい裏地が見えている部分なので、クリーム色のままにしておきます。これでシンプルなジーンズが完成!

STEP 4

青いデニムの裾付近や腿の内側に少し緑の入った青(色3)で影を落とします。ベルト通しのすぐ下に、45°の線を入れてポケットとします。さらに脚の付け根の中心から斜め45°上に向かって線を入れ、シワを表現します。裾にも淡いブルーグレー(色12)で影を入れておきます。

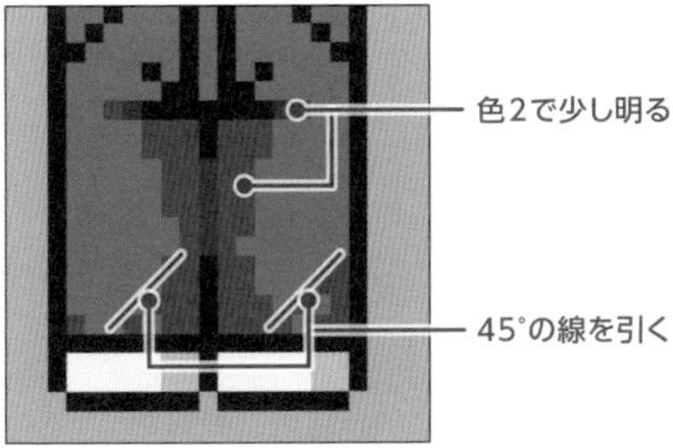

POINT 裾付近の影は、漫画っぽく45°の直線を引いて表現しています。影は少し緑が入った青にしたほうがデニムの質感を出せます。股下や、脚の付け根の両端は輪郭線より少し明るい色(色2)にして柔らかさを出します。

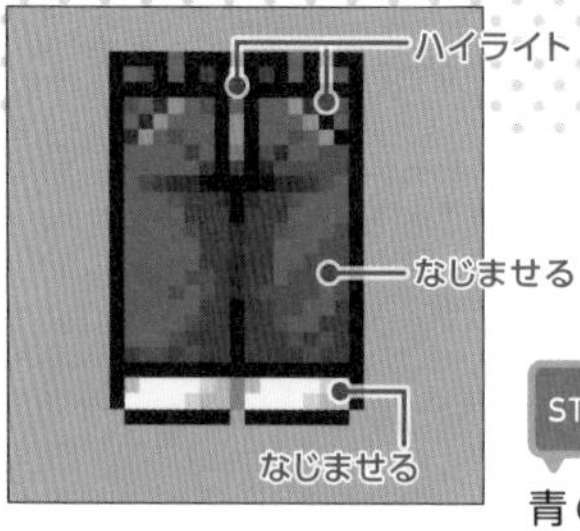

STEP 5

青のデニム部分の影と基本色を中間色（色2～4）でなじませます。裾部分は四角い感じを抑えるため、影と基本色の中間色（色13）を斜めに入れてなじませています。ポケットの脇とジッパーの中央に水色（色7）でハイライトを置き、やや段差があることを強調します。

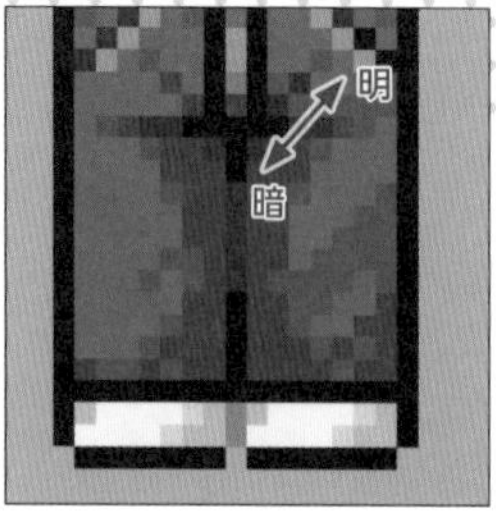

POINT リアルに考えた場合、膝下や裾にシワがよるので影ができますが、デフォルメでかわいくしたかったので、リアルさよりも印象を強く出しました。そのため青のデニム部分は斜めの影を多用しています。股間のシワは中心が暗く、斜め上にいくにしたがい明るくします。

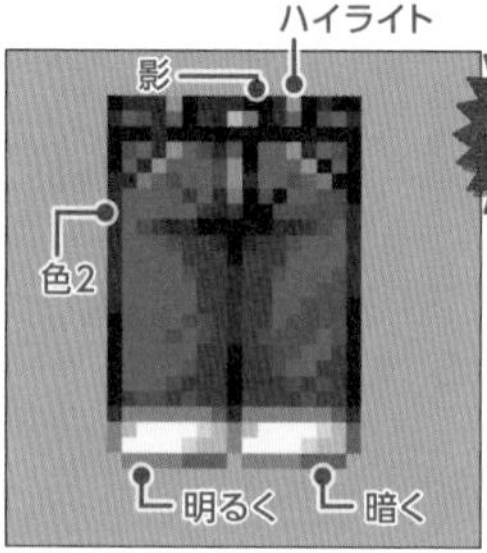

完成!

STEP 6

ベルト通しに水色（色7）でハイライトを入れます。ボタンの右に1ドット影色（色8）を置いて強調し、ポケットのハイライトをなじませます。太腿の輪郭線を青（色2）に、折り返しの裾はグレー（色10、11）の線に塗り替え、明暗差でふくらんだりへこんだり見えるようにしました。

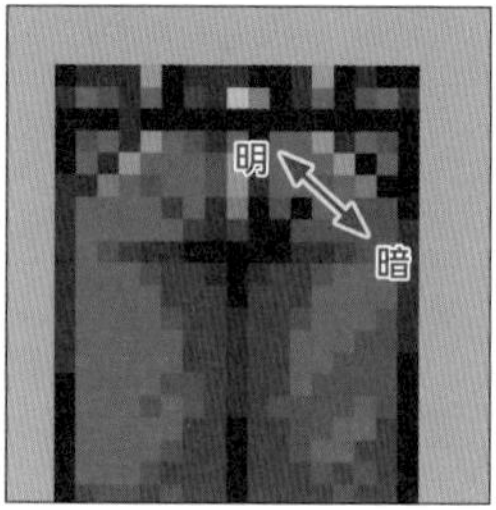

POINT ポケットの斜めのハイライトは、上が明るく、下に向かって暗くなるよう基本色になじませています。

039 大きな靴下

難易度 ☆☆☆★★

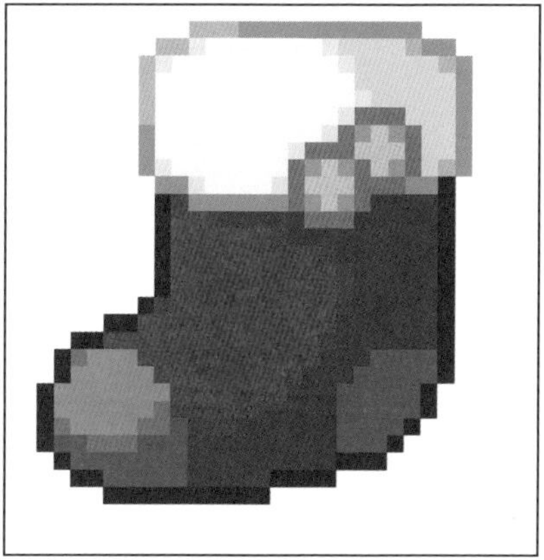

ファイル 📁Lesson3 ⇒ 📁039

サンタさんからのプレゼントが入るよう
枕元などに飾る大きな靴下。
丸みを帯びた影をあしらって
ふんわり柔らかに仕上げましょう。

サイズ 32×32

パレット［16色］

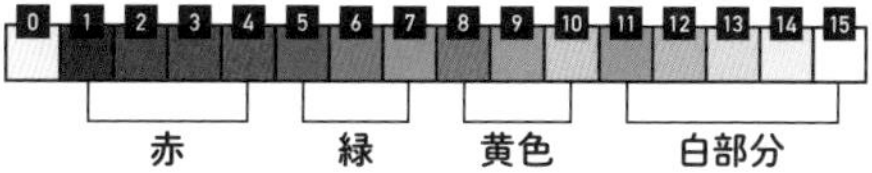

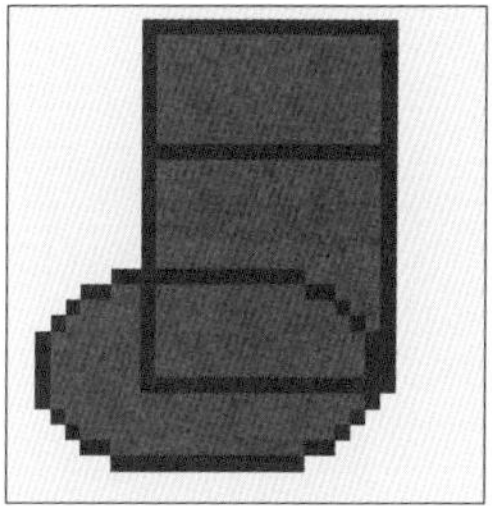

STEP 1

靴下は長方形と楕円の組み合わせで表せます。まず、□ツールで濃い赤（色1）の長方形を、○ツールで横に平べったい楕円を描き、赤（色4）で塗りつぶします。あとで形を整えるのでおおまかでOKです。さらに靴下の上部に、白いふわふわの飾りをつける目安となる横線を引いておきます。

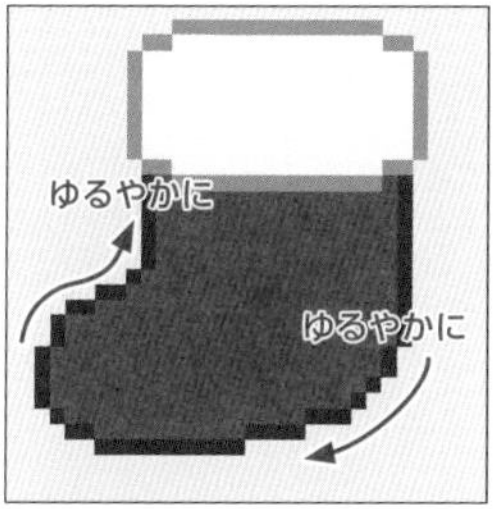

STEP 2

グレー（色11）でベースの赤い靴下より一回り大きな角丸の長方形を描き、内側を白（色15）で塗りつぶします。赤い長方形と楕円をつなげ、かかとや足の甲部分にゆるやかな丸みを持たせるなどして形を整えます。

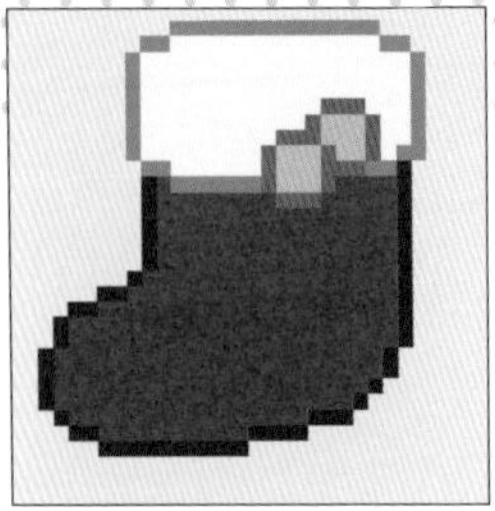

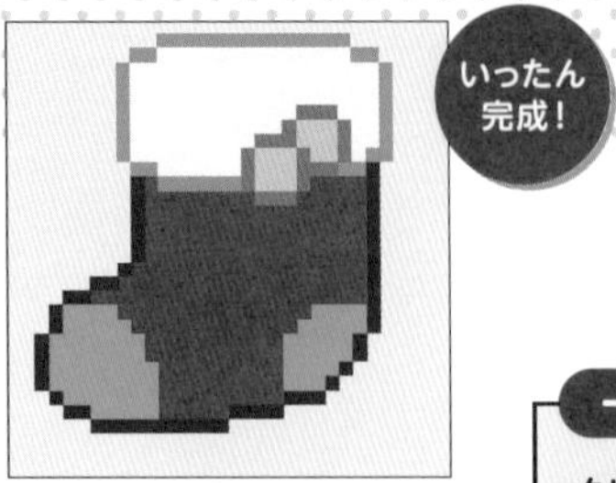

STEP 3 白いふわふわに飾り玉をつけます。濃い黄色(色8) で輪郭線を描き、内側を黄色(色10)で塗りつぶします。クリスマスのイメージなので黄色を加えて華やかにします。ベース部分は赤1色では寂しいので、つま先とかかとに緑色(色7)の布を足します。

一口メモ

クリスマスといえば、サンタさんの赤と白、クリスマスツリーの緑、ツリーに飾るオーナメントの金色などが定番。これらの色を取り入れることで、クリスマスっぽさを演出することができます。

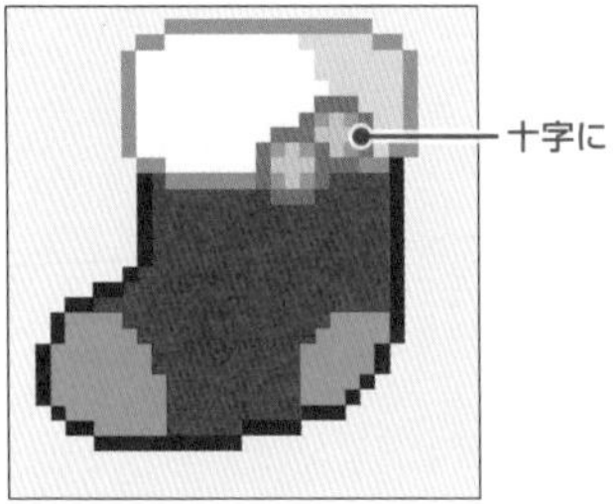

STEP 4 白いふわふわ部分に薄いグレー(色13) で影をつけます。黄色の飾り玉にも、少し濃い黄色(色9) で影をつけます。その際、明るい黄色が十字になるよう四隅に濃い黄色を置いて丸く見えるようにします。

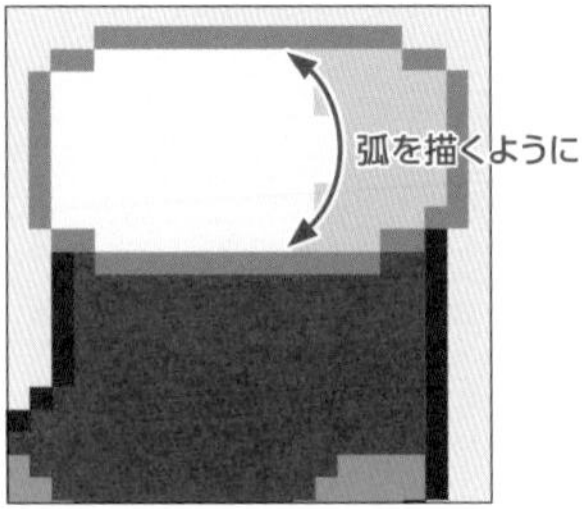

POINT 白いふわふわ部分は、少し厚みがあることを意識して、ゆるやかに弧を描くようにグレーの影を落とします。飾り玉を省略すると図のようになります。

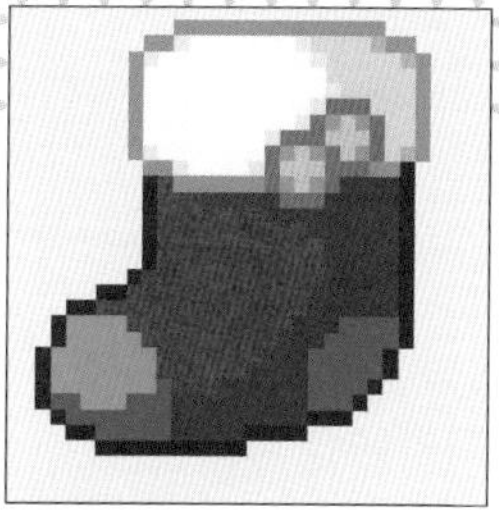

STEP 5 白いふわふわ部分の輪郭線と影をグレー（色12）で、輪郭線と白地、白地と影を淡いグレー（色14）でなじませます。赤と緑の生地は段差を意識しながら濃い赤（色2）と濃い緑（色5）で影をつけます。

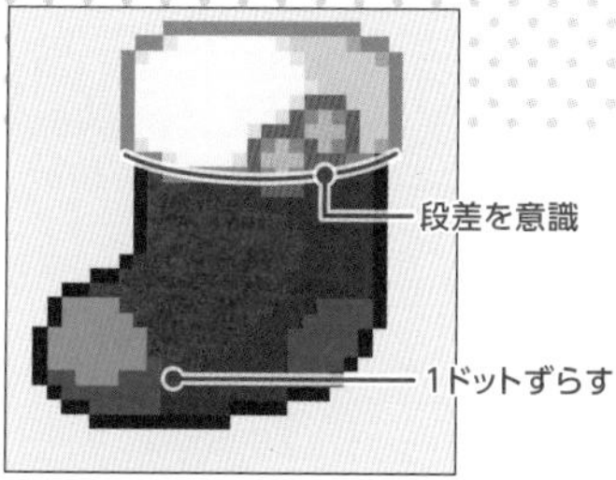

POINT 白いふわふわ部分は厚みがあるので、赤い生地との段差を意識しながらカーブした影をつけています。また、赤い生地と緑の生地は違う布が縫い合わされており微妙な段差があるため、影を1ドットずらして立体的にしています。

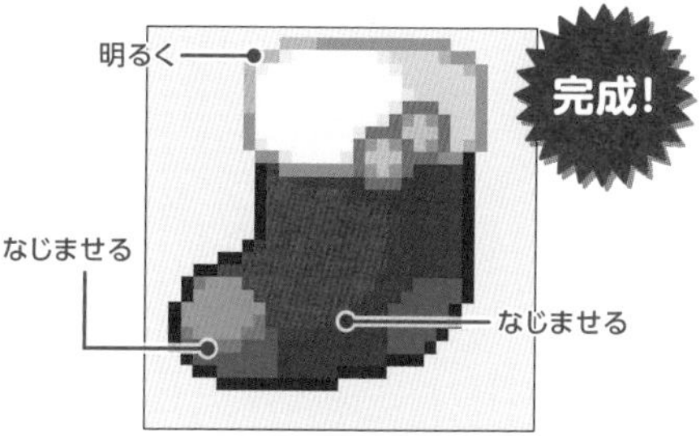

STEP 6 赤い生地の影と基本色を中間色（色3）でなじませます。同様に緑も中間色（色6）でなじませます。あとは白いふわふわ部分の輪郭線の一部を明るい色（色12）に塗り替えて、柔らかさを出せば完成です！

一口メモ

赤と緑の境界線をなじませるなど、まだやりたいことはありますが、色数に制約があるのでこれでよしとします。なお飾り玉を緑にしたり、白いふわふわ部分の色数を減らし、そのぶん赤と緑で使える色数を増やして境界線をなじませるなど対処方法はあるので、取捨選択しながら好みの仕上がりを追求してみましょう！

040 ティアラ

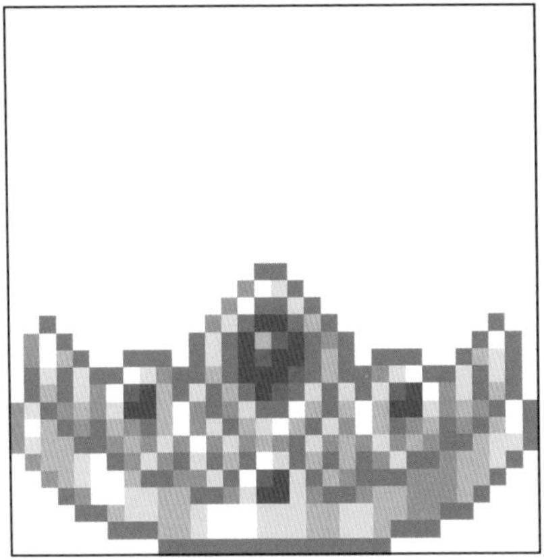

難易度 ☆☆☆☆★

ファイル Lesson3⇒040

プリンセスの象徴であるティアラは
女の子が一度は憧れるアクセサリー。
左右反転とグラデーションの活用で
見た目から想像するより簡単に描けます！

サイズ 32×32

パレット［16色］

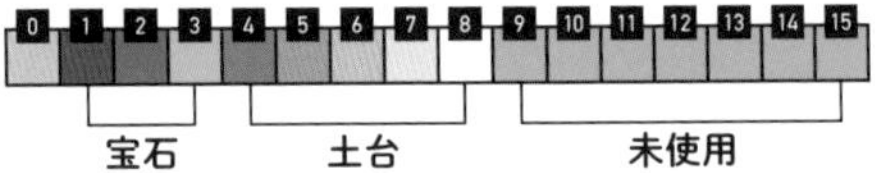

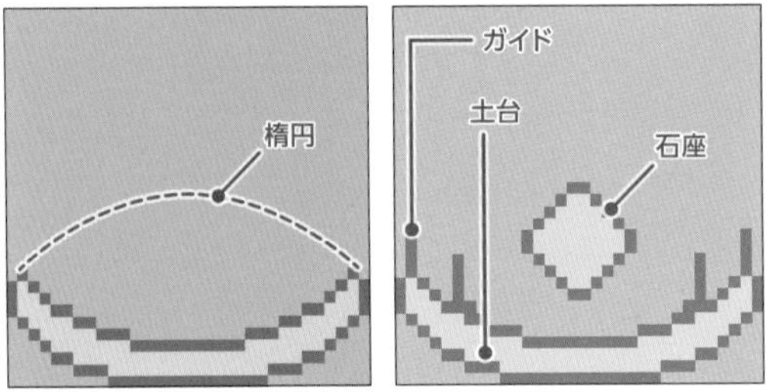

STEP 1 ティアラは一見複雑な形状でドキドキしますが、ポイントを押さえれば案外簡単。まず土台を作ります。横長の楕円の下半分を濃いグレー（色4）で描き、太めの幅をつけて内側を薄いグレー（色7）で塗りつぶします。土台から垂直の線を引き、飾りをつけるガイドとします。中心に豪華な宝石を置く位置を決め、石座を菱形で描きます。ティアラは基本的に左右対称の形なので、左半分だけ描いてコピー&ペースト→［左右反転］でもOK。今回は STEP3 までその方法で描いています。

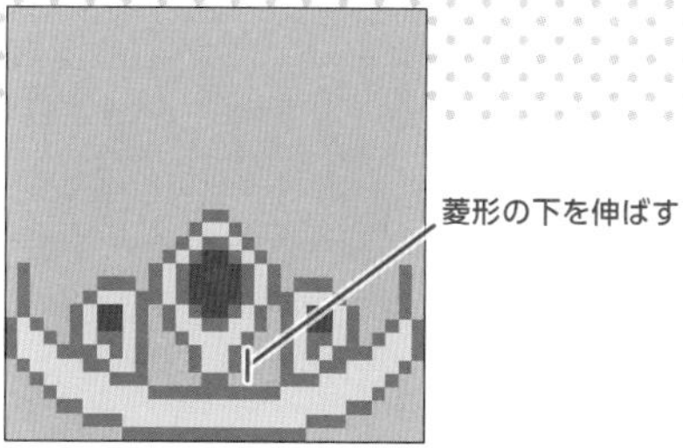

STEP 2 菱形の下を伸ばして土台にくっつけるように形を整えます。その中心に青（色1）で宝石を描き、濃いグレー（色4）で縁取ります。内側のガイドに小さめの石座と青い宝石を描き、濃いグレーで輪郭を取ります。

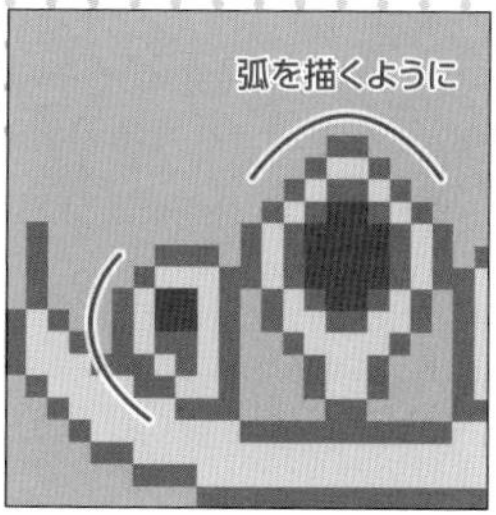

POINT 石座や宝石は、曲線が多いと優雅なイメージになるので、できるだけ弧を描くように気をつけています。

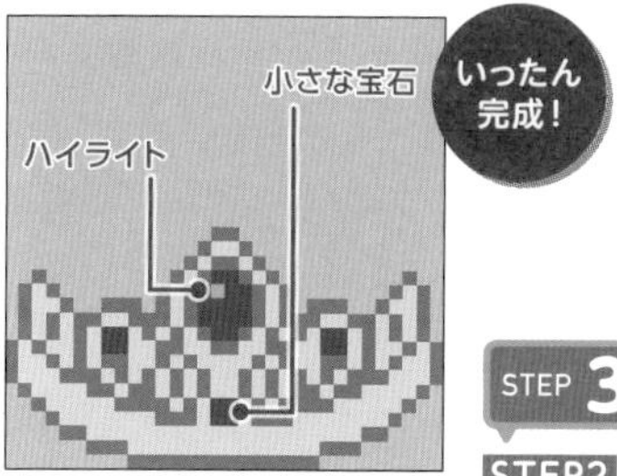

STEP 3 STEP2 で描いた宝石の隙間を銀細工で埋めていきます。縦長の楕円を無理やり隙間に入れていく気持ちで描いています。メインの大きな宝石に水色（色3）でハイライトを入れます。ハイライトは左右非対称です。その石座の付け根に青い小さな宝石を置きます。

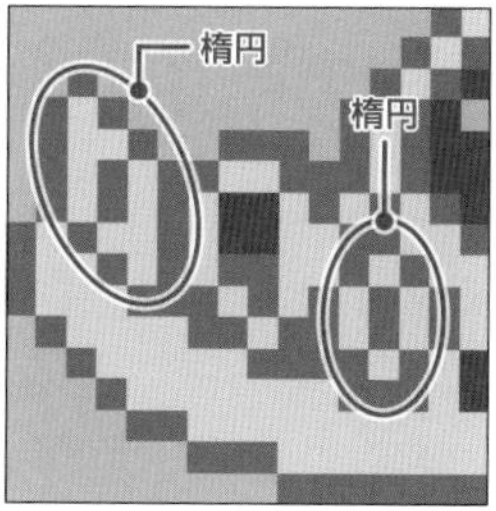

POINT 宝石の間を埋める銀細工は、曲線になるよう意識します。ここでは縦長の楕円を押し込むような感じに描きました。このドット数だと曲線さえあればそれっぽく見える……はず！

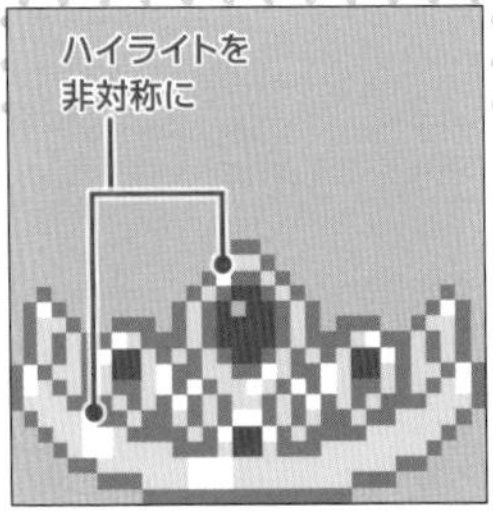

STEP 4

銀の素材（薄いグレーの部分）の左半分に白（色8）のハイライトを置きます。コピー&ペーストで左右対称に配置したあと、大きな宝石の石座、土台部分のハイライトを非対称に打ち直しています。全部対称だと単調な絵になりやすいので、目立つ部分や面積の大きな場所は非対称にします。

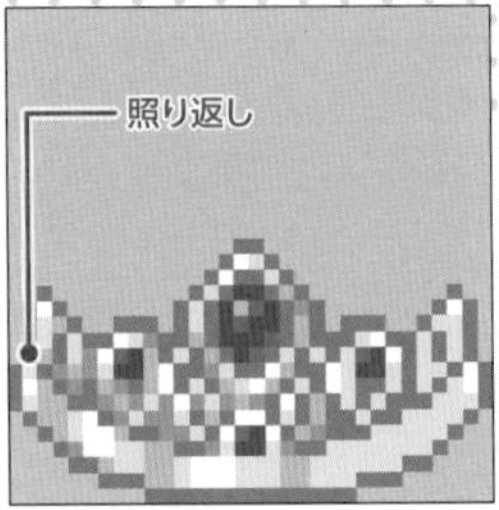

STEP 5

左半分の輪郭線と隣り合った色を中間色のグラデーション（色5、6）でなじませていきます。土台部分にグレー（色6）で薄い影を入れます。金属なので端に照り返しのハイライトを置き、そのそばに影がくるようにして反射している感じを出します。

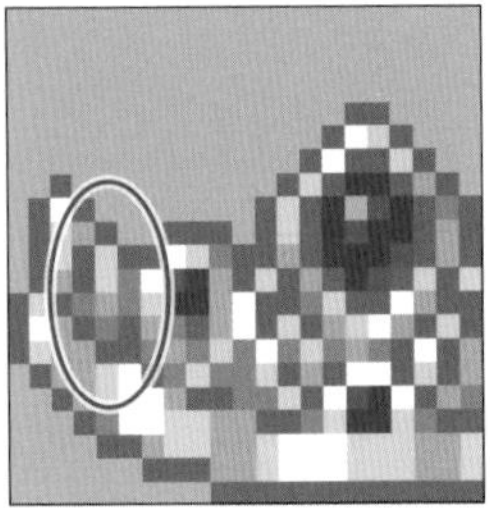

POINT

STEP5 で輪郭線と隣り合った色をなじませる際は、パーツとパーツが隣り合ったときの影の落ち方を意識し、その境界の下を暗く、上を明るくします。

STEP 6

STEP5 と同様に右半分をなじませていきます。土台はさらに濃い色（色5）で影を落とし、銀細工部分も左右で少しずつ明暗が変わるようにしています。あとは輪郭線の一部を色5で明るくして立体感を出せば完成！

041 宝石のブローチ

難易度 ☆☆☆★★

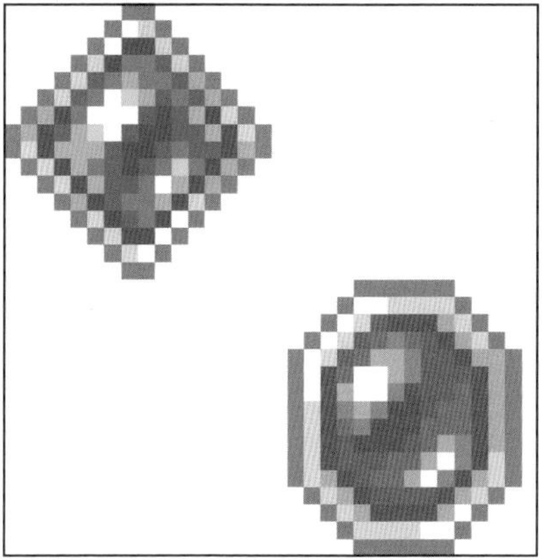

ファイル Lesson3 ⇒ 041

大粒のカラフルな宝石をあしらった
かわいらしいブローチ。
ハイライトや反射光を描いて
ゴージャスな煌めきを与えましょう。

サイズ 16×16

パレット[16色]

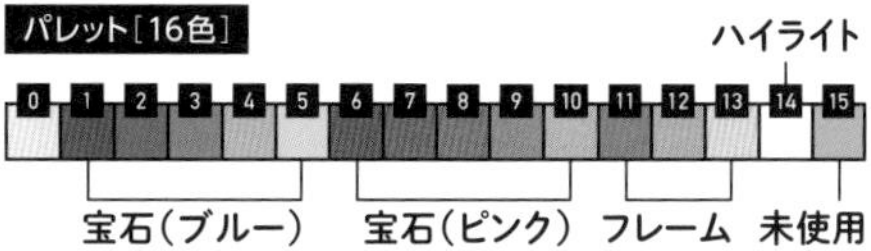

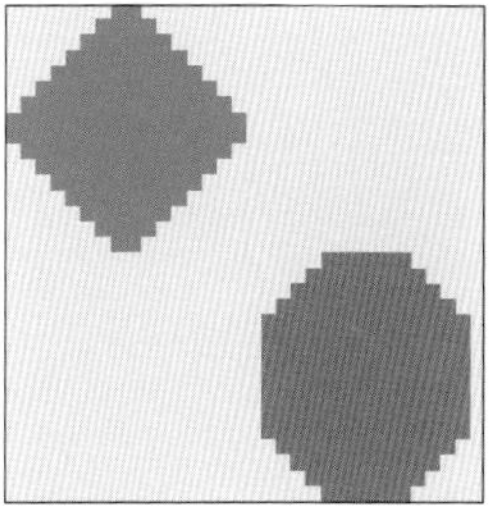

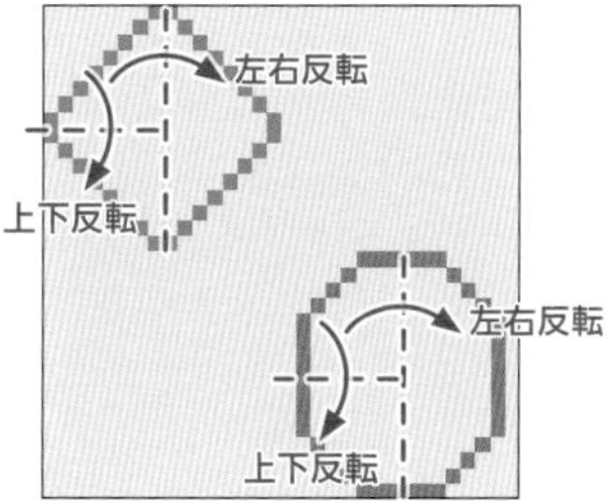

STEP 1 16×16の宝石ブローチを2種類作成します。最初にシルエットを描いて全体のボリュームを決めます。ブルーの方は青（色3）で菱形を描いて内側を同じ色で塗りつぶし、もう一方はピンク（色8）で八角形を描きます。

POINT ブルーの方は斜め45°の線を引き、コピー&ペースト→［上下反転］したあとコピー&ペースト→［左右反転］して菱形に。ピンクは縦の直線と斜め45°の線、横の直線を描いて同様に反転させて八角形にします。

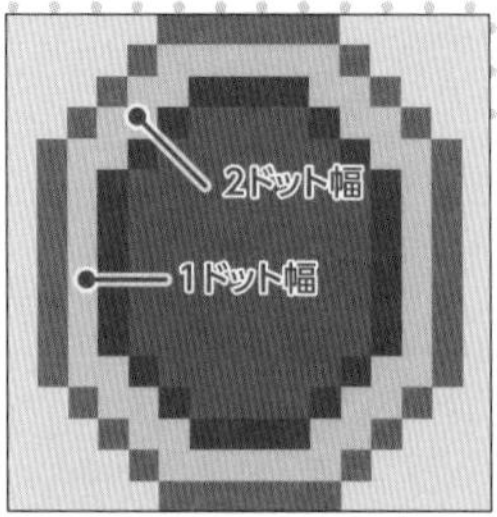

STEP 2 **STEP1** で描いた菱形と八角形の内側に黄色（色13）でぐるりと1周フレームを描きます。フレームの輪郭線を茶色（色11）に塗り替え、宝石の輪郭を濃い青（色1）と濃いピンク（色6）で描いてフレームとの段差を表現します。

POINT ピンクの方は八角形のフレームに楕円形の宝石が入っているイメージです。そのため、宝石とフレームの隙間を角の部分だけ2ドット幅にして、中の宝石に丸みをつけています。

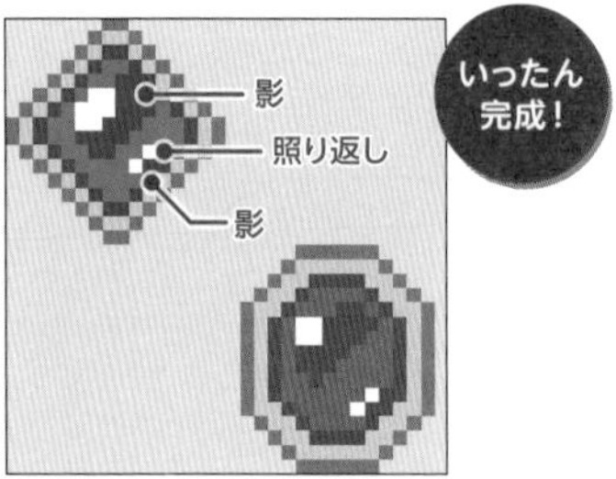

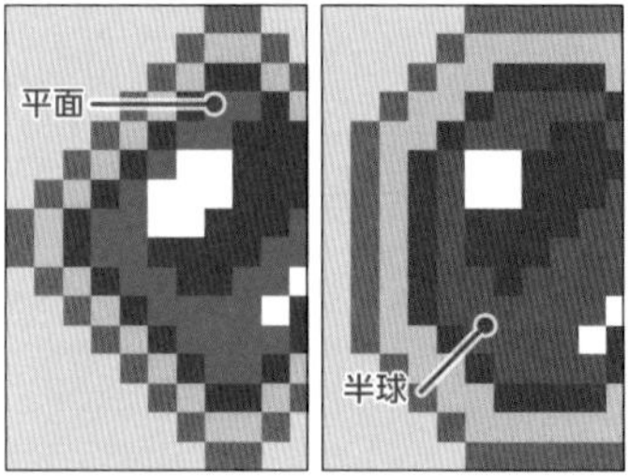

STEP 3 光源を左上に想定し、両方とも左上に白（色14）で大きなハイライトを、右下に小さな照り返しの光を入れます。ハイライトの右下にはそれぞれ濃い青（色1）と濃いピンク（色6）で影を入れ、透明感と立体感を出します。

POINT ブルーとピンクとでハイライトの形が違いますが、これは想像している宝石の表面の形の違いによります。ブルーは表面が平らな宝石なので斜めに光が流れ、ピンクは半球状なのでハイライトも丸い形になると考えられるからです。

STEP 4 宝石の形に沿ってハイライトと基本色をグラデーションでなじませます。それに合わせて影の形も調整しておきます。さらに石座の金色部分に薄茶色（色12）で影を入れ、左上と右下が照り返しで明るくなるようにしています。

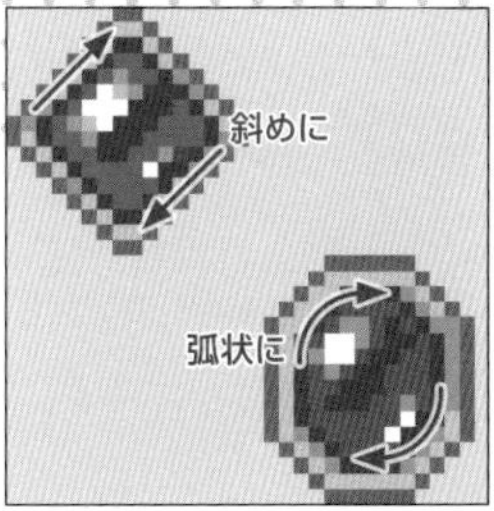

POINT ハイライトと基本色は、ブルーの方は青のグラデーション（色3〜5）で斜めに、ピンクの方は2色のピンク（色8、9）で半球に沿って弧状になじませます。

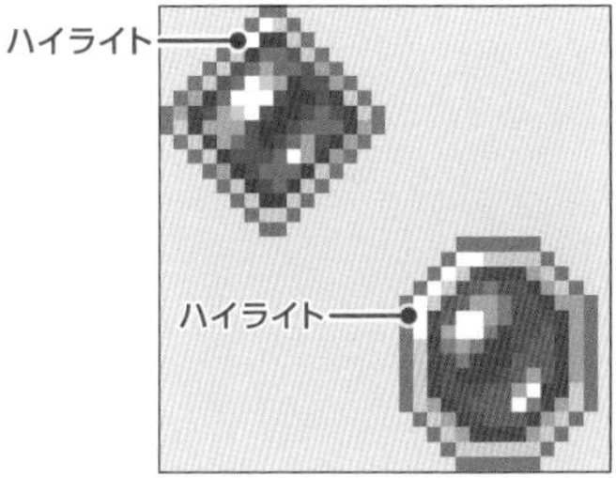

STEP 5 さらに宝石のハイライトと基本色、影と基本色、宝石の輪郭線と隣り合った色をなじませていきます。また石座の左上に白（色14）でハイライトを入れておきます。

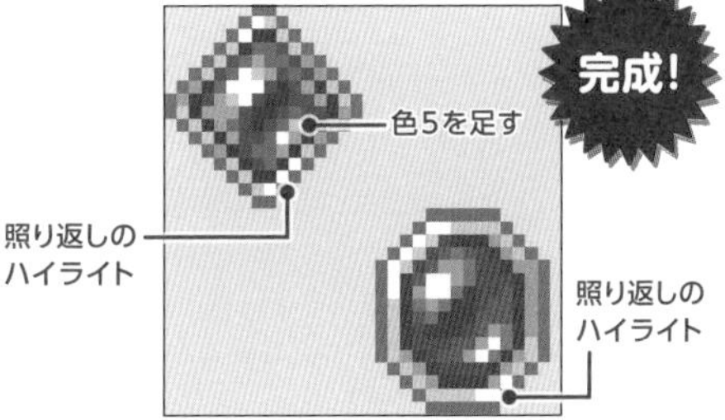

STEP 6 さらになじませていきます。ブルーの宝石はハイライトの直線の印象を際立たせたかったので、明るい水色（色5）を白の斜め上に足しました。あとは石座の右下に白で照り返しのハイライトを入れれば完成です！

042 赤ちゃん

難易度 ☆☆☆☆★

ファイル Lesson3 ⇒ 042

おしゃぶりをくわえてハイハイする
オムツを履いた赤ちゃん。
頭を大きめに描き柔らかな質感で
愛らしさをたっぷり表現します。

サイズ 32×32

パレット[16色]

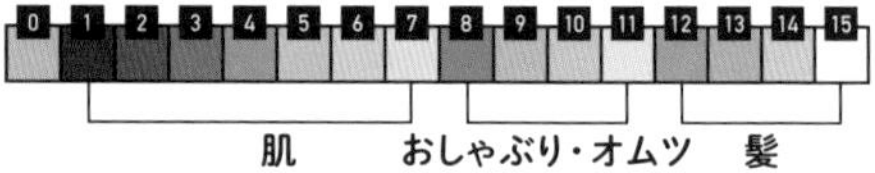

STEP 1

ハイハイしている赤ちゃんを描きます。赤ちゃんは成人と比べて頭が大きく体が小さいので、二頭身くらいにします。頭は円、体は楕円を大まかに描いて全体のボリュームをつかみます。いずれも輪郭を茶色（色1）で描いたあと、内側を薄いベージュ（色7）で塗りつぶします。目の位置も決めておきます。

一口メモ

本書では基本的に32×32ドットで作例を描いています（一部は16×16ドット）。人物を描いたほかの絵とサイズ感を比較しやすいよう、本作例も32×32ドットでファイルを作成していますが、赤ちゃんの絵自体は24×24ドット内に収まる大きさです。少年少女を描いた絵（P158「SD男の子」、P161「SD女の子」参照）と、大きさを見比べてみてくださいね。

STEP 2 首部分の境界線を赤ちゃんの基本色で塗って消し、体とつなげます。体の前方に手をつけ加えます。さらにお尻の奥側に足を描きます。

POINT このあとオムツを履かせるので、ここでお尻の位置を把握しておきます。また膝をついてハイハイしている状態なので、お尻の向こう側に足がチラッと見えた状態にします。

STEP 3 赤ちゃんはフワムチほっぺなので、顔の左をデフォルメ的にふくらませます。また耳の形を強調します。**STEP2** で確認したお尻の位置にオムツを、口元に小さな円でおしゃぶりをつけます。いずれも輪郭をグレー（色8）で描き、白（色15）で塗りつぶします。さらにおでこに薄茶色（色13）で柔らかい髪を生やします。

一口メモ

髪の毛は肌色のグラデーションを流用してもいいのですが、ここでは別途髪色のグラデーションを作成して用意しました。たとえばあとから髪の色を赤に変更したくなったとき、髪色部分のパレットを赤に変えればOK！　いろんな髪色に変えられます。

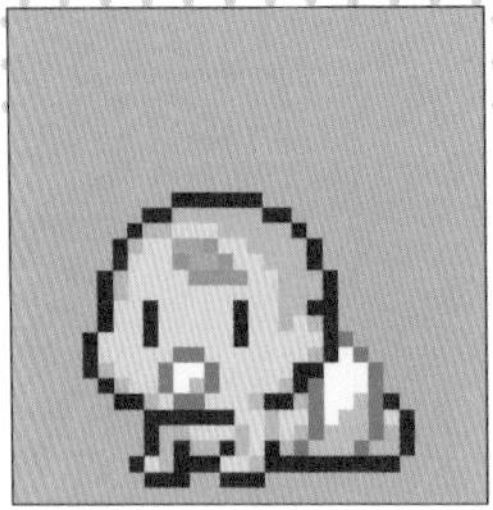

STEP 4

全体的に影色を置きます。肌は基本色より少し濃い色(色5)で、おしゃぶりやオムツはグレー(色10)、髪の毛は茶色(色12)で影をつけました。形をわかりやすくするため、指先や腕、足先に基本色が残るようにします。赤ちゃんの柔らかな感じを出すため、成人よりも淡い色で肌の色を作っています。

STEP 5

肌の影色と基本色を中間色(色6)でなじませます。おしゃぶりとオムツは淡いグレー(色11)でなじませています。おしゃぶりは白を1ドット残してハイライトとし、丸っぽく見えるよう色を置きます。髪の毛と肌の境界も中間色(色14)でなじませます。

完成!

STEP 6

光が当たる部分の輪郭線を明るい色に塗り替えます。同時に、輪郭線と隣り合った色をグラデーションでつないでいきます。目の下1ドットを色3で打ち、柔らかい印象にして完成!

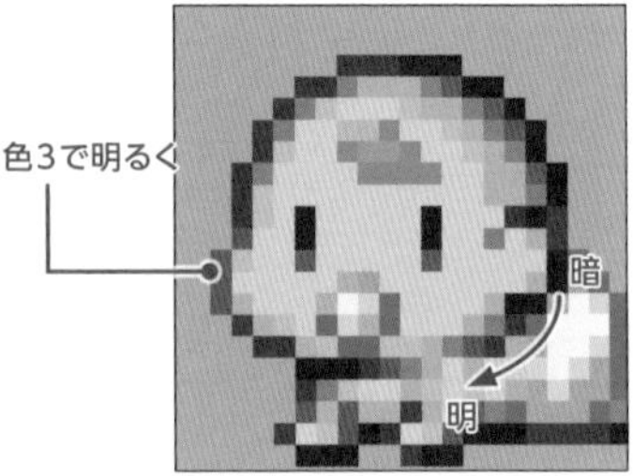

POINT

肌の柔らかさを出したいので、頬の輪郭線は薄茶色(色3)でとくに明るくし、首周りもグラデーションの線にしています。

043 毛糸の帽子

難易度 ☆☆☆☆★

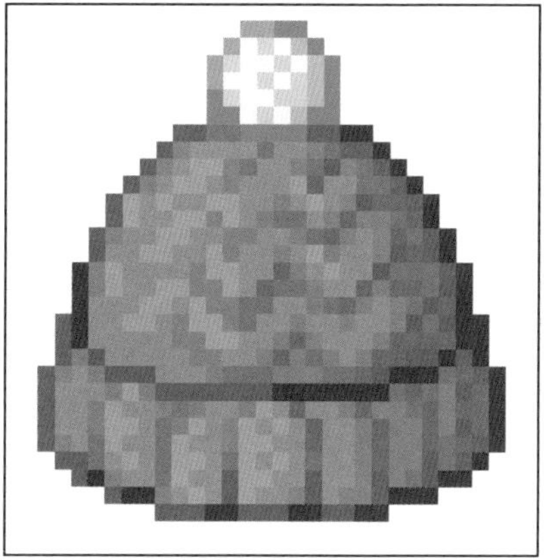

ファイル Lesson3 ⇒ 043

丸いポンポンのついた毛糸の帽子は
お椀を伏せた形をベースに描きます。
毛糸の編み目はV字を並べる感覚で描き
明暗をつけて立体的に表現します。

サイズ 32×32

パレット［16色］

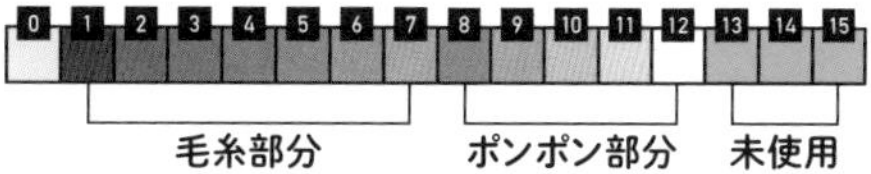

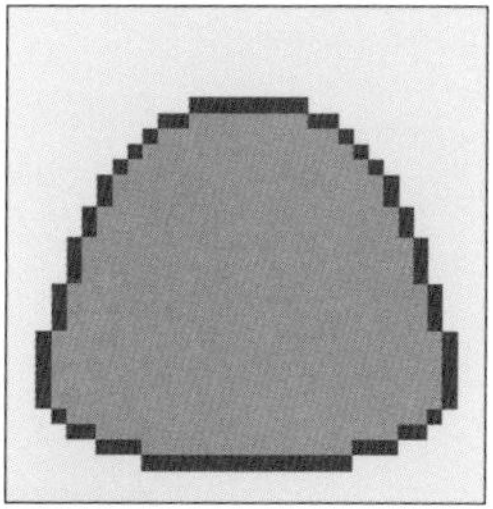

STEP 1 帽子は逆さにしたお椀型で、やや縦長になっています。あとでポンポンをつけるので頂点はやや平らにしておきます。ここでは茶色（色1）で輪郭を描き、薄茶色（色6）で塗りつぶしました。

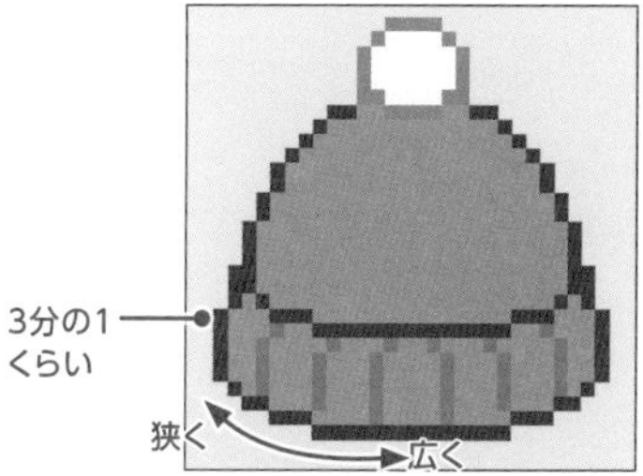

STEP 2 帽子の頂点に紫（色8）で丸を描き、白（色12）で塗りつぶしてポンポンをつけます。お椀の下、だいたい3分の1くらいのところで分割して折り返し部分を表現します。その折り返し部分を薄茶色（色4）の縦線で分割し、大きな編み目とします。編み目は手前が広く、両端が少しずつ狭くなるように描きます。

STEP 3 ポンポンにグレー（色10）で影をつけます。球状なので影も弧を描くようにします。お椀部分にも薄茶色（色4）で影をつけます。お椀の影はV字が並ぶように描き、編み目を表現しています。

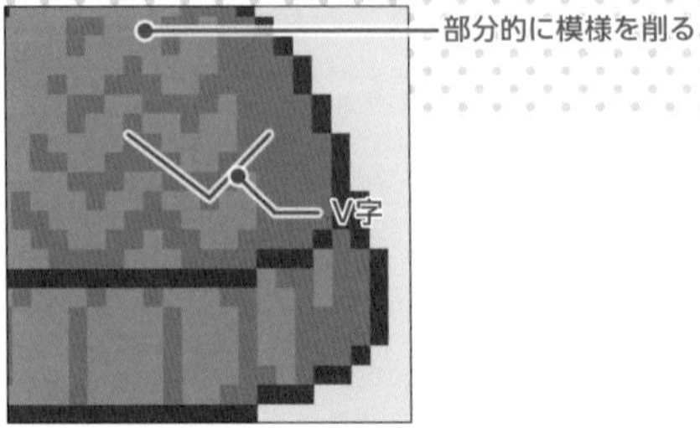

POINT お椀の影は、ひとつ適当にV字を描き、それをコピー&ペーストしてずらしながら配置しています。そのあと、光が当たるところに基本色の茶色（色6）を塗って模様を部分的に削り、立体感を出しています。

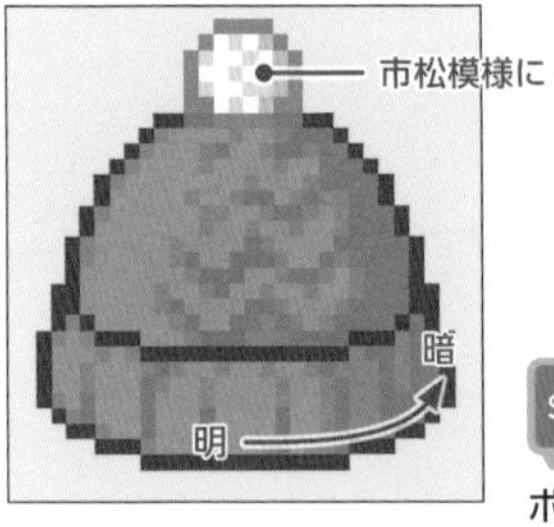

STEP 4 ポンポンは毛糸を束にしてカットしたもの。そこで薄い影色（色11）を市松模様のように置き、毛糸のふさふさ感を出します。お椀部分の基本色と影、そしてV字の編み目を中間色（色5）でなじませます。同様に折り返し部分も手前から右奥にかけて徐々に暗くなるようなじませます。

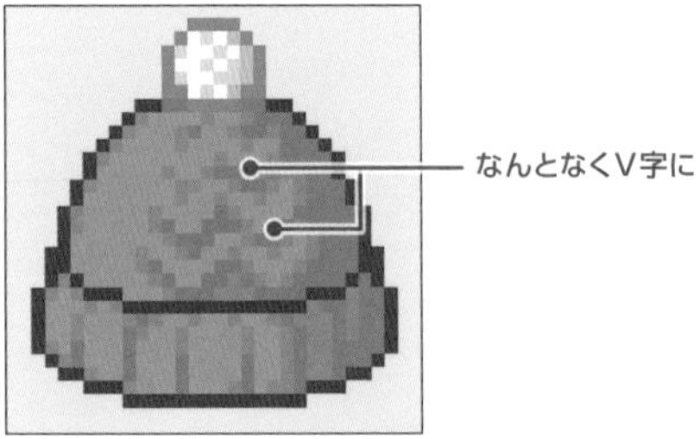

POINT V字の編み目部分をなじませた際に、模様が多少曖昧になっても問題ありません。あとで調整するので、この段階では大体V字が並んでいると認識できればOKです。

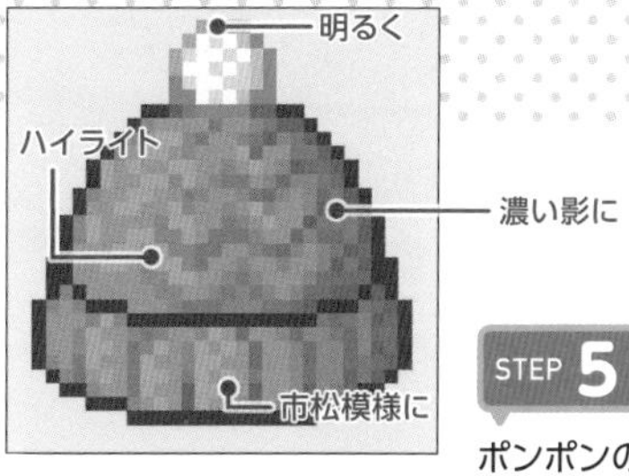

STEP 5 ポンポンの左上の輪郭線を明るい色（色9）に変更して柔らかさを出します。お椀の編み目部分は、「V」の右線に沿って濃い色（色2、3）の影をつけ、左線に沿ってハイライト（色7）を置きます。折り返し部分は影色（色6）とハイライト（色7）で市松模様にして細かい編み目を表現します。

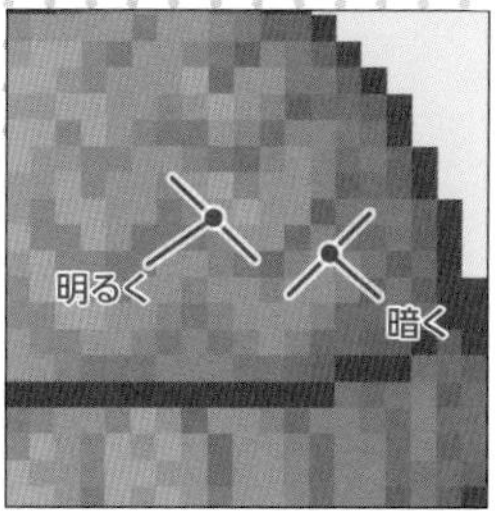

POINT V字の編み目部分は、毛糸が盛り上がった部分が明るく、境目が暗くなります。今回は左上の光源を想定しているので、編み目も左上が明るく、右下の境界部分が暗くなるように色を置いています。

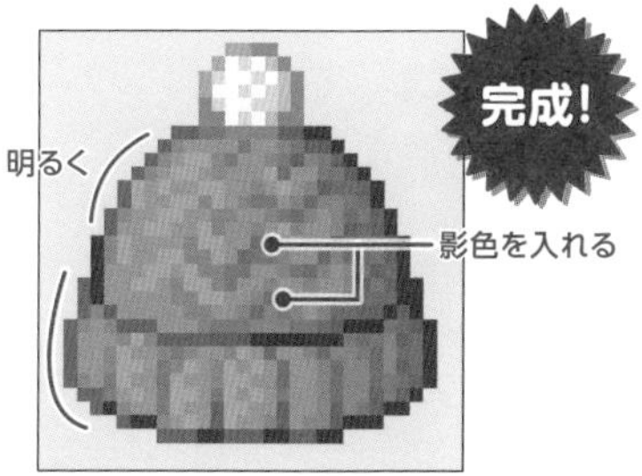

STEP 6 お椀の輪郭線を、光が当たっているところをイメージしながら部分的に明るい色（色2）に変更します。折り返しの下部の直線が硬く見えるので、一部を明るくしてふくらみの差をつけました。さらに中央付近に薄い影色（色3）を入れて明暗を調整すれば完成です。

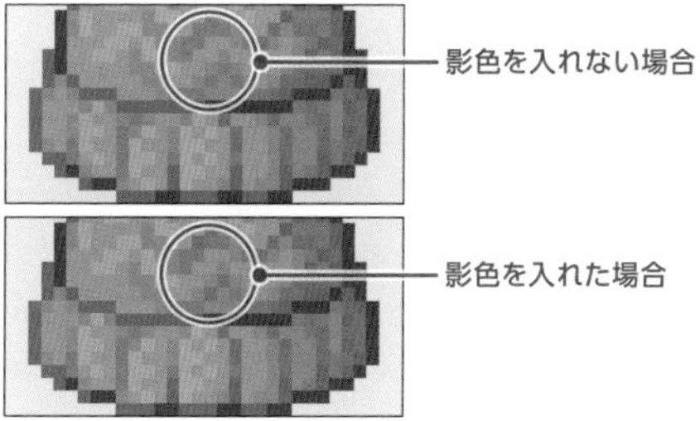

POINT 中央付近に薄い影色を入れたのは、全体を見たときに左から右にかけて明暗のグラデーションに見えるようにするため。図は影色を入れない場合との比較です。入れない場合は中央付近が若干平坦な感じになっています。

044 SD男の子

難易度 ☆☆☆☆☆

ファイル Lesson3 ⇒ 044

SD（スーパーデフォルメ）キャラは
いかに顔を描くかがポイント。
顔の大きさや目の大きさなどの大事な部分を
イメージ通りにしっかり再現しましょう。

サイズ 32×32

パレット［16色］

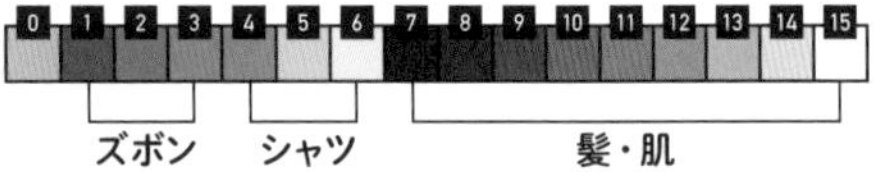

STEP 1

濃い茶色（色8）で二頭身くらいの男の子を描きます。頭と体はそれぞれ同じボリュームの球を想像し、上の球に目をつけ、下の球に手をつけて腰の位置を決めます。STEP3 までは、半分描いて反転コピーし奇数ドットに調整しています（P060「網焼きステーキ」参照）。

STEP 2

STEP1 をガイドとして、茶色（色9）で髪を描き内側を明るい茶色（色10）で塗りつぶします。同様に肌、服（色15）、ズボン（色3）の基本色を塗ります。髪はあとで七三分けにしますが、ここでは真ん中分けにしてボリューム感を様子見しています。

STEP 3

髪を七三分けにします。あとで髪のタッチを入れるときに必要なので分け目を決めて描いておきます。濃い茶色（色8）でメガネのフレームを描きます。さらに緑（色3）でネクタイ、茶色（色9）でサスペンダーを描き、ズボンの折り返しの横線を入れておきます。靴は男の子っぽさを出すため外側に向けておきました。

POINT メガネのフレームは、目にかかってしまうのを避けるため、ここでは下半分だけ描いて上を省略しています。

STEP 4

髪にハイライトを入れます。分け目から左右それぞれの向きに流れるようにタッチを入れます。目と手はグラデーションでなじませます。シャツは輪郭線を青（色4）にし、水色（色5）で襟をつけます。ズボンも輪郭線を濃い緑（色1）に。足の間や折り返しの影など、さらに濃くしたい部分は色が足りないので濃い茶色（色8）を代用しました。

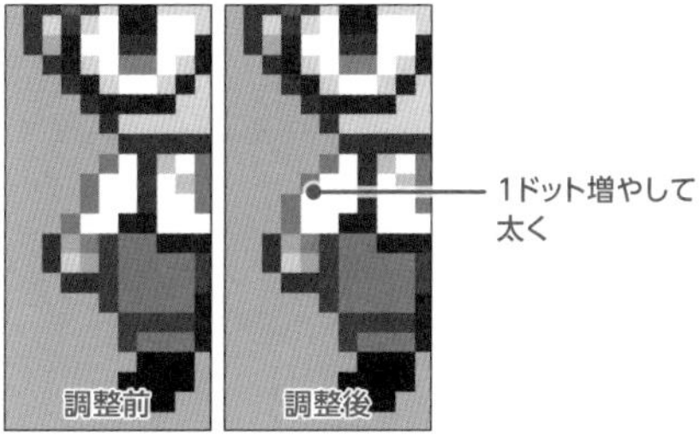

POINT 腕は太さを出して力強く見せたいので、手の近くを1ドット増やして調整しています。

STEP 5

髪のハイライトと基本色を中間色(色11)でなじませます。目に色14でハイライトを入れ、髪と肌の境目もなじませます。シャツは色5、6で影を落としつつ輪郭線となじませます。ネクタイは結び目に色1で濃い影を落とします。さらにズボンも色1で影をつけ、靴の先に色9でハイライトを置きます。

POINT

髪と顔の境目は、髪に厚みを出すため茶色のグラデーション(色11～13)で影を多めに落としています。メガネのフレームは顔の内側から外側に向かって暗くなるよう茶色のグラデーション(色8～12)で打って、柔らかい印象にしました。その下の肌はメガネが太く見えないよう、明るいグラデーションでなじませています。

STEP 6

さらに髪に明るい色(色13)でハイライトを加え、サラサラ感を強調します。ズボンの影と基本色を中間色(色2)でなじませます。靴も奥に向かって暗くなるように茶色(色8)を置いて完成です!

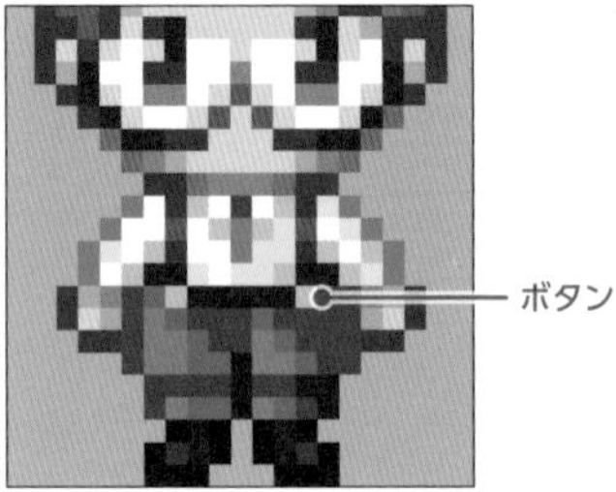

POINT

サスペンダーのエンド(ズボンとの接続部分)は水色を1ドット置き、ボタンを表現しています。色を変えることで金属のクリップで止めるタイプなども表現できます。

045 SD女の子

難易度 ☆☆☆☆☆

ファイル Lesson3 ⇒ 045

SD男の子と共通のカラーパレットを使い
同じように進めていきます。
おさげやワンピースなどを描き
かわいらしく仕上げていきましょう。

サイズ 32×32

パレット[16色]

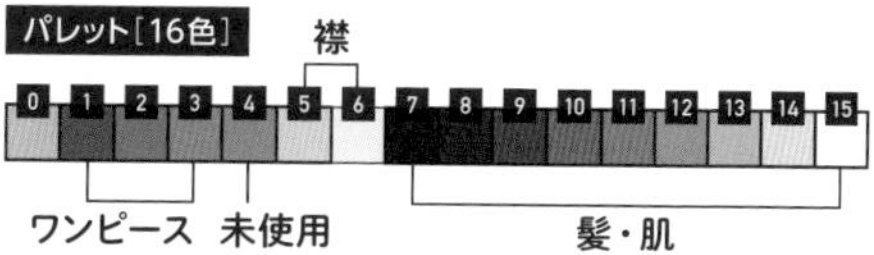

STEP 1

STEP1 は「SD男の子」とまったく同じ手順です(P158参照)。同じ二頭身のガイドを元にして、髪や服のパーツを付け加えていきます。

STEP 2

赤毛のアンのような、おさげでワンピースの女の子にしていきます。まず髪を明るい茶色(色12)で塗り、おさげのスタート位置を決めて編み目をひとつ丸で描きます。前髪の位置に線を入れ、服を緑色(色3)で塗っておきます。

STEP 3 柔らかい印象になるよう、ワンピースの輪郭線を深緑（色1）に塗り替えます。**STEP2** で描いたおさげの丸の先端に三角形をイメージしながら三つ編みの終わりを描きます。さらに顔に視線がいくよう、白（色15）で大きなかわいい襟をつけます。

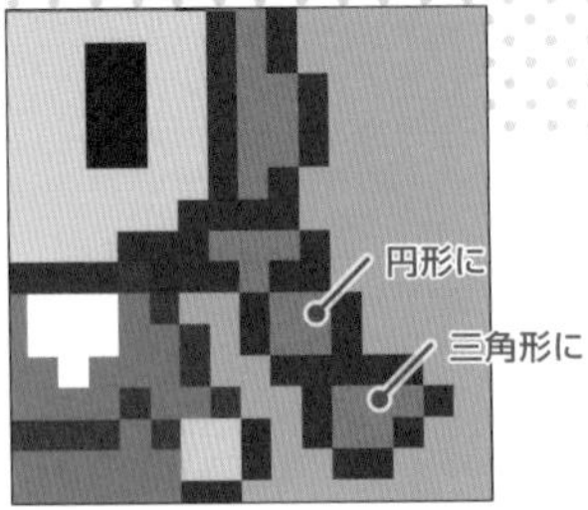

POINT おさげは数珠のように球体がつながっているものとしてとらえます。ここでは、丸っこい根元と丸、三角をつなげて表現しています。

STEP 4

前髪を真ん中で少し分けて影色（色10）をつけます。ワンピースにも濃い緑（色1）で影をつけます。目と顔、手をグラデーション（色9～13）でなじませます。腰の位置の線は茶色（色10）に塗ってベルトとし、中心に水色（色5）を置いてバックルとします。ブーツにも焦茶（色7）で影を落としておきます。

POINT

頭は球状なので、直線にならないように影色をつけます。ここでは光源が左上にあることを想定して、右側に影を多く落としました。ワンピースも右側に影をつけますが、腕の部分につけたら暗くなりすぎたため、スカート部分のみ影をつけています。手は、握ったときに浮き出る人差し指の付け根の関節を明るい1ドットで表現しています。

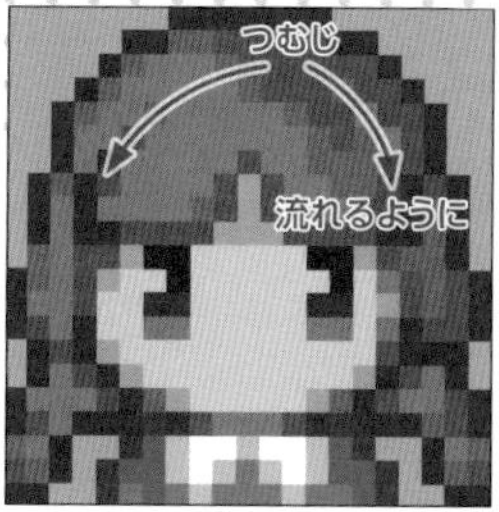

STEP 5 髪の基本色と影を色11でなじませます。ワンピースやブーツ、襟も隣り合った色となじませます。ブーツは足先に色9でハイライトを置き足の形を強調します。男の子は足を外に、女の子は内に向けてポーズの差を出しています。さらに目に色14でハイライトを入れます。

POINT 前髪はつむじを意識して、そこから流れるようにタッチを入れます。頭の基本色と影をなじませる際も、つむじの位置から頭の形に沿って色を置いていくと自然な感じに仕上がります。

STEP 6 髪に明るい色（色13）でハイライトを加え、ツヤ感を出します。髪の輪郭線も左上を明るい色（色10）に塗り替えます。最後にベルトに茶色（色9）で影を入れて立体感を出せば完成です！　同じガイドを使って違うパーツをつけ、ふたりの人物を描くことができました。

POINT ベルトは中心が明るく、側面が暗くなるようにします。光源が左上にあるので、本来はこのように明暗がつかないのですが、分かりやすく見えていればOKということで、そうしています。

046 ドレス

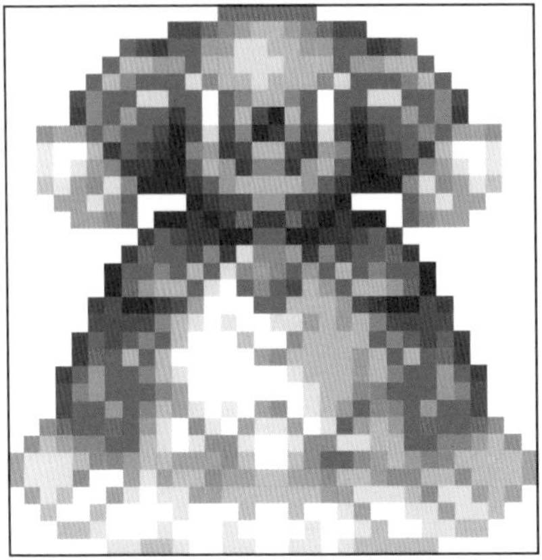

難易度 ☆☆☆☆☆

ファイル Lesson3 ⇒ 046

お姫様のキャラクターが着ているような
キラキラの飾りがついた豪華なドレス。
基本のデザインが完成したら、あとは
ひたすらグラデーションを入れて仕上げます。

サイズ 32×32

パレット［16色］

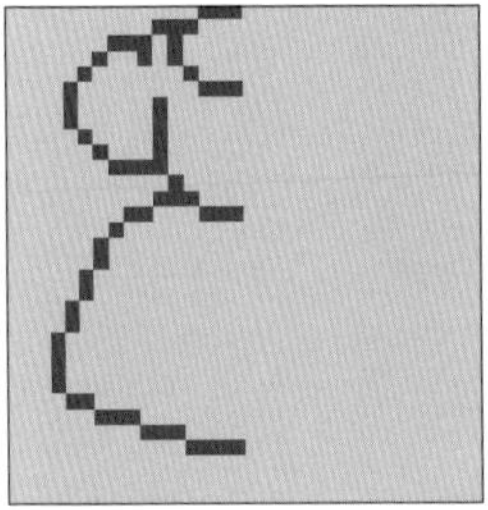

STEP 1 最初に濃い青（色5）でシンプルなワンピースを描きます。左半分だけ描いてコピー&ペースト→［左右反転］したあと、内側を薄い青（色8）で、首の中は白（色13）で塗りつぶします。同様に STEP5 までは反転コピーして描いています。

一口メモ

ドレスを描く際は、胴は縦長の筒状に、袖口は円を意識しつつ丸くふくらませて、スカートはお椀を逆さにした形にします。複雑な形ですが、ひとつずつ形をゆっくり追いかけて、優雅な気分で描いていきましょう。

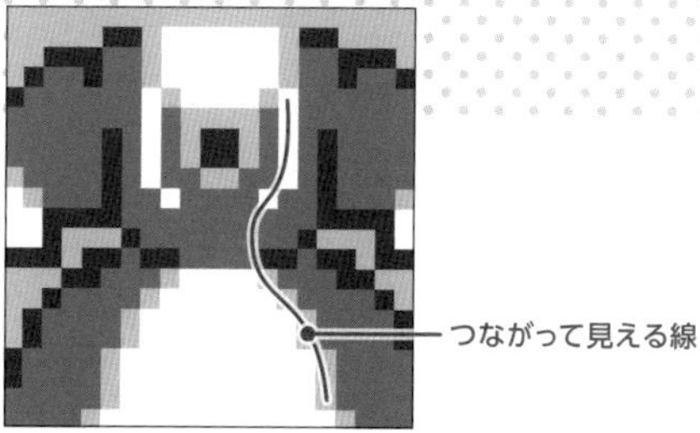

STEP 2 ドレスといえば、キラキラの飾りがついた豪華なイメージ！　青には金が映えるので、首周りや胸元の宝石周りを中心に各所に金（色4）の縁取りをしていきましょう。袖と裾には白（色13）でフリルをつけてきらびやかに飾ります。

POINT 胸には刺繍をイメージした白い線を、スカートの青と白の境目につながるように入れておきます。このように全体につながって見えるような線があると安心感があります。

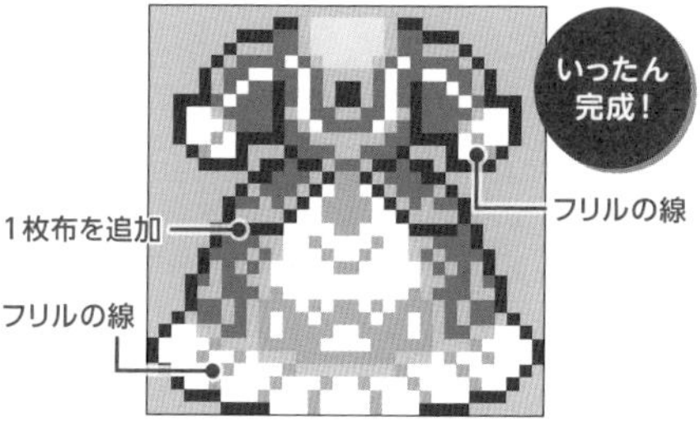

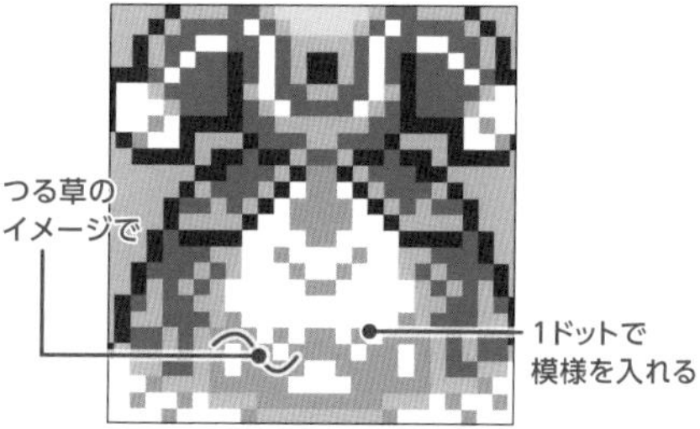

STEP 3 どんどん模様を追加します。金色をメインに、白や水色（色10）で小さい面積にもできる限り模様を詰め込んでいきます。腰の下に1枚布を追加して重厚さを出します。さらに明るい水色（色10）でフリルの線を入れ、中心から外に広がるように表現します。

POINT 模様はつる草のイメージで曲線を多く描くことを意識しました。さらに形に沿って1ドットで模様を入れて、密度を高めています。

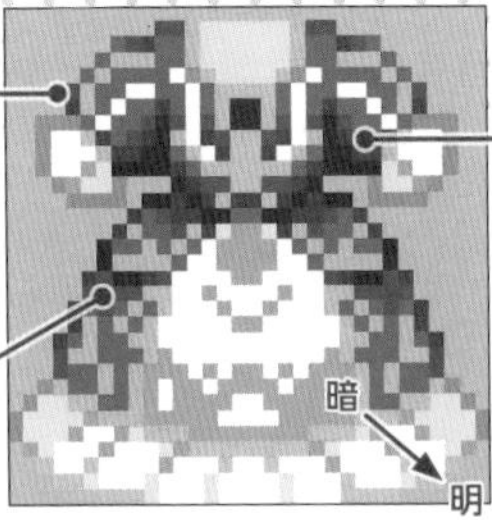

STEP 4 ここからは、各色に対してひたすらグラデーションを入れていきます。まずは青色の部分から。全体の輪郭線をそれぞれの布の色に合わせて明度の異なる青に変えていきます。次に青い生地にグラデーション(色6、7)で明暗をつけます。フリル部分も同様に、生地やシワ部分に明暗をつけていきます。

一口メモ

グラデーションの処理で、ドレスの仕上がりが決まります。細かくてめんどうで頭がクラクラしてきたときは「すべてはグラデーション」と唱えてみましょう。明と暗を中間色でつないでいくという基本を忘れなければ、大体きれいになります。

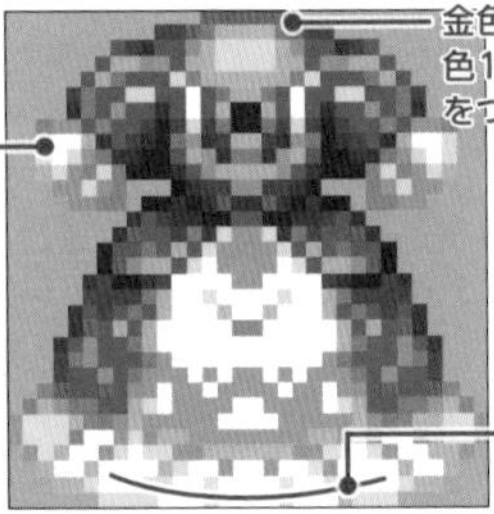

STEP 5 STEP4 と同様に、白や金色の模様部分に明暗をつけていきます。首の中の裏の生地は薄い水色(色11)で縁取って形をはっきりさせます。裾のフリルは直線が目立っていたので、きれいなカーブを目指して整えます。

POINT 白い生地のように、面積が広いところからグラデーションを打ち込むと、全体のバランスを確認しながら進めやすいです。今回は中央の模様がめんどうだったので、つい後回しにしてしまいましたが……。こういうこともあります。

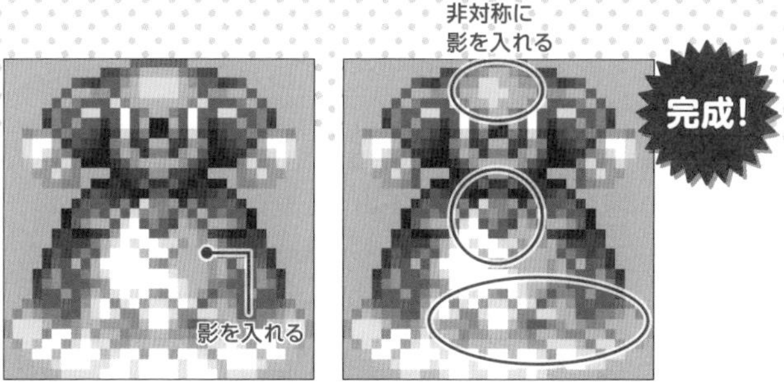

STEP 6 ここまでは左右反転で作画できます。最後に、非対称部分を増やして単調さを減らしていきます。まず、中央の白の右側に薄い青（色11、12）で影を入れて非対称を強調します。それに合わせてスカート中央の模様もグラデーションで明暗をつけておきます。首の中の裏地や、スカートのフリルにも同じ色で影を多く入れます。胸の宝石を色6、7で丸みをつけて完成！

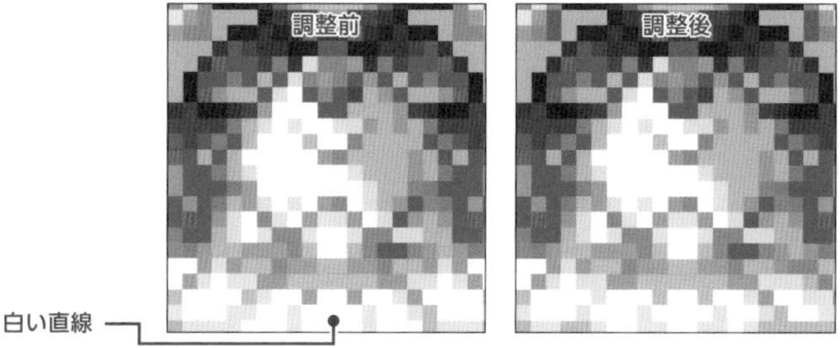

POINT スカートの裾の手前は、ドットが足りなくて輪郭線がつけられないので、収まりきらずに一部が切れて見えます。そこで、薄い青（色12）で白い直線を減らすようにドットを打っています。

楽しいドット絵カタログ③

おめかしお出かけ服

オシャレ大好き！
ゴージャスも、
カジュアルもいいね。

気分に合わせて、あれこれお着替え。
今日はジーンズ、明日はドレス？

Lesson 4

乗り物・自然

047 虹

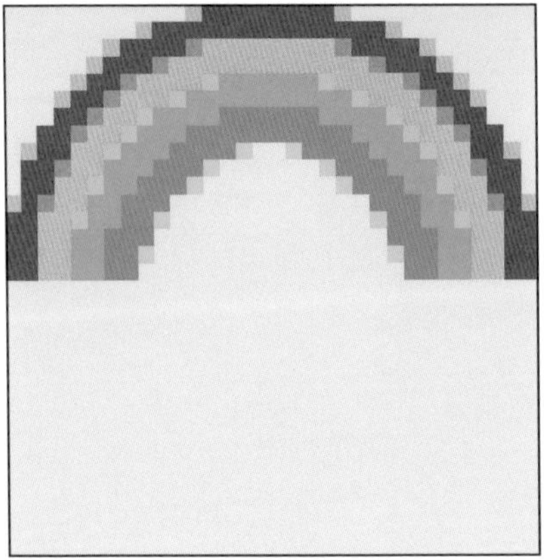

難易度 ★☆☆☆☆

ファイル Lesson4 ⇒ 047

雨の後に空にかかるカラフルな虹。
半円をガイドにして同心円状に色を置き
色と色の境界を中間色でなじませて
空に美しい虹をかけましょう！

サイズ 32×32

パレット［16色］

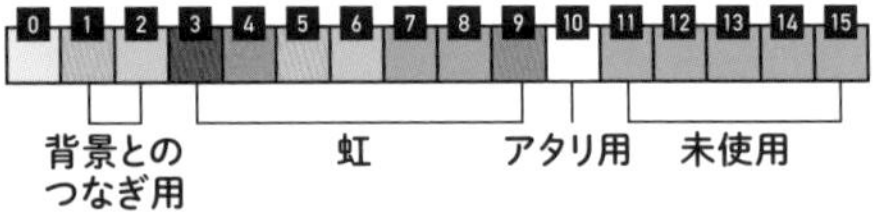

STEP 1 グリッドを有効にした状態で（P021「グリッドと編集単位」参照）、●ツールで白色（色10）の円を描き、下半分を消して半円にします。この白い半円は色を置く際のガイドとして使用するためのもので、あとで消します。

STEP 2 虹は7色ですが、今回は4色にして描きやすくします。ガイドの外側から内側に向かって2ドット幅で色を置いていきます。最初は赤（色3）で、黄色寄りのオレンジ（色5）と続けます。いずれも片側半分だけ色を置きます。

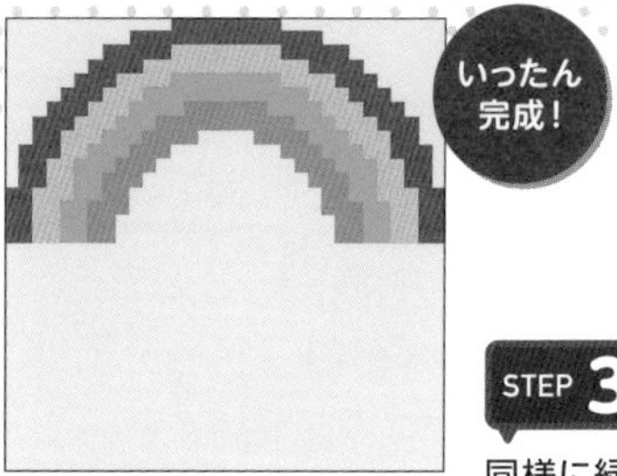

STEP 3

同様に緑（色7）と青（色9）も2ドット幅で半分だけ打ったら、色を置いた部分をコピー&ペースト→［左右反転］で右半分に置きます。中央の白い部分は背景色（色0）で塗りつぶして消しておきます。円のカーブの角が目立っていても、あとでなじませるので大丈夫です。

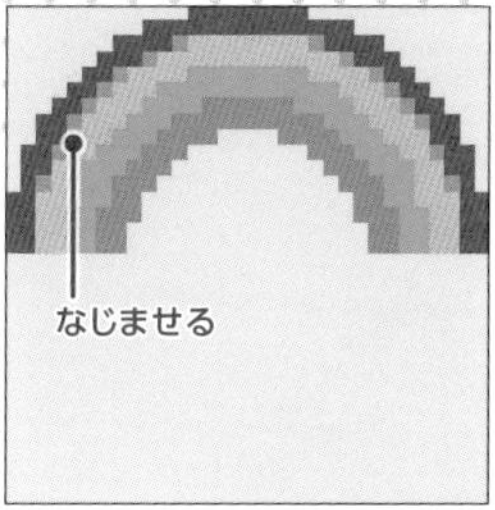

STEP 4

赤と黄色の境目を、中間色のオレンジ（色4）でなじませます。虹の外側から見て赤、オレンジ、黄色と順番に色がつながるようにドットを打っていきます。ちなみに、より明るい中間色を1色増やして円のカーブ部分をなじませるとさらに丸く見えるので、ドット絵を描くのに慣れたら挑戦してみるのもいいかも！

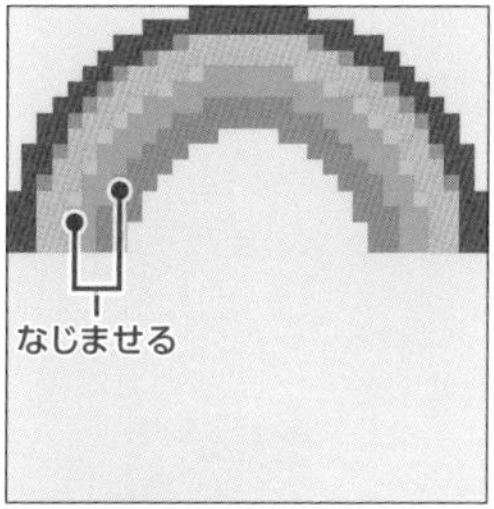

STEP 5

同様に、黄色と緑の間を黄緑（色6）、緑と青の間を青緑（色8）でなじませます。 **STEP4** で補足したように、中間色を増やすと、色と色の境目がよりなめらかになって見え方も変わってきます。

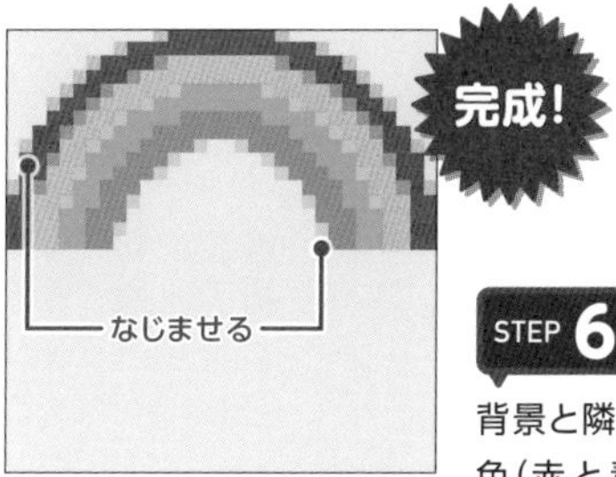

STEP 6

背景と隣り合った色（赤と青）の境界は、背景色との中間色でなじませます。今回は水色の背景なので、赤は薄い紫（色1）で、青は淡い青（色2）でなじませました。明るい色の背景で濃いめの中間色だと虹が太って見えるので、明るめの中間色を使っています。背景の色を変えたいときはつなぎ用の色を変えればOKです！

048 ヨット

難易度

ファイル Lesson4 ⇒ 048

1本のマストに2枚の帆を張ったヨットは三角形と長方形でアタリを取って描きます。船首をとがらせて船尾をカーブさせるとヨットらしさを出すことができます。

サイズ 32×32

パレット［16色］

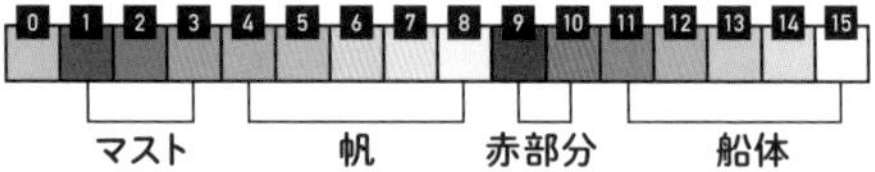

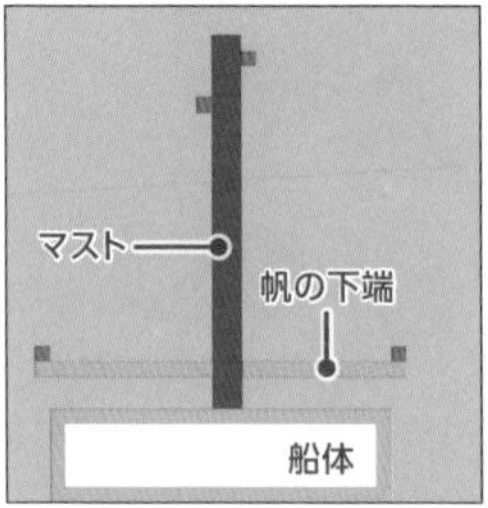

STEP 1

まずマストの位置を決めて青（色1）で縦に2ドット幅の直線を引きます。次に淡いオレンジ（色5）で帆（セイル）の下端に水平の線を引き、帆を張る位置に明るい赤（色10）で印をつけておきます。色5の長方形で船体のアタリを取り、その内側を白（色15）で塗りつぶしておきます。

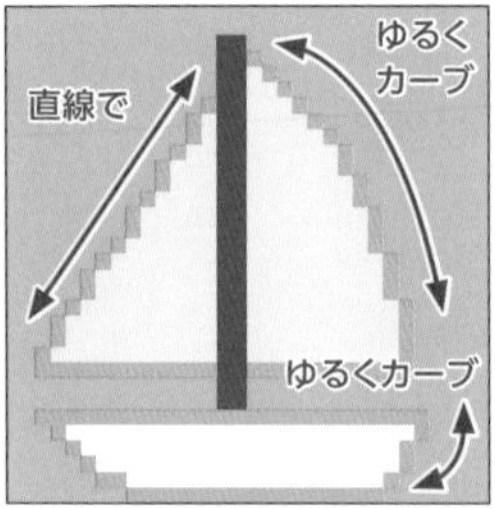

STEP 2

ジブ（前方の帆）の上端と下端の印は淡いオレンジ（色5）の直線でつなげ、メインセイルの方はゆるくカーブさせて丸みをつけます。帆の内側は淡い黄色（色8）で塗りつぶします。船体は、船首側をとがらせ、船尾側をなだらかにカーブさせます。

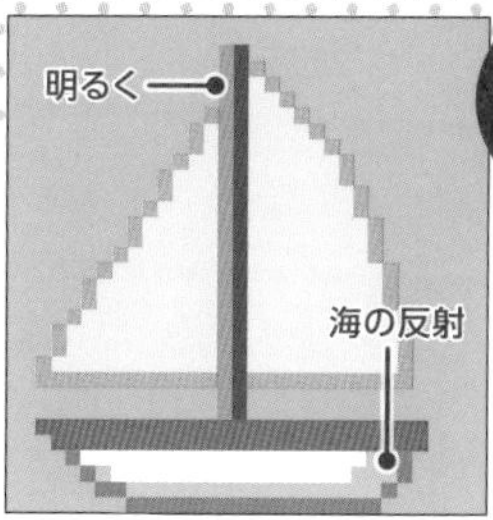

STEP 3

左側（船首側）からの光源を想定しているので、マストも光の当たる左側を明るい青（色3）に塗ります。船体と帆の印象に差をつけたいので、船体の輪郭線を青（色11）に塗り、海の色の反射を意識して船底を水色（色13）で塗ります。船体の上部は明るい赤（色10）にしてアクセントをつけました。

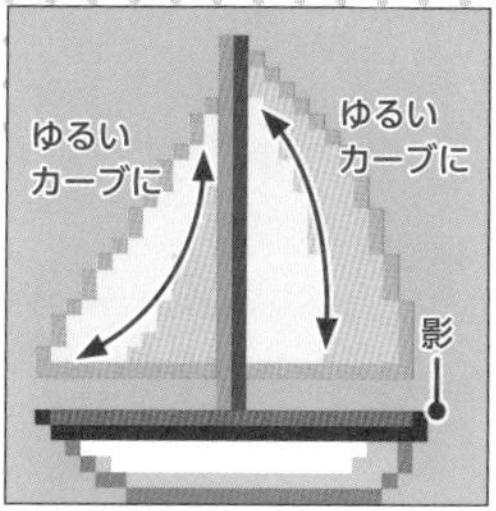

STEP 4

左右の帆に大まかに淡いオレンジ（色6）で影をつけます。風をはらんで少しふくらんだ状態をイメージし、影にもゆるいカーブをつけています。船体の上部に濃い赤（色9）で影を入れます。

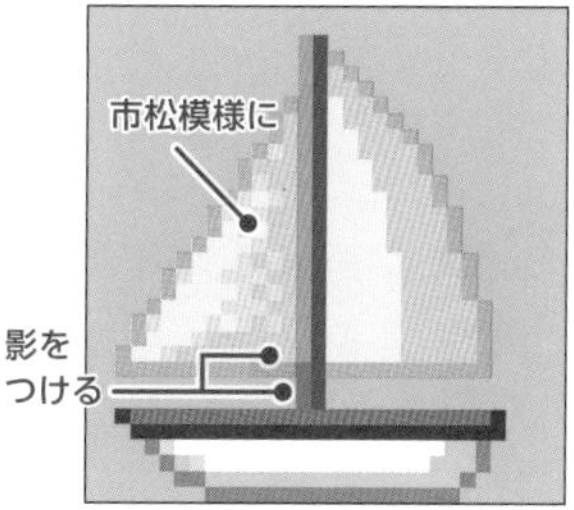

STEP 5

帆の基本色と影をなじませていきます。まず左の帆から、色の境目に色7のドットを市松模様状に置いてグラデーションに見えるようにします。帆は幅の広い布なので、はっきりと境界がわかるような影ではなく、ゆるやかな色の変化にしています。マスト下部に色2で、左の帆の下辺右側に色4で影をつけます。

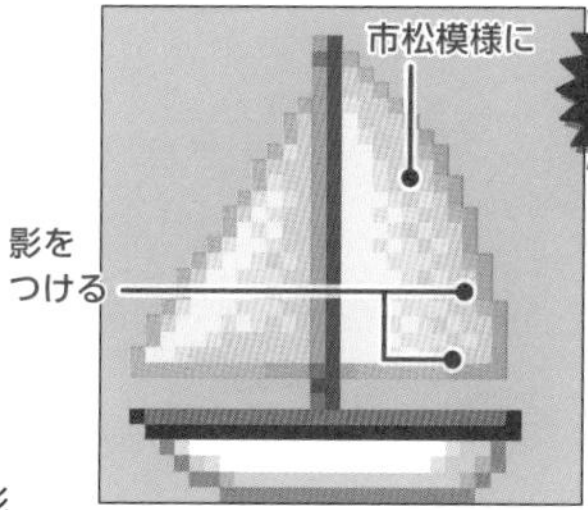

STEP 6

右も市松模様でグラデーションをつけます。粒状の質感のものや、広い面積を少ない色数でなじませたい場合は、このような色の置き方が便利です。さらに船体の白と影色を淡い水色（色14）でなじませます。右の帆の右辺と下辺の一部に色4で影をつけます。マストの上下に1ドット濃い色（色1、2）を置き、凹凸をつければ完成です。

049 バス

難易度 ☆☆☆★★

ファイル Lesson4 ⇒ 049

生活に欠かせない移動手段のひとつであるバスは、四角形を組み合わせて描きます。乗降口のドアや屋根の換気装置、配色など特徴をとらえながら描いてみます。

サイズ 32×32

パレット[16色]

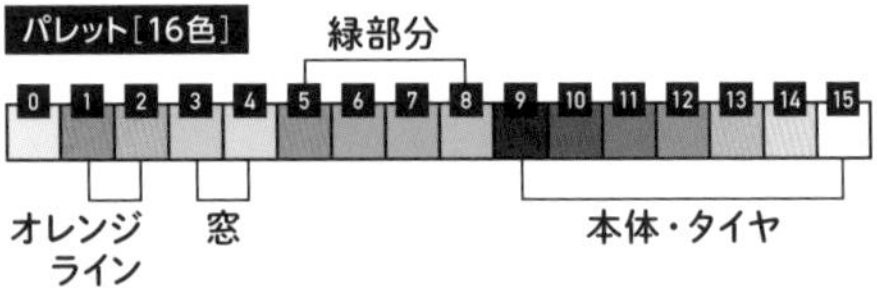

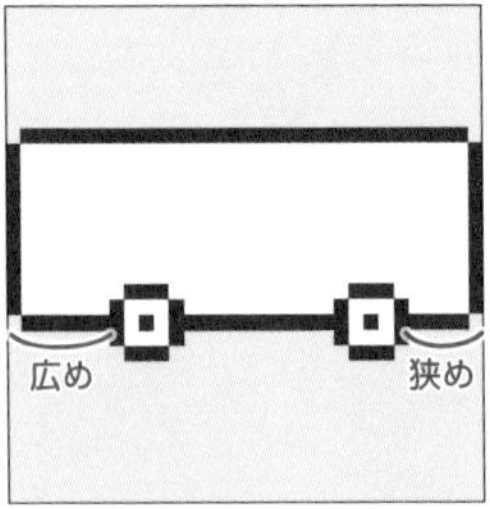

STEP 1

□ツールで黒（色9）の横長の長方形を描いて白（色15）で塗りつぶし、四隅を1ドット削ってやや丸みをつけます。同様に角を削った四角を描き、中心に1ドット打ってタイヤとします。タイヤは、前方から広めの位置にひとつ描いたら、コピー&ペーストで後方から狭めの位置に配置します。

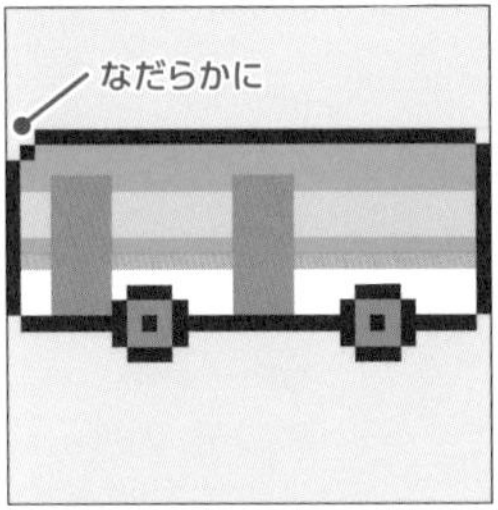

STEP 2

左上の隅をさらに少し削って斜めの線にし、なだらかにします。グレー（色12）で乗降口のドアを描き、タイヤも塗りつぶします。車体の模様を緑（色7）とオレンジ（色2）で塗り、窓の位置に水色（色4）を置いて、ざっくりと色分けしておきます。

STEP 3 ドアにやや縦長の白い長方形を描いて窓をつけます。次に水色部分を緑色の線で分割し、座席の窓にします。さらにいちばん前方に1ドット幅でフロントガラスを描きます。フロントガラスは座席の窓より上に1ドット長く描きます。

STEP 4 バスの屋根上には通常、換気装置がついているので、その部分を盛り上げます。緑部分に少し濃い色（色6）で影をつけます。車体の白い部分にも薄いグレー（色14）で影をつけます。さらにドアと窓の周囲に濃いグレー（色10）を入れ、タイヤに明るいグレー（色13）でハイライトを入れます。

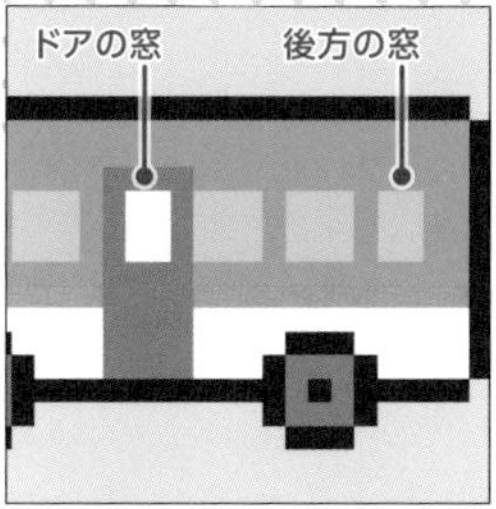

POINT ドアの窓も座席の窓も同じ水色でもいいのですが、存在感を少し上げるため、ほかと違う白にしています。座席の最後列の窓は幅を少し狭くします。窓の大きさに差をつけることで、バスの前と後ろが認識しやすくなります。

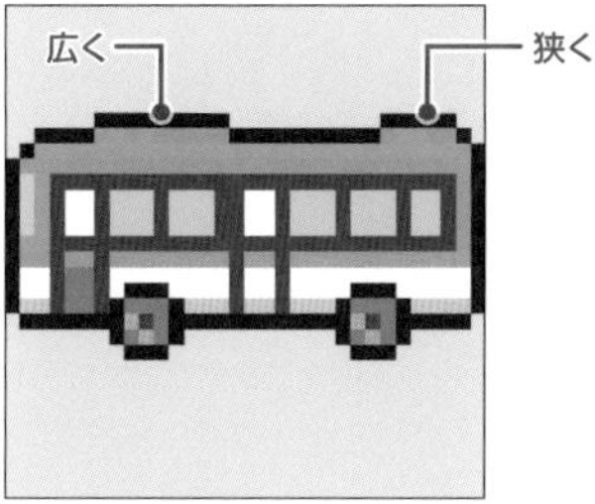

POINT 屋根上の換気装置は屋外の空気を取り入れる前方が広く、排出する後方は狭めに描きます。

STEP 5

緑部分はさらに濃い影（色5）を入れて輪郭線の黒となじませます。前方の換気装置は、濃い色と明るい色を1ドット単位で交互に置いて凹凸を表現します。オレンジのラインにも濃い色（色1）で影を入れ、窓にも影をつけます。フロントガラスは濃い水色（色3）で緑となじませました。タイヤも影を入れてより丸くします。

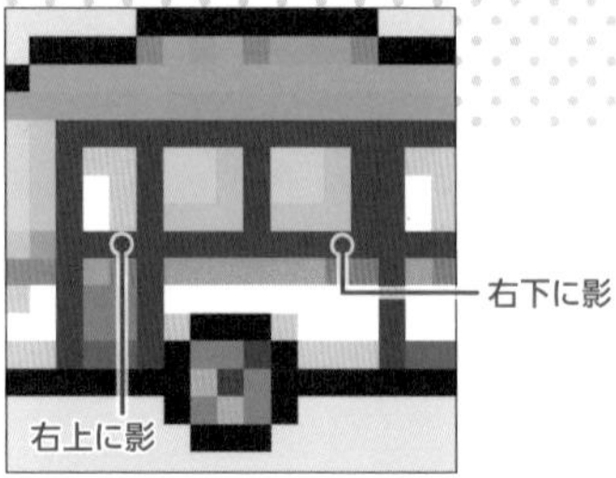

POINT 水色の窓は濃い水色（色3）で右下に、ドアは薄いグレー（色14）で右上に影を入れ、座席とドアの窓の違いを強調しています。前方後方のドアの下にも色11で影をつけておきます。

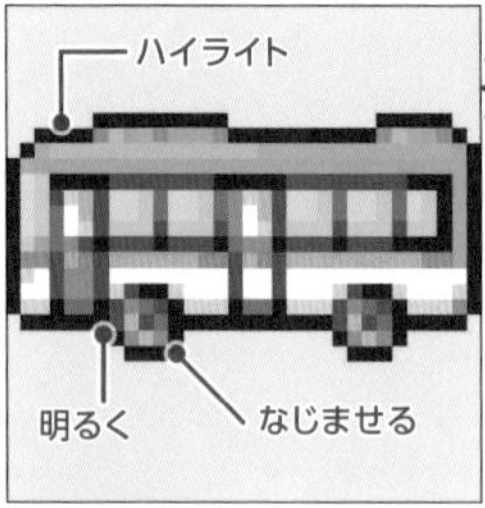

完成！

STEP 6

緑の屋根部分に明るい緑（色8）でハイライトを入れます。ドアと窓の輪郭線に黒からグレーのグラデーション（色9～12）を打ち込んで明暗をつけます。タイヤの左上の輪郭線を明るい色（色10）に変更し、その内側をなじませます。

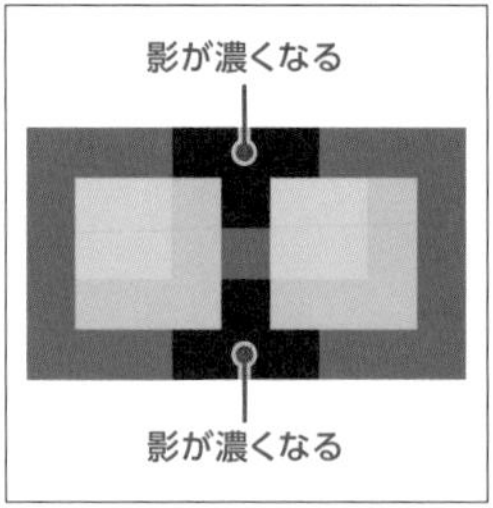

POINT

モノとモノが隣り合っているとき、図のようにその交差部分の影が濃くなります。そのためドアと窓の輪郭線は、線が交差している部分を暗く、それ以外は明るくしています。ただ、それをすべてに適用するとしつこくなるので、ところどころ適用するにとどめました。ドアの方は特に強調したいので、その上部の線は暗くしています。

050 パトカー

難易度

ファイル Lesson4 ⇒ 050

白と黒に塗り分けられた車体と赤いランプが特徴的なパトカー。段差や奥行きなどの細かい特徴まで配慮しながら描いていきます。

サイズ 32×32

パレット[16色]

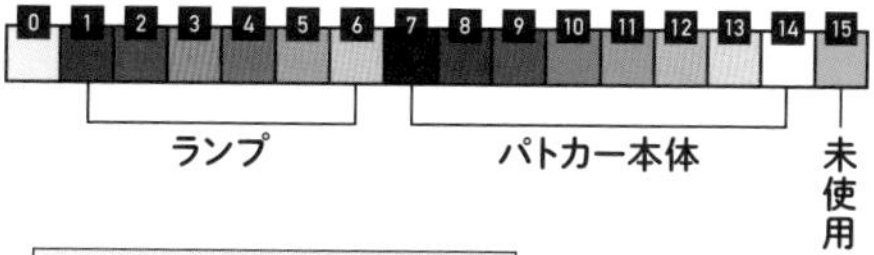

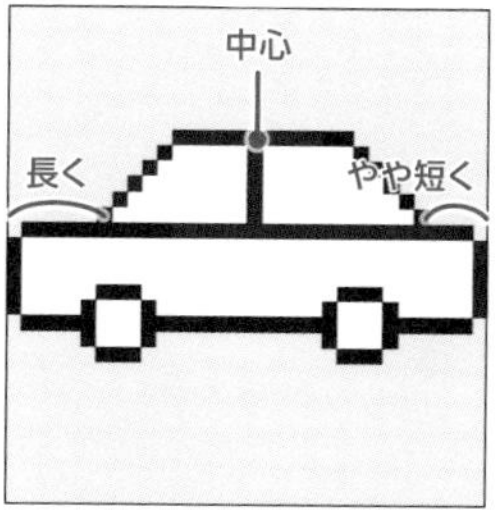

STEP 1

黒(色7)の線で角を削った横長の長方形を、その上に台形を描きます。下には角を削った正方形を前後にふたつ配置してタイヤのアタリとし、すべての内側を白で塗りつぶします。台形は車体の前方を長めにとって配置し、中央に窓の目安となる縦線を引いておきます。

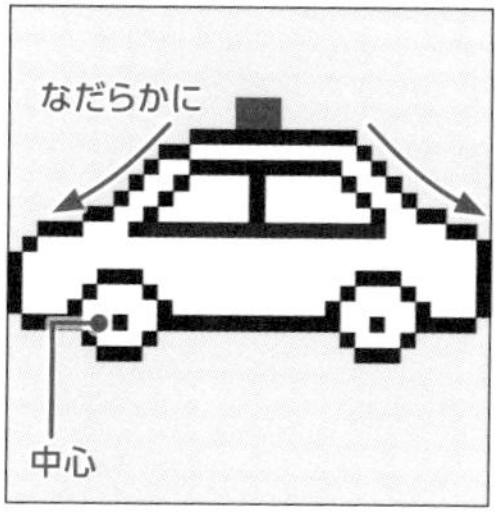

STEP 2

台形と長方形の境界線を白で塗って一体化し、前方と後方の斜線をなだらかに整えます。台形の上に赤(色2)で四角を描きパトランプに。タイヤの横幅を2ドット、縦幅を1ドット増やして丸みをつけ、中心に1ドット打ちます。上下の幅を同じにすると全体が太くなりすぎるので、上下で幅を変えています。

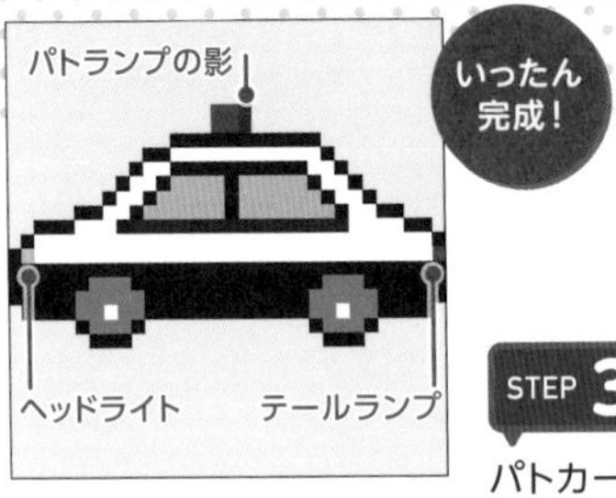

STEP 3 パトカーといえば白黒！　ボディの下部を黒で塗ります。窓を薄いグレー（色12）で、タイヤを少し濃いグレー（色10）で塗りつぶします。前方のとがった部分に黄色（色6）でヘッドライトを、後方に赤（色2）でテールランプを描きます。パトランプには濃い赤（色1）で影をつけます。

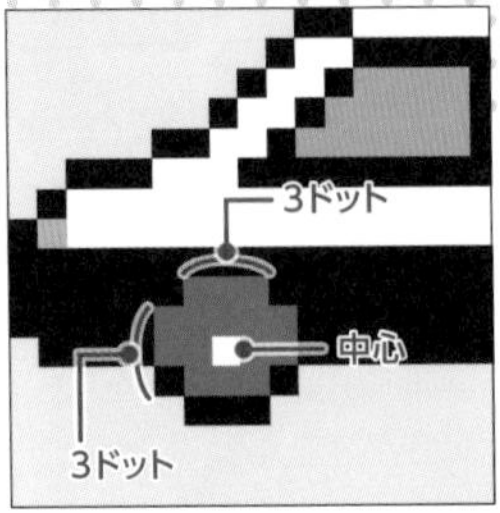

POINT 車体の下を黒く塗りつぶすとタイヤの上側の輪郭線が見えなくなります。**STEP2** でタイヤの幅を増やす際に縦と横とで差をつけたのは、上の輪郭線が消えた際にタイヤが丸く見えるようにするため。なお、タイヤに色をつけたあと、中心点は白に塗り替えておきます。

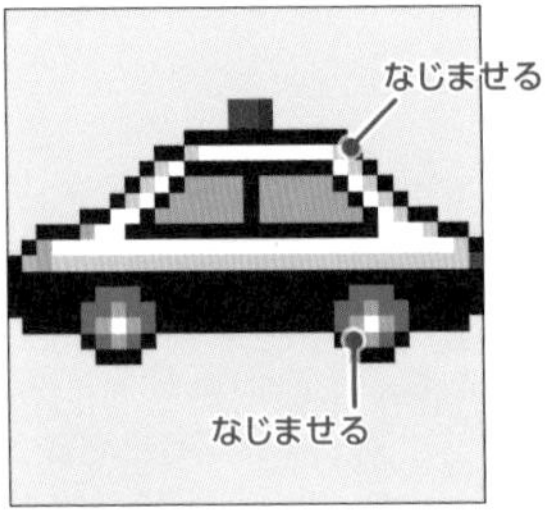

STEP 4 車体の輪郭線と白を中間色（色12、13）でなじませます。タイヤの中心と基本色のグレーを中間色（色12）でなじませます。

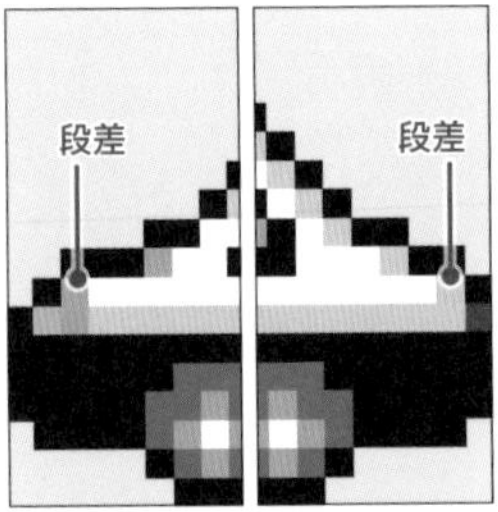

POINT ヘッドライトとテールランプの隣に1ドット明るいグレー（色12、13）を置いて、ボディとランプの境界を強調し、段差があることを表現しています。

STEP 5

車体の白黒の境界部分に、上から下に向けて暗くなるようグレー(色13、9、8)でグラデーションをつけます。前方のドアに黄色(色5)の四角を入れ、エンブレムとします。タイヤの輪郭線と基本色をグレー(色9)でなじませます。窓に影をつけ、パトランプに明るい赤(色3)でハイライトを入れます。

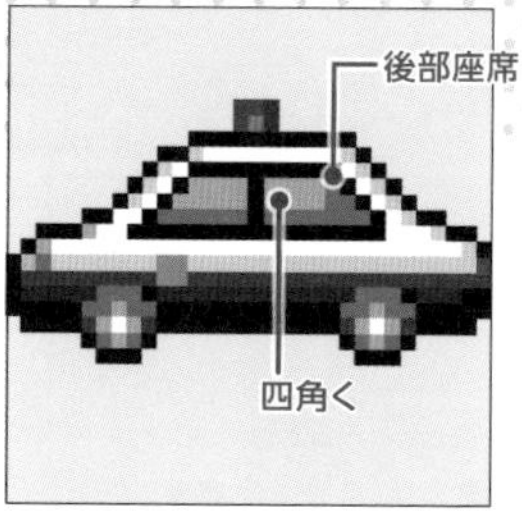

POINT 窓の影は濃いグレー(色10)で描きます。後ろの窓影を四角くすることで、後部座席の存在が認識しやすくなり、奥行きも出せます。

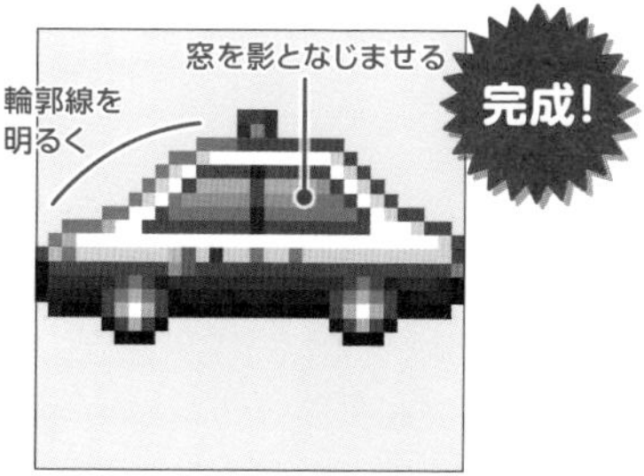

STEP 6

車体上部の輪郭線を色9、10で明るくします。エンブレムに色6でハイライト、色4で影を入れ、その右横にドットを3つ置きます。窓を色11で影とタイヤは色9で輪郭線となじませ、テールランプに色3でハイライトを入れます。窓枠も色9でやや明るい質感にします。

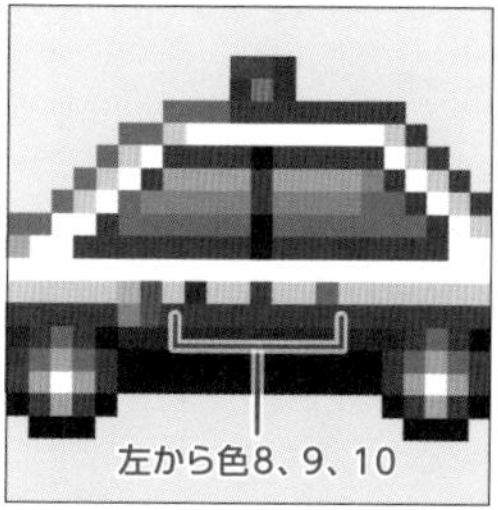

POINT エンブレム横の3つのドットは「警視庁」の文字をイメージしています。「警」の字の密度が高いため、いちばん濃い色(色8)にし、次に色9、10とつなぎます。密度を明暗で表しています。

051 丸太

難易度 ☆☆☆★★

ファイル Lesson4 ⇒ 051

まっすぐに立った丸太は
円柱がベースになります。
シンプルな形の中に、
年輪や木の質感を出していきます。

サイズ 32×32

パレット［16色］

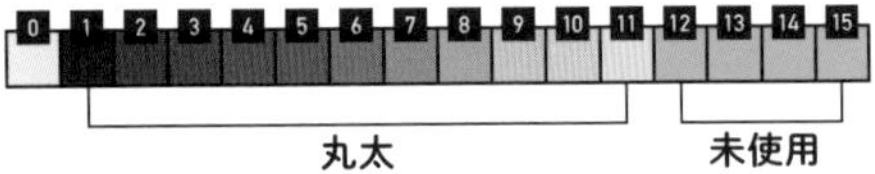

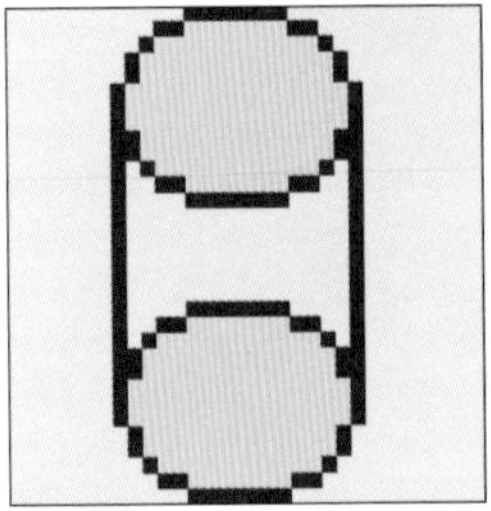

STEP 1

丸太のベースとなる円柱を描きます。まず○ツールで茶色（色1）の楕円を描き、内側を薄い茶色（色11）で塗りつぶします。それをコピー&ペーストで垂直方向に配置したら、ふたつの楕円を縦の直線で結んで円柱にします。

STEP 2

円柱の側面を茶色（色4）で塗りつぶし、上面に輪郭よりひと回り小さな円を淡い茶色（色8）で描きます。これが年輪になります。

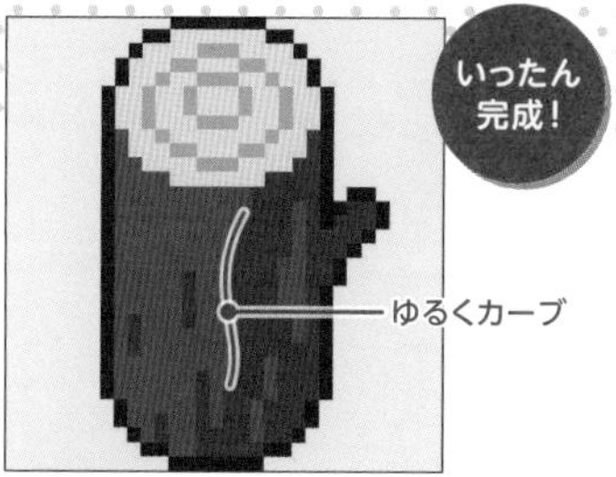

STEP 3 円柱の上面にもうひとつ小さな年輪を描きます。丸太の右側に小枝をつけ加え、見た目のかわいさをプラス。さらに側面に少し濃茶色（色2）で縦方向に影を入れ、樹皮の質感を表現します。大きな影は丸太の形状に合わせてゆるくカーブさせて有機的にします。

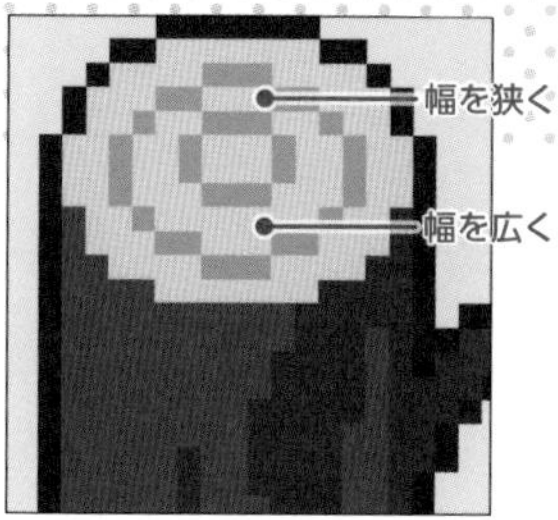

POINT 年輪の幅はさまざまな要因で均等にならない場合があるため、ここでは上寄りに描いています。少しだけリアルを混ぜて描くことで、より自然な仕上がりになります。

STEP 4 丸太の上面と隣り合った色を中間色（色5～10）でなじませます。また側面の基本色と影も中間色の茶色（色3）でなじませます。

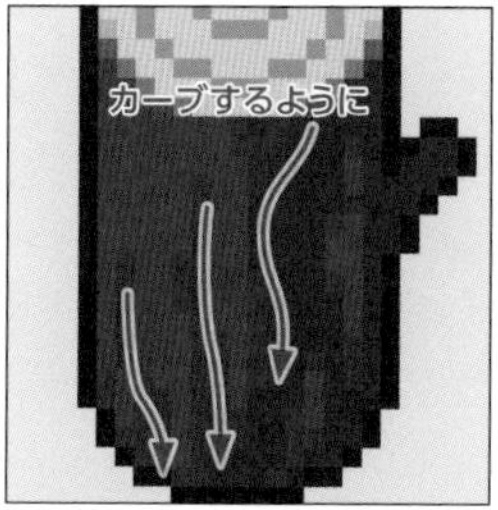

POINT 側面の影は直線ばかりになると単調になりがちなので、一部だけでもゆるい弧を描いて見えるようになじませています。

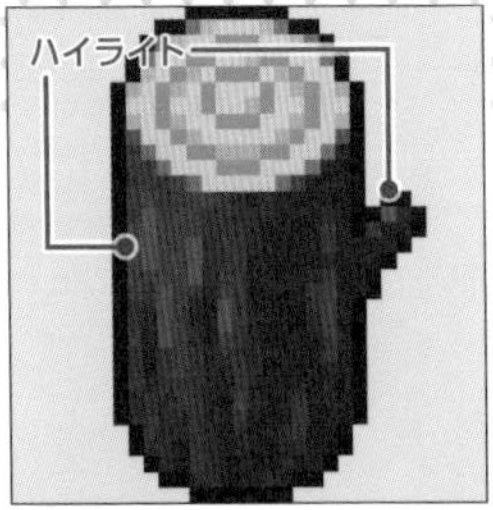

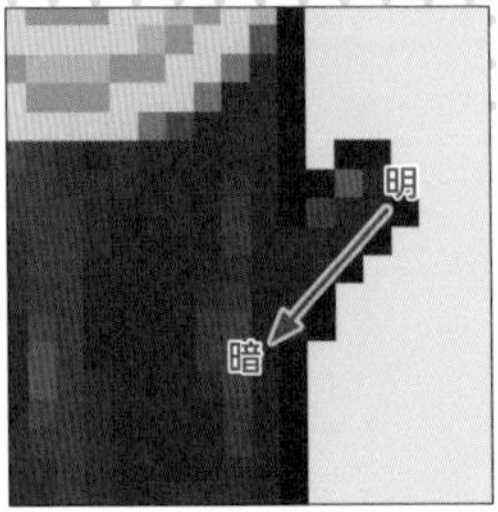

STEP 5 年輪の内側を薄い茶色（色9）で基本色となじませます。丸太の側面にハイライトを入れます。木はしっとりとした質感なので、淡い色（色5、6）で入れています。右の小枝にもハイライトを入れます。

POINT 右の小枝は2色（色4と色6）でグラデーションになるようハイライトを入れています。枝の先を明るく、幹の方向は暗くしています。

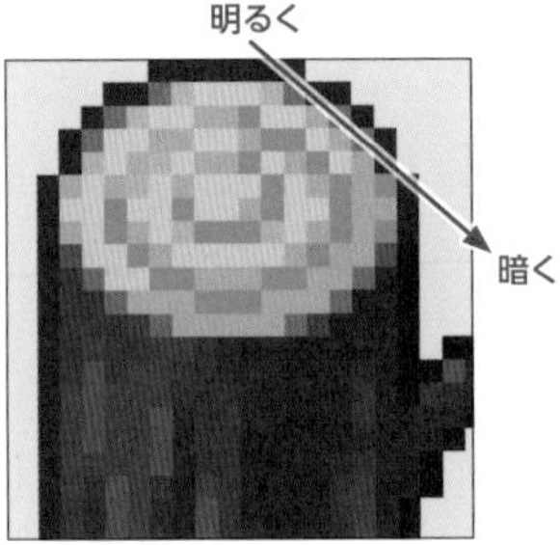

STEP 6 輪郭線の左上を少し明るい色（色2）に塗り替えます。木の存在感を残すため、あまり色の差はつけず、うっすら明るくする程度にとどめておきます。上面も年輪の線を含めて左上を明るくし、右下の方は淡い影をつけて完成です！

POINT 上面は左上の年輪の線を明るい色（色9）に、右下の基本色を同色で塗り、左上から右下にかけてうっすら暗くなるようにしています。淡い影ですが立体感が出ます。

052 岩

難易度

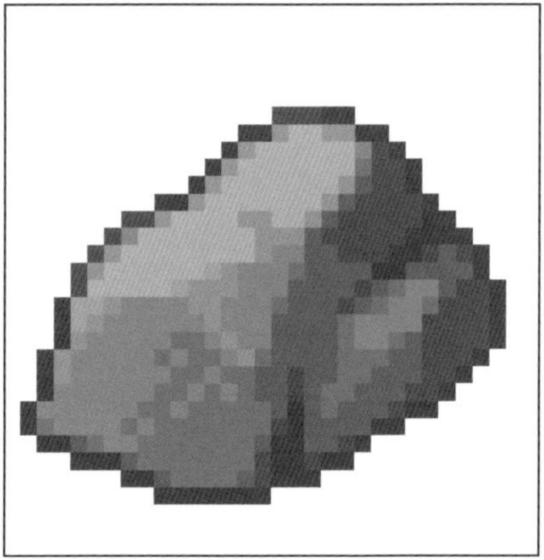

ファイル Lesson4 ⇒ 052

ひと口に岩といってもいろいろですが
誰もが一目で認識できる“岩”を描きます。
面ごとに色を変えて明暗を表しつつ
岩らしい硬い質感を出していきます。

サイズ 32×32

パレット［16色］

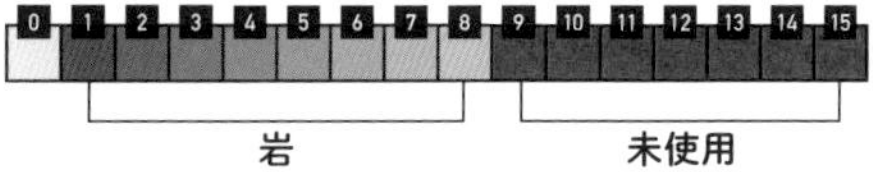

STEP 1

岩は、重くてゴツゴツしているのが特徴です。底の面積を広く描くことで重そうな印象になり、直線でつながった形にすることでゴツゴツした感じになります。一般的な色のイメージは灰色。それらを踏まえ、鉛筆ツールで大まかに濃いグレー（色1）の輪郭線を描き、少し薄い色（色3）で内側を塗りつぶします。

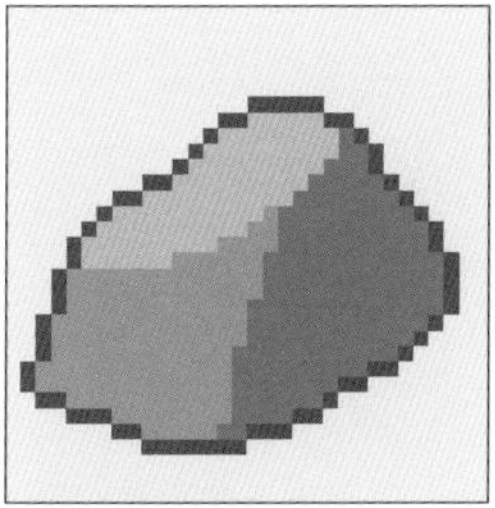

STEP 2

ゴツゴツ=直線でつながった形=直線で構成された面で分割されているということ。そこで左上からの光源を想定して、ざっくりと3面に分け、それぞれ明度の異なるグレーで色を塗ります。ここでは、光のあたった上面を薄いグレー（色8）、手前の面をそれより少し濃いグレー（色5）、影になっている面を濃いグレー（色3）で塗っています。

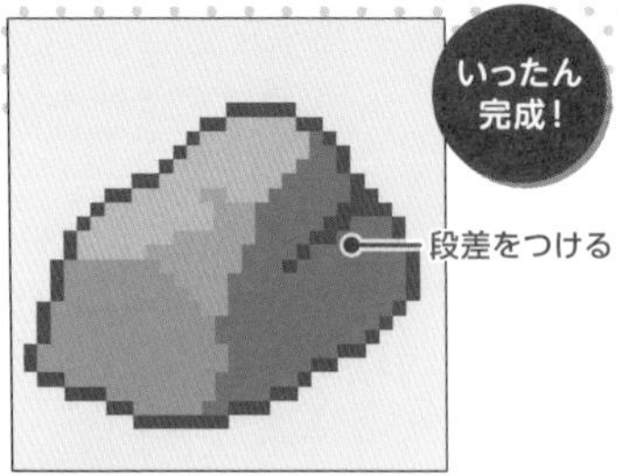

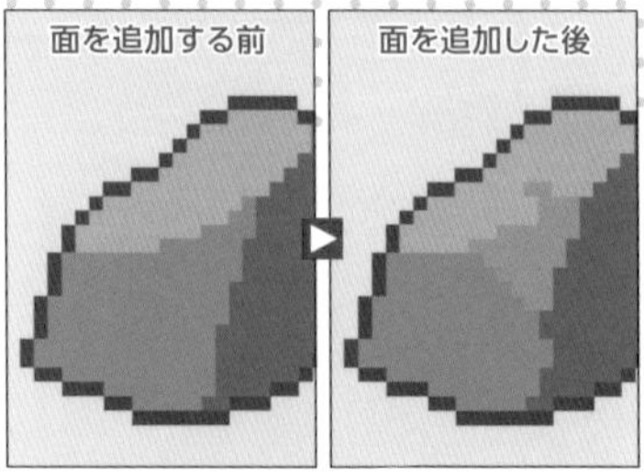

STEP 3 上面と手前の面がゆるくつながっていて柔らかく感じるので、岩の中央付近に淡いグレー（色6）で面をひとつ追加して角ばっている場所を増やしました。また、右奥に濃いグレー（色1）で直線の段差をつけておきました。

POINT 面を追加する前と、追加した後を比較すると、よりゴツゴツした感じになっていることがわかります。追加した面は、とがった角が欠けた状態をイメージして描いています。

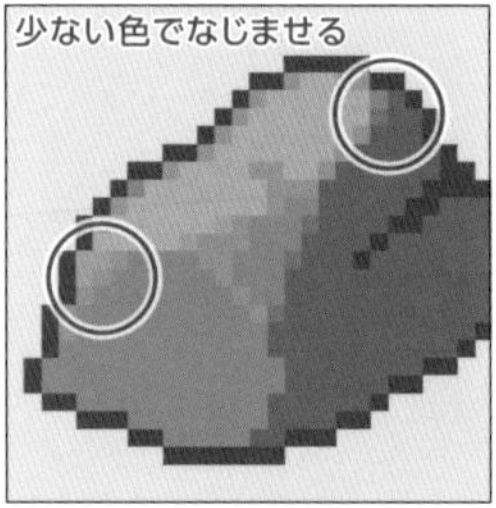

STEP 4 岩の上面と輪郭線を中間色（色5、6）でなじませます。また、上面と手前の面の境界を薄いグレー（色6、7）で、上面と STEP3 で追加した面も同じ色でなじませます。さらに右の影になった面との境界を少し濃いグレー（色4、5）でなじませます。

POINT 面と面の境界は、できるだけ少ない色でなじませます。ここでは各面の境界を1～2色でなじませています。なじませる色数が多いとグラデーションが滑らかになりますが、そのぶん柔らかい印象になり、色数が少ないと硬い質感を出せます。

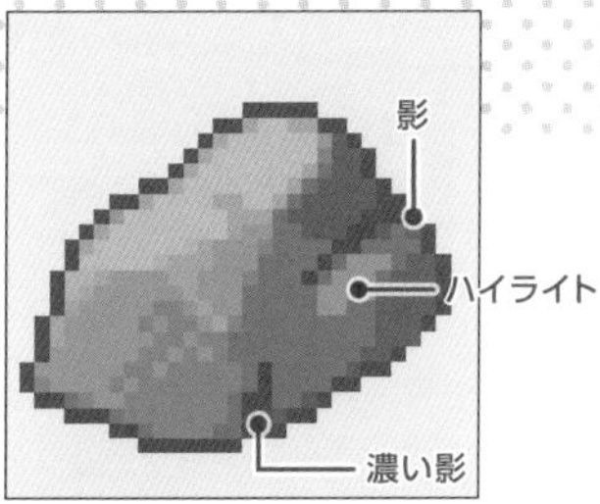

STEP 5 右側の面は奥に色2で影をつけ、段差部分に色5でハイライトを加えます。手前の面の右下に色4で淡い影をつけ、その右に色1で濃い影をつけて部分的に欠けた感じに。下部の輪郭線と隣り合う色を、右側の面は色2で、手前の面は色3、4でなじませます。

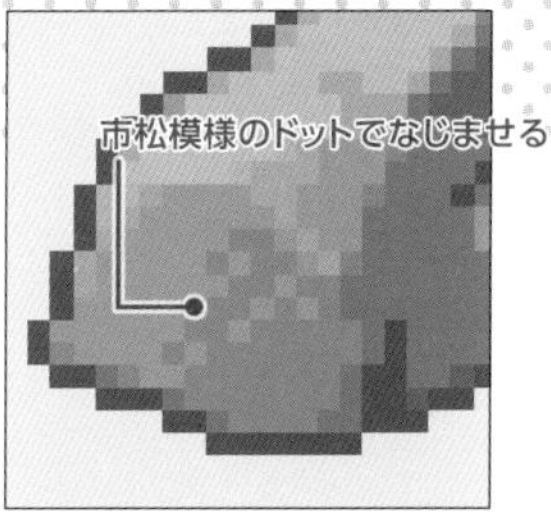

POINT 手前の面の右下に入れた影は、明るい部分との境界を市松模様のドットでつないでいます。少ない色数でなじませる際は、このように市松模様にします。

STEP 6 光のあたりそうな部分の輪郭線を少しだけ明るい色(色2)に塗り替えます。右側の面の濃い影を隣り合った色となじませます。さらに右側の面のハイライトを次にご紹介するPOINTのように調整すれば完成!

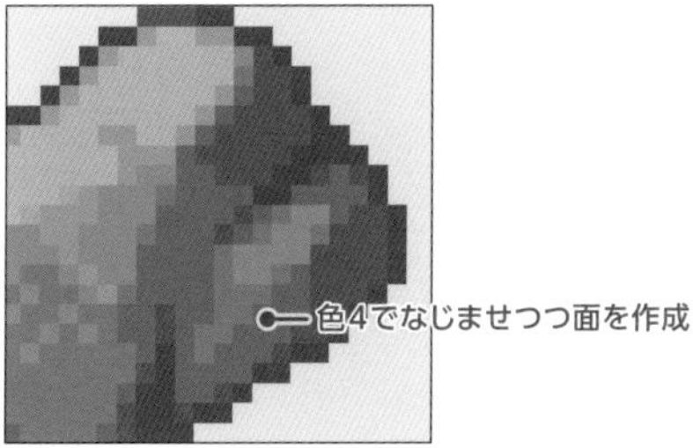

POINT 右の面のハイライト部分は、グレー(色4)で隣り合った色となじませつつ、新たに面を作成しています。これによって、岩が数られたり、何かに当たってえぐれた形跡をイメージさせることができます。

053 太陽と雲

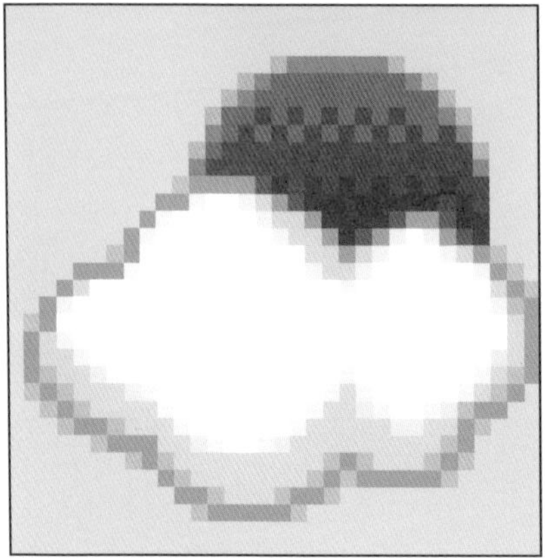

難易度 ☆☆☆★★

ファイル Lesson4 ⇒ 053

お天気マークのような太陽と雲を描きます。
太陽は赤い正円にグラデーションをつけ、
雲は大小の円の集まりととらえて
モコモコした形に描いていきます。

サイズ 32×32

パレット［16色］

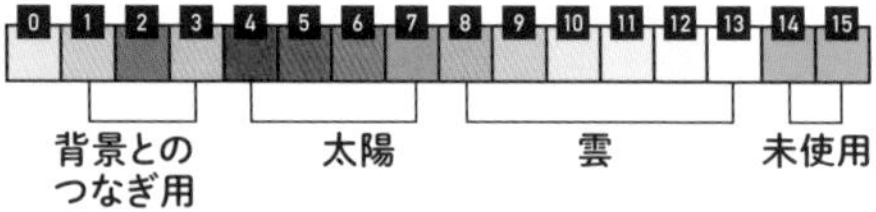

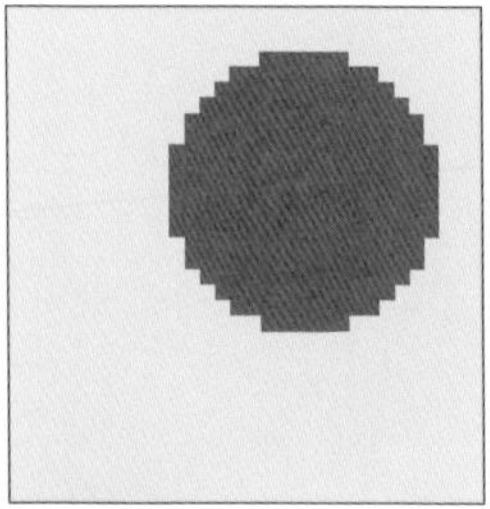

STEP 1 まずは、太陽から。●ツールを選んでオプションバーの［横幅=縦幅］にチェックを入れ、赤（色5）の正円を描きます。これだけでもう太陽が完成！

STEP 2 太陽の前面に雲を描きます。○ツールで青みがかったグレー（色8）の複数の円を重なるように描き、輪郭を残して白（色13）で塗りつぶします。大きい円や小さい円を混ぜながら、ランダムな形にすると単調になりません。太陽と同じレイヤだと描き直しが難しいので、レイヤを1枚追加して雲を描き、あとで統合するとやりやすいです。

STEP 3 オレンジ（色6）で太陽の上側を明るく塗ります。さらに薄いブルーグレー（色10）で雲に影をつけます。球に影をつけるので丸い形の影になります。シンプルな太陽と雲は、これで完成！

POINT 太陽の赤とオレンジの境界は、市松模様のようにドットを置いて擬似的なグラデーションにします。ヨットの帆（P173参照）と同じ方法ですね！

STEP 4 雲の基本色の白と影色を中間色（色11、12）でなじませます。同様に輪郭線と基本色もなじませておきます。

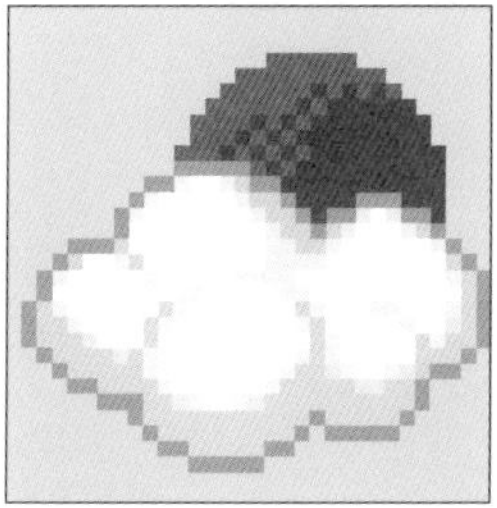

POINT 影のつけ方を変えたり色数を増やすと、よりリアル目の表現にできます。図の場合は、太陽は左から市松模様に打ち、雲は立体感が際立つように影をつけてリアルさを強めたバージョンです。

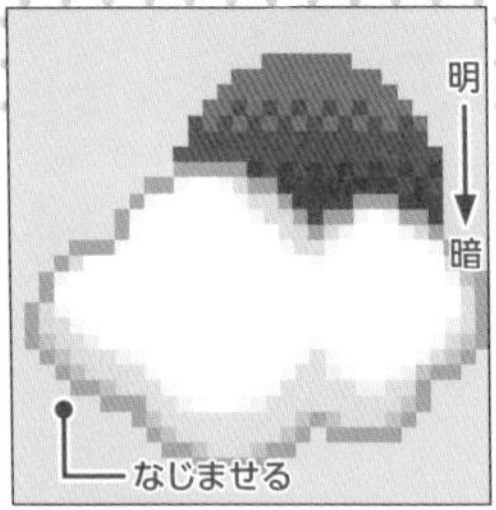

STEP 5 雲の影色と輪郭線を中間色（色9）でなじませます。濃い赤（色4）で太陽の下側を塗って、さらに明暗をつけます。背景とモチーフの境界をなじませない場合は、これで完成です！

一口メモ

お天気マークは基本的な図形の組み合わせでできていることが多いです。太陽は円、雲や雪だるまは円の集合、雨は直線という具合です。描きやすいので試してみましょう。

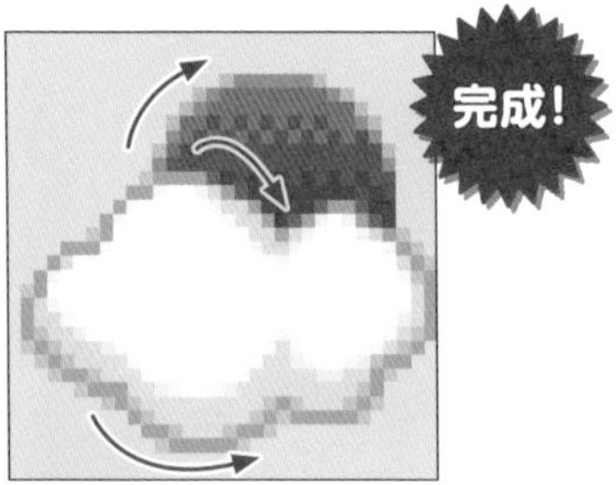

STEP 6 背景とモチーフをなじませていきます。太陽は輪郭の一部を明るいオレンジ（色7）にし、その周囲に背景との中間色（色3）を置いてなじませます。雲も背景と中間色（色1）でなじませます。太陽と雲の境界を茶色（色2）でなじませると角が目立たずきれいに仕上がります。

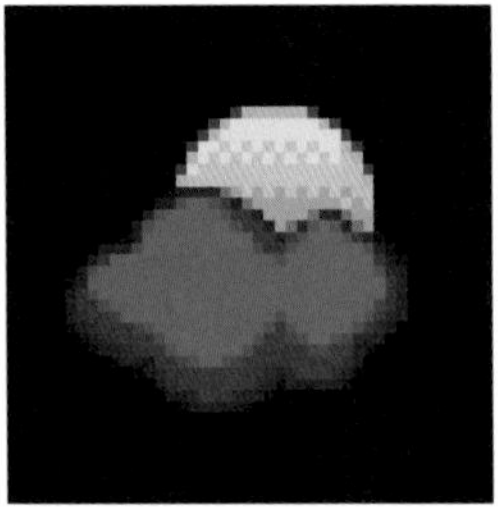

POINT カラーパレットの色を変えるだけで、絵柄の色も自動的に変更することができます。ここでは、背景を黒にして夜空を、太陽は黄色で満月を、雲は濃いグレーで夜の雲を表現してみました。

054 草原1／草原2

難易度 ★★★★★

ファイル Lesson4 ⇒ 054

背景素材として使い勝手のよい“草原”は、緑の上に草を描いていくだけでOK。コピー&ペーストして並べたときに継ぎ目が出ないように目を凝らしましょう。

サイズ 32×32

パレット［16色］

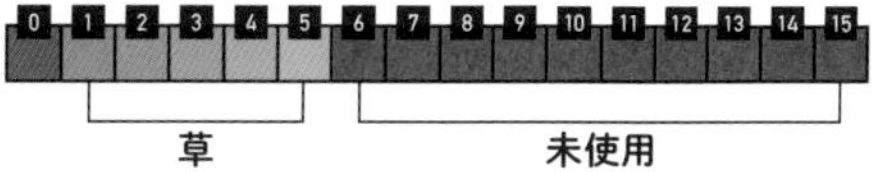

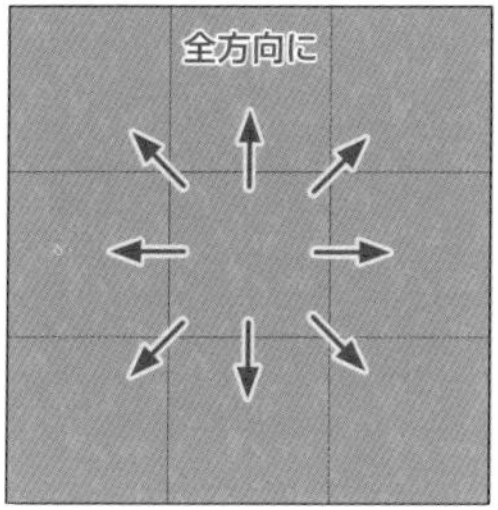

STEP 1 「草原1」を描きます。96×96の新規ファイルを作成し、32×32を緑（色3）で塗りつぶします。グリッドを32×32に設定しておくと描きやすいです（P014参照）。そのなかに淡い緑（色4）で草を生やします。このパーツを全方向にコピー&ペーストして並べます。

POINT 草はゆるくカーブした斜め線やV字を描く感覚でランダムに生やします。継ぎ目のないパターンになるよう、端の草のいくつかを隣と2〜3ドットほどつなげます。

STEP 2

さらに草を増やします。まず草原のパーツに草を描き足したら、**STEP1** と同様にコピー&ペーストして並べていきます。密度の高いところやスカスカなところがあっても、この段階ではあまり気にしなくてOK。それよりもできるだけランダムに見えるよう描くことが大切です。

POINT 32×32のパーツを拡大したところ。ここでは描き足すたびにコピー&ペーストして全方向に並べていますが、それは全体のバランスを見ながら調整するためです。

STEP 3 淡い黄緑（色5）でハイライトを加えて、より草っぽくします。淡い色で特徴のあるタッチをつければ、なんとなくそれっぽく見えてしまうもの。ここでもまずひとつのパーツを描いたあと、コピー&ペーストして並べています。これで1種類目の草原は完成！

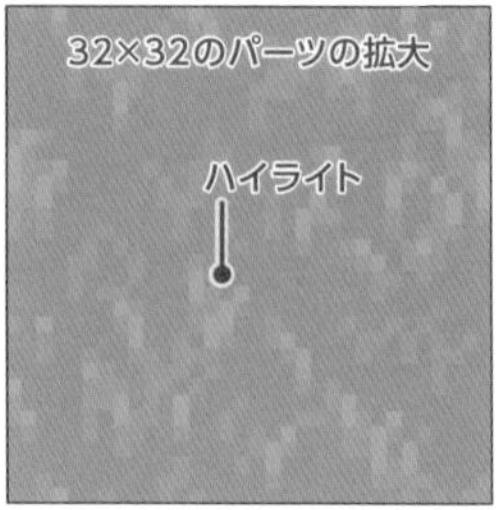

POINT 32×32のパーツを拡大したところ。ハイライトの形は、**STEP1** と同様にゆるくカーブした斜め線や縦の直線、1ドットなどをランダムに置いています。あまりハイライトを入れすぎると草ぼうぼうになってしまうので、適度に隙間を作っています。

STEP 4 ここからは「草原2」を描きます。**STEP1** と同様に32×32サイズを緑で塗りつぶしたら、濃い緑（色1）で縦に2ドットの線を引き、コピー&ペーストでランダムに配置します。パーツができたら、全方向にコピー&ペーストして並べます。

POINT ここでは縦2ドットの直線を引いていますが、1ドット置くだけでもOK。このようなごくシンプルなパターンでも草原に見えてしまうので、ドット絵は奥が深い……と思います。

STEP 5 **STEP4** で描いた草を、少し明るい緑（色2）でランダムになじませます。ここでもまずひとつのパーツを描いたあと、コピー&ペーストして並べています。これで2種類目の草原も完成！

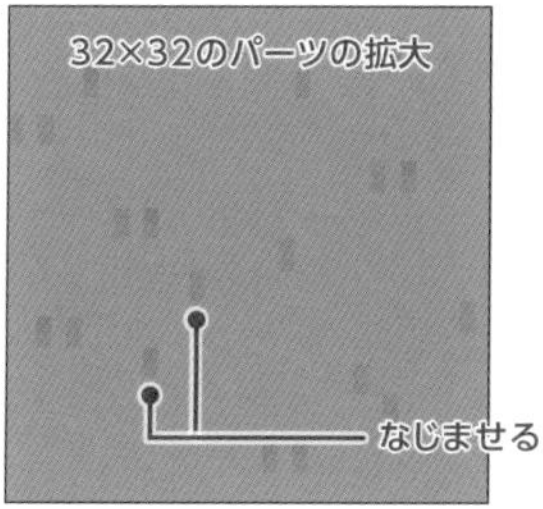

POINT 32×32のパーツを拡大したところ。2ドットの直線の一部、または全部を明るい色に変更してなじませています。

055 帽子のっけ雪だるま

難易度 ★★★☆☆

ファイル Lesson4 ⇒ 055

冬の風物詩の雪だるまは
ふたつの円をベースに描きます。
カーブした淡い影をあしらって
丸みと柔らかさを出しましょう。

サイズ 32×32

パレット［16色］

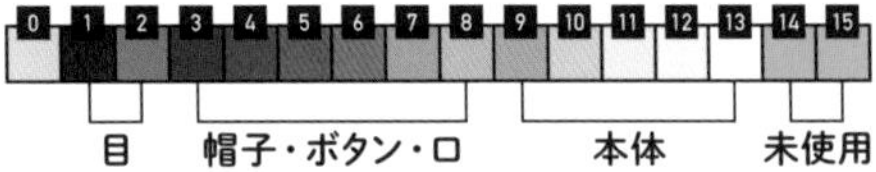

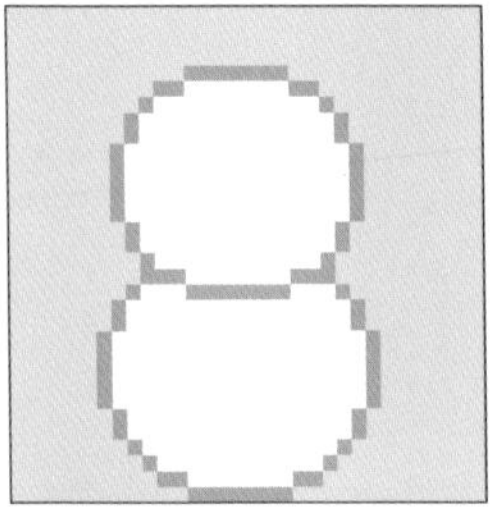

STEP 1 まずは●ツールで、ふたつの白色（色13）の円を上下に少し重ねて描きます。上の円は描いたあとで縦にややつぶれた形に整え、下の円は上より大きめにします。次に、青みがかったグレー（色9）で輪郭線をつけます。

STEP 2 雪だるまの顔を描きます。目は濃い茶色（色1）で大きく、口はオレンジ（色7）でにっこりした表情にします。左に光源があると想定して、体の右側に淡いグレー（色11）で影をつけます。影は、球体に沿うようにカーブをつけて描きます。

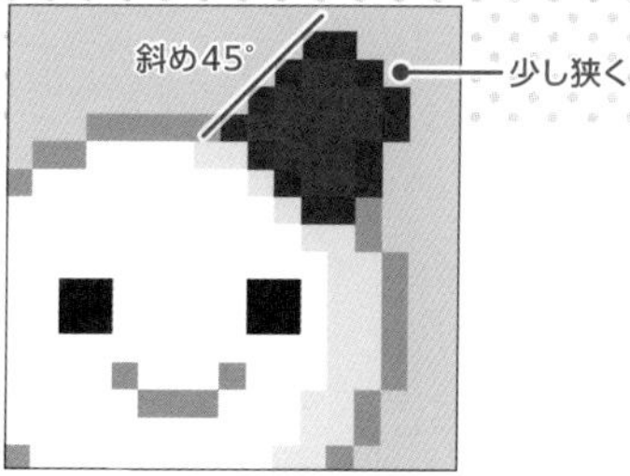

STEP 3 頭にバケツを乗せます。濃い赤（色3）で輪郭線を描き、その内側を赤（色4）で塗りつぶします。お腹にオレンジ（色6）で四角を3つ等間隔に描いてボタンとします。

POINT 頭のバケツは、斜め45°に線を引いて、それを基準に菱形を描いたあと、帽子の先端（バケツの底）が少し狭くなるように形を整えると描きやすいです。

STEP 4 体の基本色の白と影色を中間色（色12）でなじませます。体の左側の輪郭線と基本色も薄いグレー（色10～12）でなじませます。

POINT 鼻をつけたり、首幅を狭くしてバランスを変えると、また違った印象になります。表現したいイメージに合わせてお好きな雪だるまを描いてみましょう。

STEP 5 体の右側の輪郭線と影色を中間色(色10)でなじませます。帽子に明るい赤(色6)でハイライトを入れます。ボタンにも明るいオレンジ(色7)で左上にハイライトを入れます。

POINT 帽子は、ハイライトの下の輪郭線だけ明るい赤(色4)に塗り替えて、帽子の頂点を明るくします。帽子の丸みがアップ!

STEP 6 頭と体が重なっている部分の輪郭線を明るい色(色10〜12)に変更して、融合している感じを出します。口の左端をオレンジ(色8)で明るくし、目の右下も茶色(色2)で明るくします。ボタンは右上と左下を濃い赤(色4)にします。帽子はハイライトと基本色を中間色(色5)でなじませて完成!

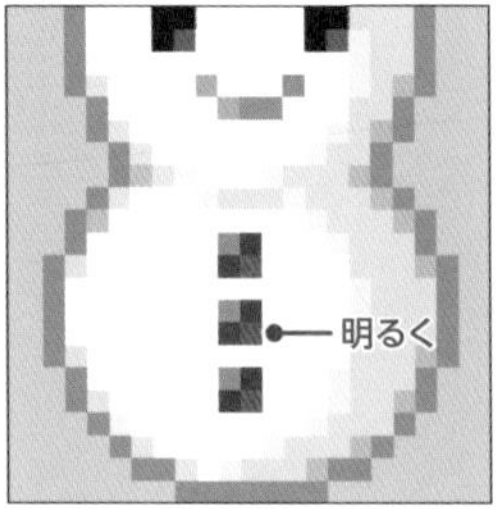

POINT ボタンは右上と左下を濃い赤(色4)に塗り、右下が明るく見えるようにします。これによって、離れた見たときにボタンが円形に近づいて見えます。

056 広葉樹

難易度 ☆☆☆☆★

ファイル Lesson4 ⇒ 056

葉がわさわさ茂った広葉樹は
ぶどうを逆さにしたような形が基本です。
ハイライトを丸く入れてこんもりさせ
樹皮に質感をつけながら描きます。

サイズ 32×32

パレット［16色］

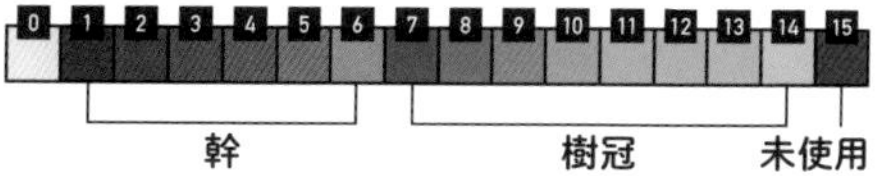

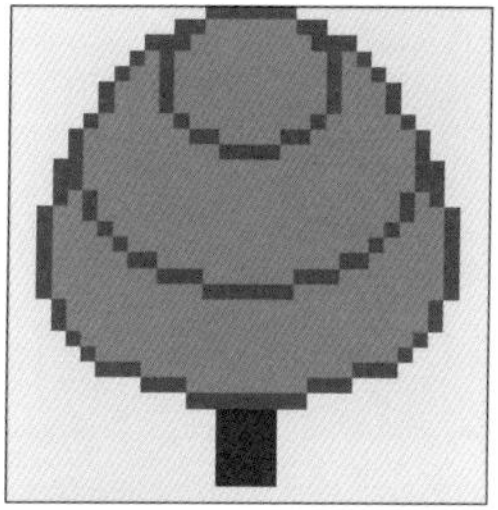

STEP 1 最初に緑（色9）で葉の茂った部分（樹冠）を描き、濃い緑（色7）で輪郭線をつけます。その緑を大まかに三等分したラインを引き、後で樹冠を分割する際のガイドにします。緑の下に茶色（色1）で幹を描きます。

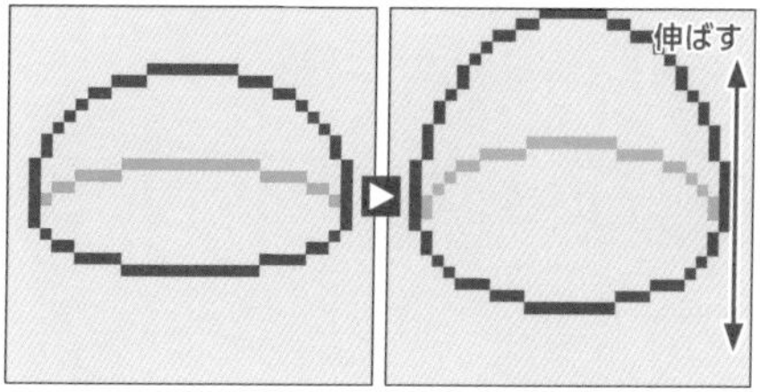

POINT 樹冠は半球を縦に伸ばしたような形をイメージして描きます。おおざっぱにいえば、三角形の各辺を弧のようにふくらませたシルエットです。

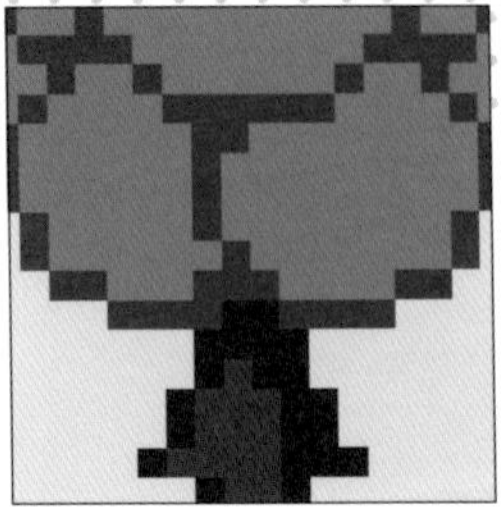

STEP 2 広葉樹は、球状の葉のかたまりがいくつも集まったイメージです。**STEP1** で描いたガイドラインを目安に、各段に同じ大きさの球を並べるように濃い緑（色7）の線で分割して、ぶどうを逆さまにしたような形にします。幹は根を張るように裾を広げます。

POINT 樹木は根っこが複数に分かれているので、幹の下部も3つくらいに枝分かれしているように描きます。また幹の日が当たる方を明るい茶色（色3）で塗っておきます。

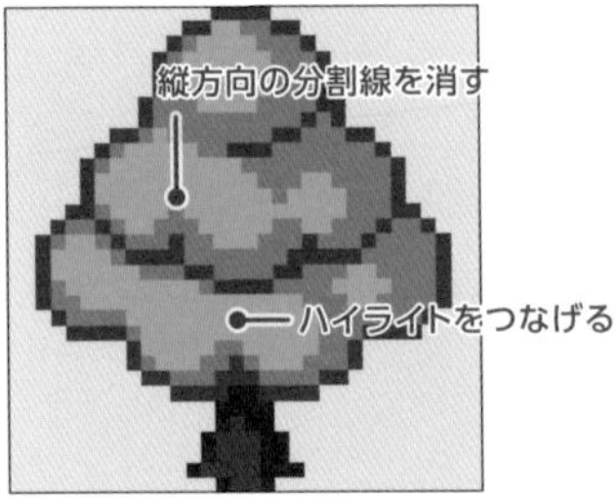

STEP 3 葉のかたまりを全部線で分割したままだと気持ち悪いので、光が当たりそうな部分の輪郭線を樹冠の基本色で塗って消していきます。葉のかたまりは球状なので、その形に沿って明るい緑（色11）で丸いハイライトを入れます。

POINT 葉のかたまりごとの分割線は、おもに縦方向の線を消すと違和感が少ないです。樹冠のハイライトもところどころ隣のハイライトとつなげておくと、自然な感じになります。

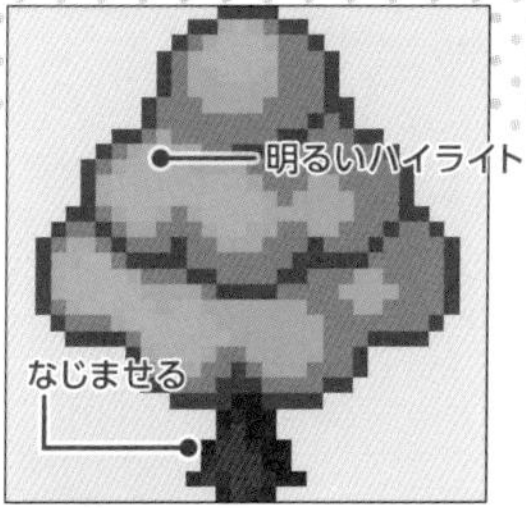

STEP 4 さらに明るい緑（色13）でハイライトを入れます。幹のハイライトは、基本色と中間色（色2）でなじませておきます。

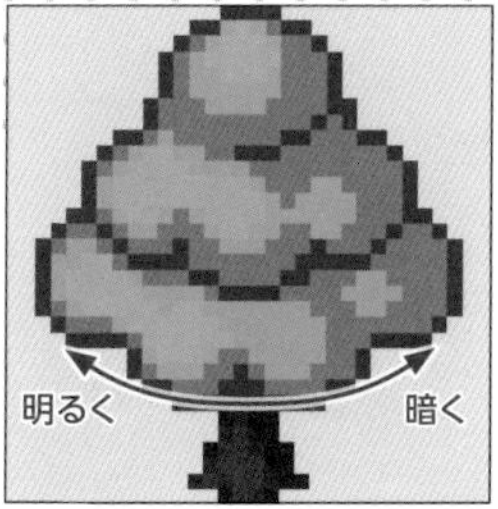

POINT 今回は左側に光源を想定しているので、ハイライトは光が当たる左側を大きく明るく、右側を小さく暗く描きます。

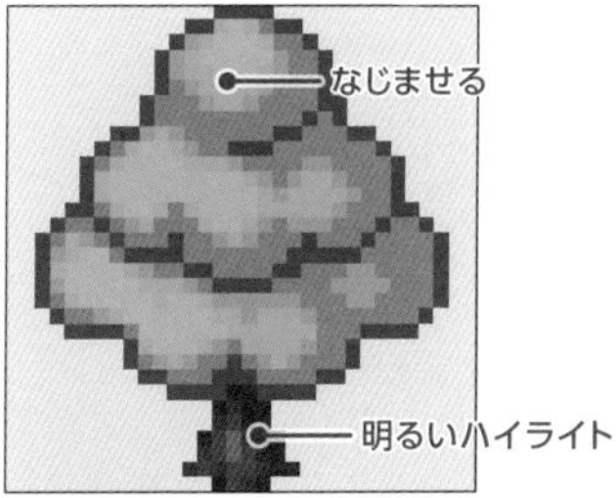

STEP 5 樹冠の基本色と、**STEP3** で入れたハイライトを中間色（色10）でなじませます。幹はさらに明るい色（色5）でハイライトを描き足します。

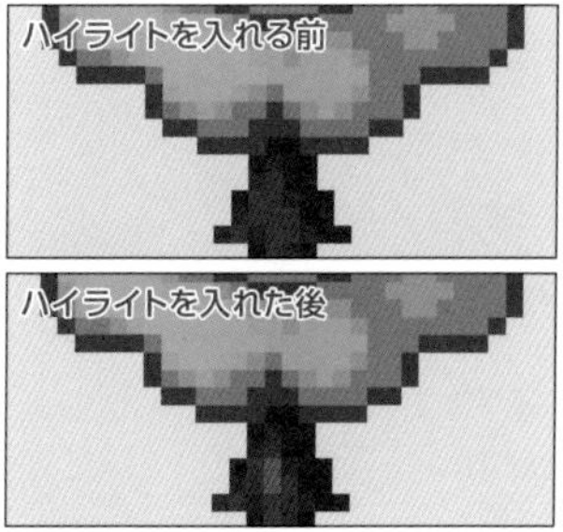

POINT 幹に明るいハイライトを入れる前と、入れた後を比較したところ。ハイライトを入れることで、小さい面積ながら幹の存在感を出すことができます。

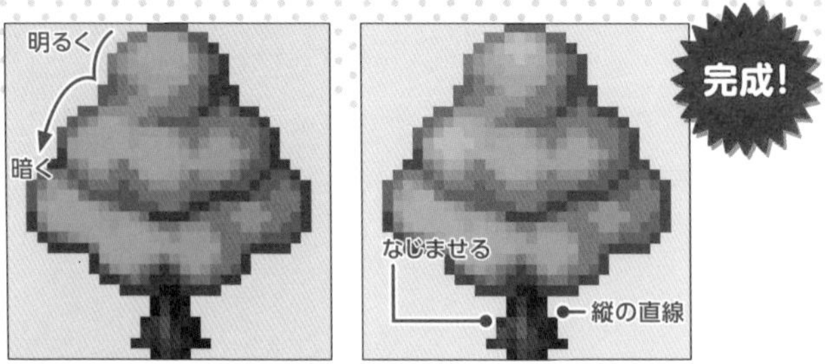

STEP 6 輪郭線の一部を明るい緑(色8、9)に塗り替えます。また輪郭線と隣り合った色を中間色(色8)でなじませます。樹冠の上の方にさらに明るい色(色14)でハイライトを描き足します。幹はハイライトと周囲の色を中間色(色3、4)でなじませます。さらに樹皮の質感を出すため、右側面に濃い茶色(色2)で縦の直線を置きます。

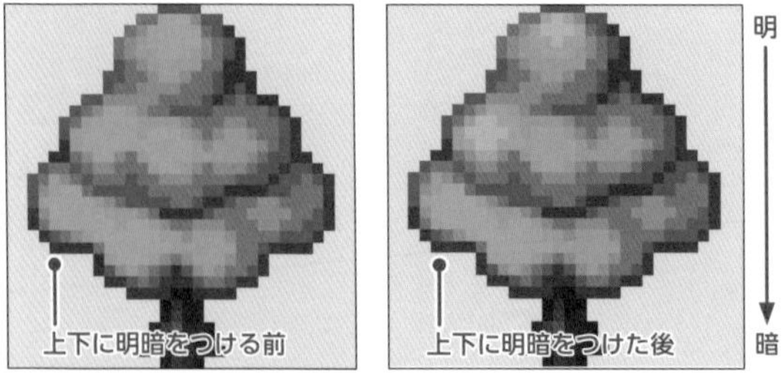

POINT 樹冠は左右に明暗をつけると同時に、上下にも明暗をつけておきます。光源を左上と想定した場合、上は明るく下にいくと暗くなるということを意識しています。これで木の高さを強調できます!

057 針葉樹

難易度 ☆☆☆☆★

ファイル Lesson4 ⇒ 057

細長い葉をつけた針葉樹は
丸みのある三角形をベースに描きます。
樹冠は三角形の集まりととらえて
明暗のつけ方でギザギザ感を際立たせます。

サイズ 32×32

パレット［16色］

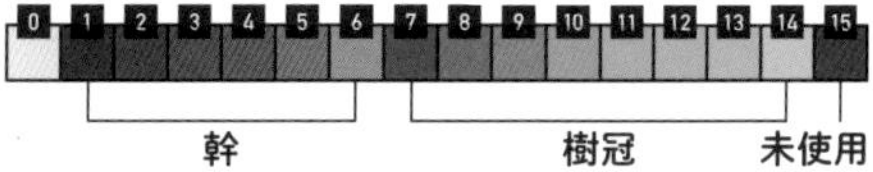

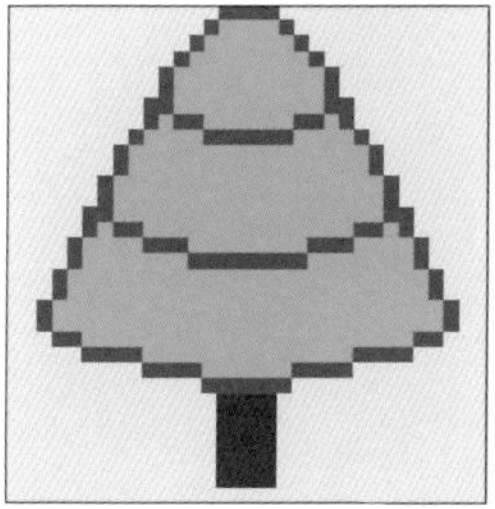

STEP 1

広葉樹と同様に、緑（色11）で樹冠を描き、濃い緑（色7）で輪郭線をつけます。その緑を大まかに三等分したラインを引き、後工程で樹冠を分割する際のガイドにします。緑の下に茶色（色1）で縦長の長方形を描いて幹とします。

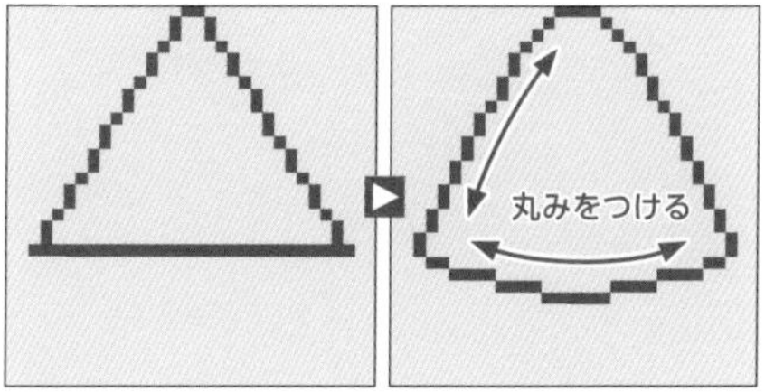

POINT 樹冠は三角形に少し丸みをつけた形をイメージして描きます。左右の辺はゆるくカーブさせ、底辺は少し大きめの弧を描くようにします。

STEP 2 **STEP1** で描いたガイドラインを目安に、濃い緑（色7）の線で樹冠を分割していきます。幹は根を張るように裾を広げます。

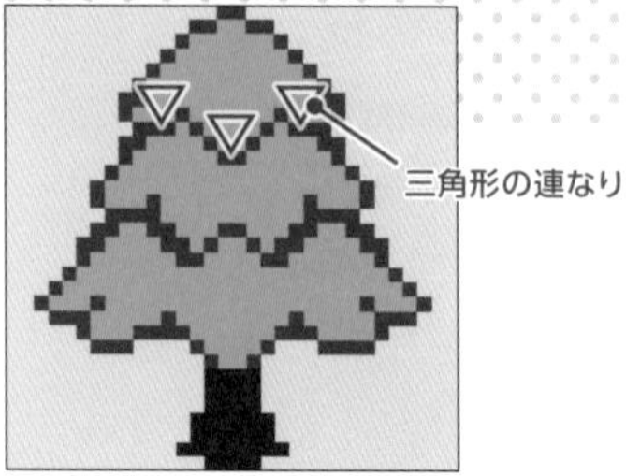

POINT 針葉樹の樹冠は下向きの三角形が連なっているイメージで、分割線がギザギザになるよう描きます。同じ1ドットでも斜め線は直線より細く見えるので、ところどころ2ドット幅にしています。

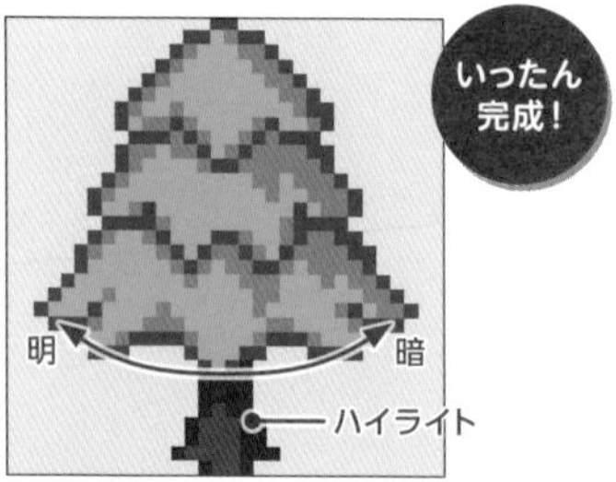

STEP 3 少し濃い緑（色9）で影を入れていきます。左上に光源を想定しているので、それに合わせて左から右へ明暗が変化するように色を置いています。幹も左側に少し明るい色（色3）でハイライトを入れておきます。

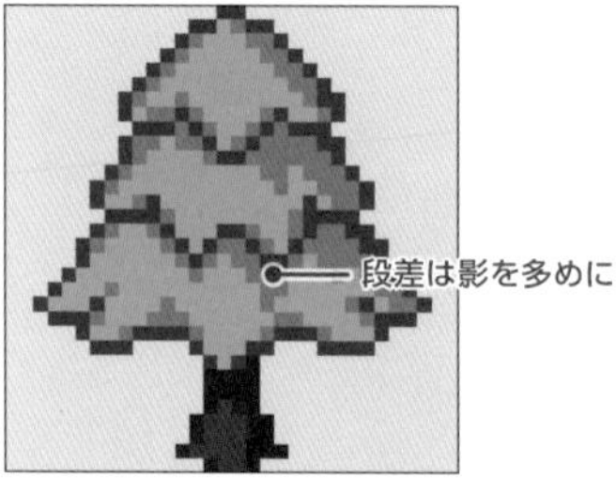

POINT 一部の段差には影を多めに落としています。広葉樹は球の集まり、針葉樹は三角形の面の集まりで、影の形もそれぞれ異なることに注目しましょう。

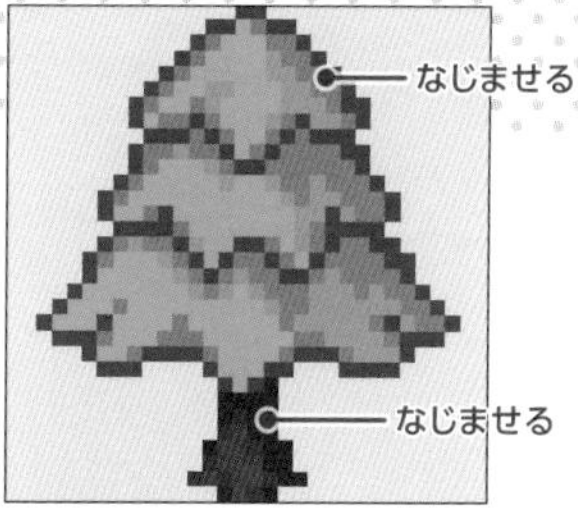

STEP 4 樹冠の基本色と影色の境界を中間色（色10）でなじませます。葉の先はとがって見えるように、明るい色のドットを残しています。幹のハイライトと基本色も中間色（色2）でなじませます。

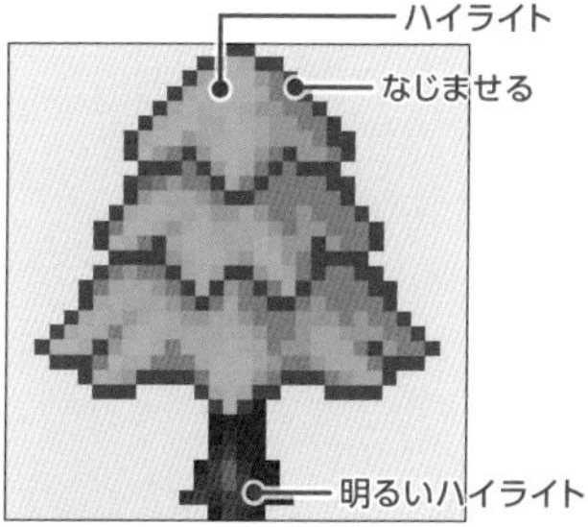

STEP 5 樹冠に明るい緑（色13）でハイライトを入れ、周囲と中間色（色11、12）でなじませます。ここでも葉の先をとがらせていきましょう！ 幹はさらに明るい色（色5）でハイライトを描き足します。

一口メモ

多くの中間色を使ってなじませるとき、一度にきれいに打とうとしてなくてOKです。
筆者も一度適当に置いてから後で打ち直すことがたびたびあります。やり直せるってスバラシイ！

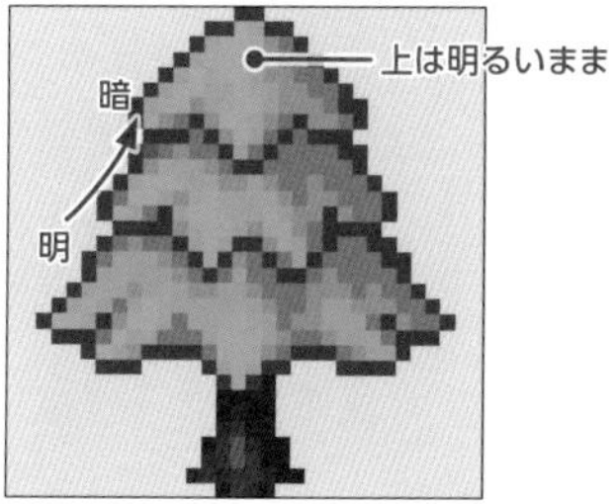

POINT 葉のかたまり、三角形のひとつひとつに注目してみましょう。葉の先は明るく、根元にいくにつれ暗くなるようつないでいきます。根元が暗いのは段差で影が落ちるため。木のてっぺんは葉の段差がないので明るいままにします。

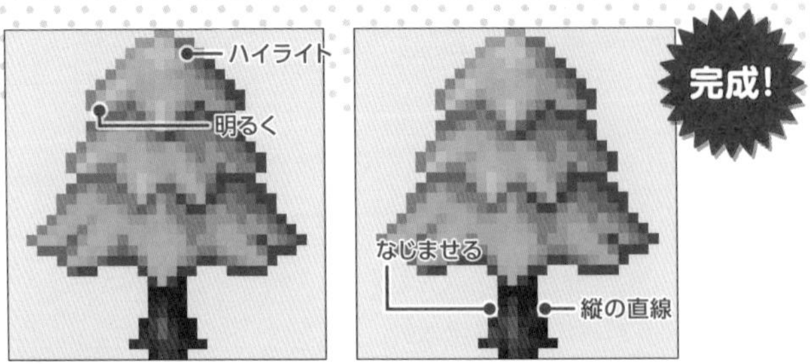

STEP 6 広葉樹と同様に（P198「広葉樹」参照）、木の上の方に色14で明るいハイライトを描き、輪郭線の一部を色8〜10に塗り替えます。また輪郭線と隣り合った色を中間色（色8）でなじませます。広葉樹では丸くハイライトを入れましたが、針葉樹ではギザギザ部分に明るい色を置いてとがった印象になるようにしています。

幹も広葉樹と同じようにハイライトと周囲の色を中間色（色3、4）でなじませます。さらに木の質感を出すため、右側面に濃い茶色（色2）で縦の直線を置きます。

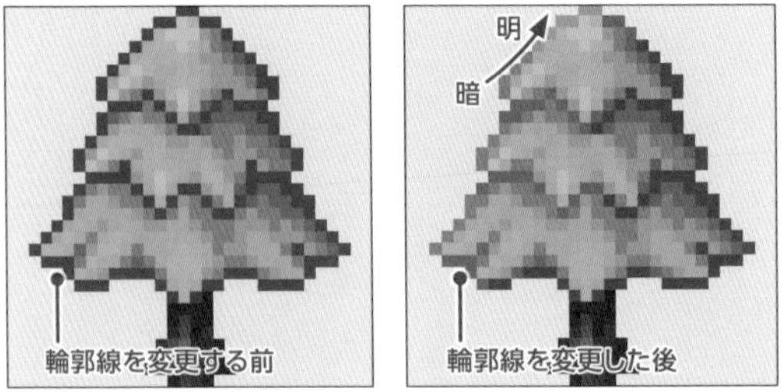

POINT **STEP5** では、葉の先を明るく、根元を暗くしましたが、てっぺんの輪郭線は逆方向に明暗をつけます。同じ方向に明暗をつけると葉の明るい部分が太く見えてしまい、針葉樹特有のとがった感じが薄れてしまうからです。

058 椿

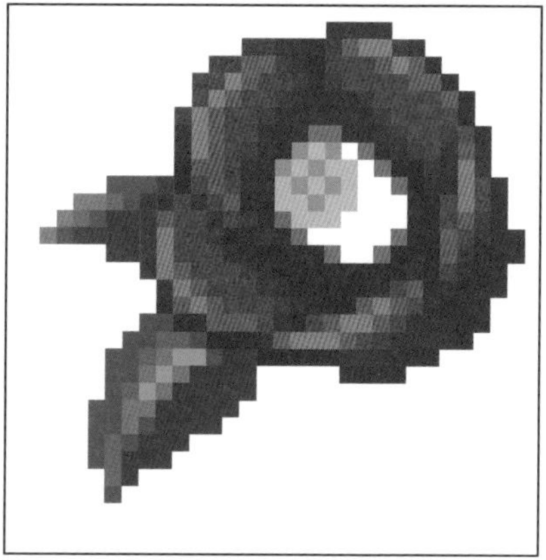

難易度 ☆☆☆☆★

ファイル Lesson4 ⇒ 058

日本を代表する花のひとつである椿は
大ぶりの花びらとツヤのある葉が特徴。
明暗のつけ方を工夫しながら
あでやかな花を咲かせましょう。

サイズ 32×32

パレット［16色］

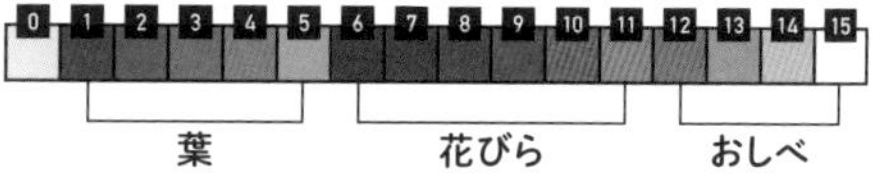

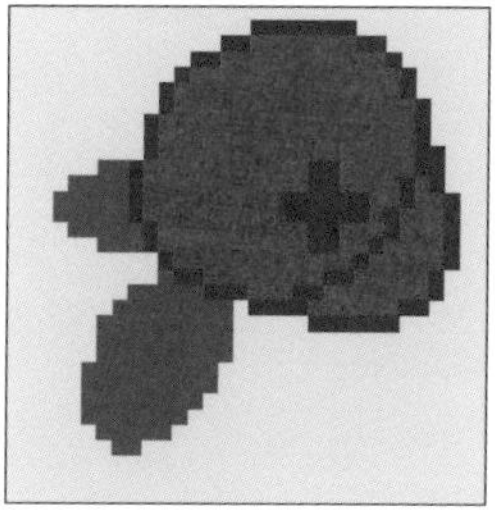

STEP 1

やや斜めから見た椿をリアル寄りに描きます。花びらの集まりはメガホンを傾けたような形ととらえます。まず、濃い赤（色6）で斜めの楕円を描き、内側を赤（色9）で塗りつぶします。その右下に接するように台形を描き足します。さらにおしべの目安となる位置に+印を描き、緑（色2）で葉のベースとなる楕円を描きます。

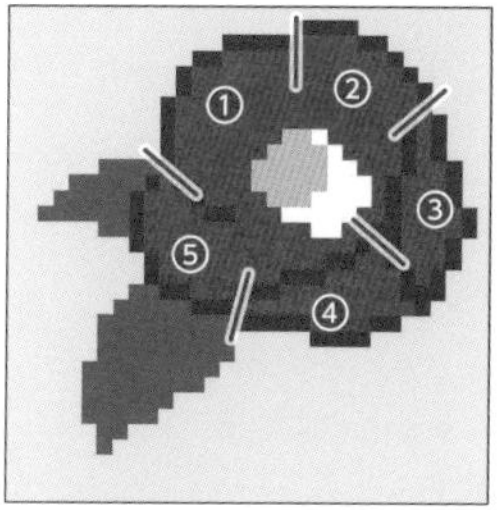

STEP 2

今回は花びら5枚で構成します。STEP1で描いた楕円を大まかに5等分し、軽く切れ込みを入れて5枚の花びらが回転しつつ部分的に重なっているようにします。葉は先をとがらせます。おしべは上端を黄色（色14）、側面を白（色15）で塗って円筒状にします。

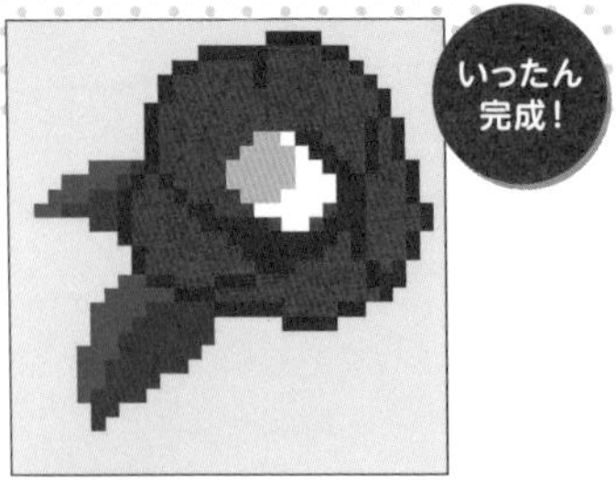

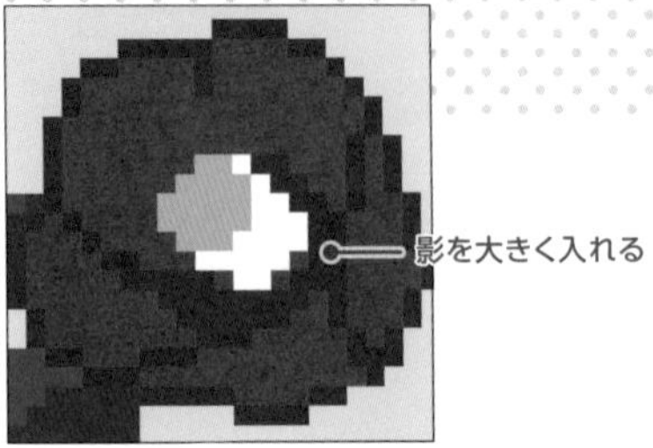

STEP 3 濃い赤(色6)でおしべの影を大きく落としつつ、さらに切れ込みを入れて花びらの形をはっきりさせます。葉に青みがかった濃い緑(色1)で影をつけ、冬の花の落ち着いた雰囲気を出します。

POINT おしべの影を大きく落とすことで、花びらが漏斗状になっていることを表現し、同時におしべの存在感を引き立たせることができます。

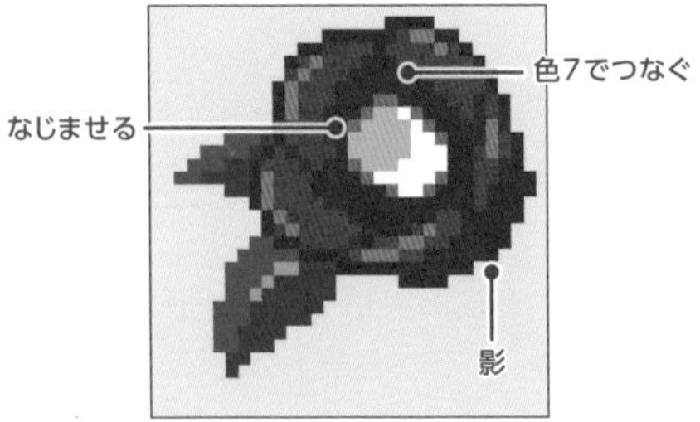

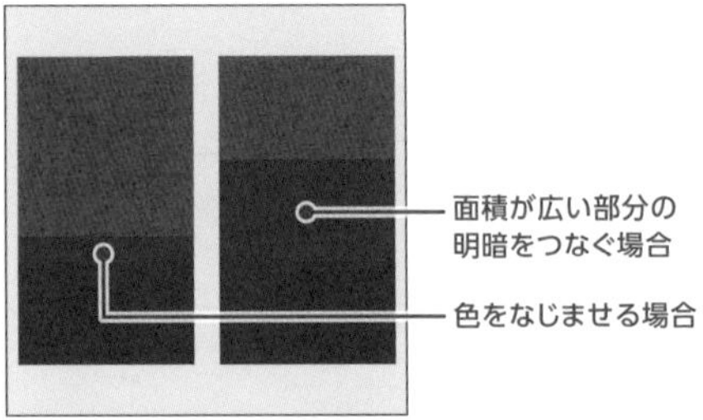

STEP 4 花びらにピンク(色11)でハイライトを、濃い赤(色6)で影を入れます。基本色と影は中間色(色7)を広めに入れてつなぎます。手前の葉に明るい緑(色5)でハイライトをつけて、ツヤを出します。おしべと隣り合った色を中間色(色12)でなじませます。

POINT 面積が広い部分の明暗をつなぐときは、中間色を広めに置き、なじませる場合は中間色を細めに置きます。

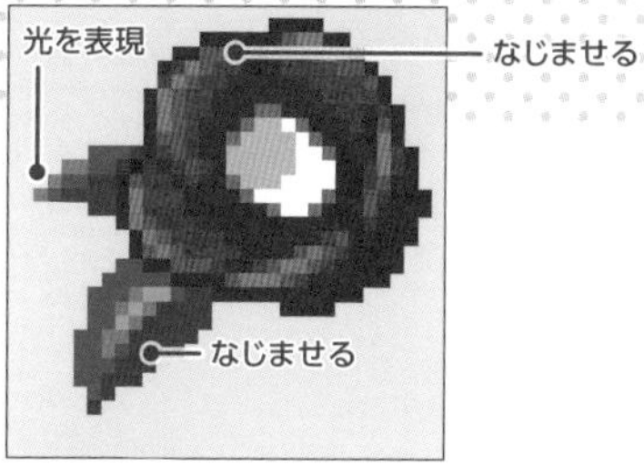

STEP 5 花びらのハイライトと基本色を中間色（色10）でなじませます。手前の葉のハイライトと基本色も中間色（色4）でなじませます。同じ色を奥の葉の先端に置き、光が当たっていることを表現します。

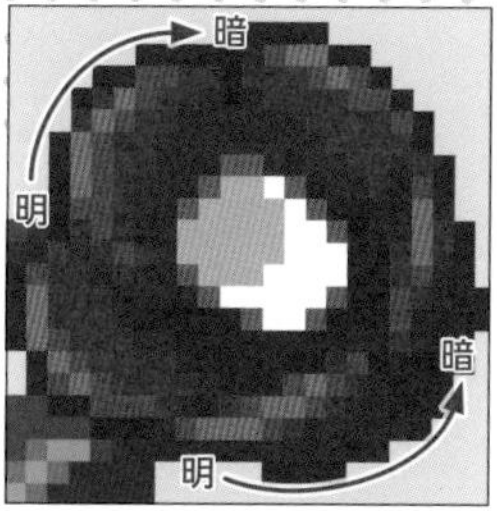

POINT 花びらのハイライト部分は、明るい面積が徐々に細く（暗く）なって見えるように中間色のドットを置いています。明暗の方向は見栄え優先で、花びらごとに異なっています。

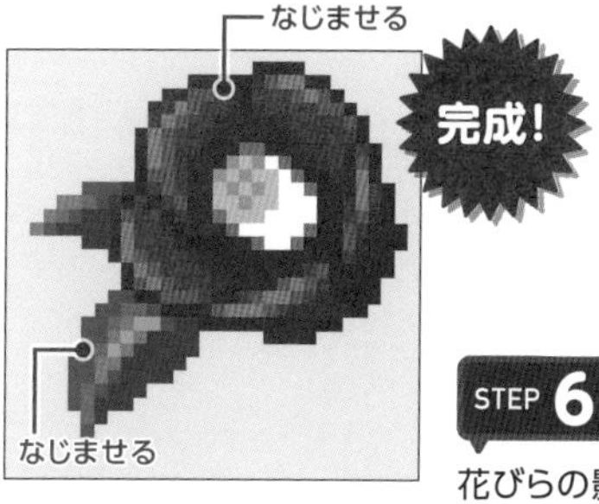

STEP 6 花びらの影色と基本色をごく淡い色（色8）でなじませます。また輪郭線の一部を明るい色（色7、8）に塗り替えます。おしべは上面の黄色に市松模様で影色（色13）を置き、複数のおしべが1本ずつ生えている感じを出します。葉はもう1色、暗めの緑（色3）を足して、さらになじませます。

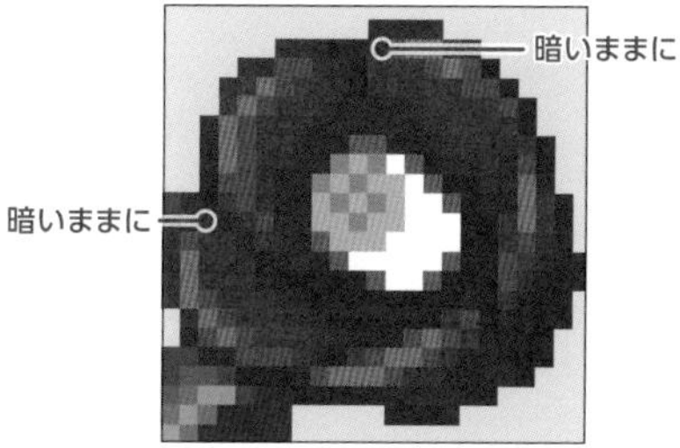

POINT 花びらの輪郭線は、光が当たっている部分を中心に明るくします。その際、花びら同士が重なっているところは暗いままにしておきます。

059 朝顔

難易度 ☆☆☆☆★

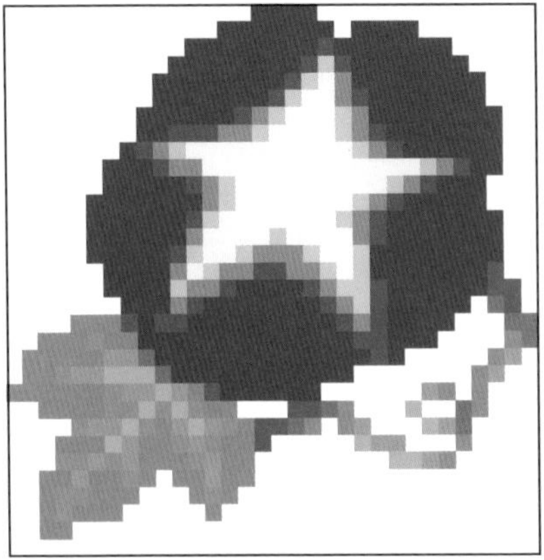

ファイル Lesson4 ⇒ 059

さまざまな色や模様で
目を楽しませてくれる朝顔。
白い星形の“曜”や、つるなどの特徴を
際立たせながら大輪の花を描きます。

サイズ 32×32

パレット[16色]

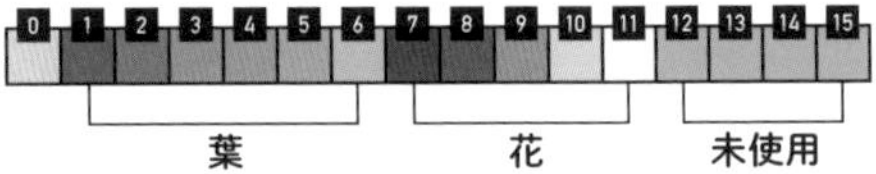

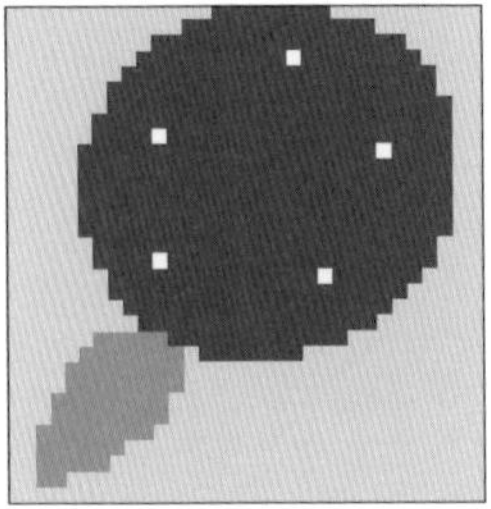

STEP 1

朝顔の花は円の中に白い星が入っているイメージ。上から少しつぶして斜めに傾けたような楕円を青色(色7)で描き、花びらの間にある筋(曜)の頂点のアタリを5つ白(色11)でつけておきます。葉は3つに切れ込んだ左右対称の形。ここではまず真ん中のひとつを緑(色3)で描いておきます。

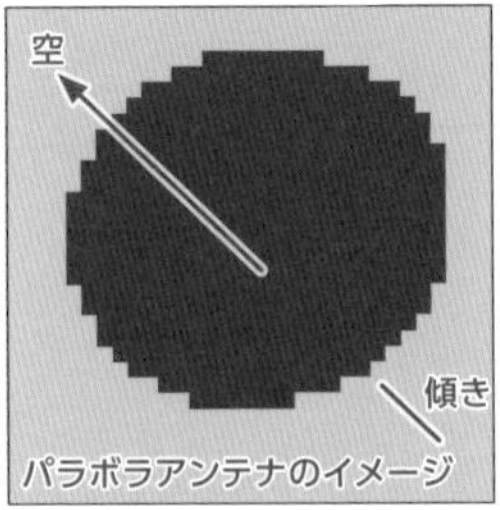

POINT 花の傾きは空を向くパラボラアンテナ、形状はトランペットの先っぽのイメージです。きれいな形でなくても、少しゆがんでいるくらいでOK!

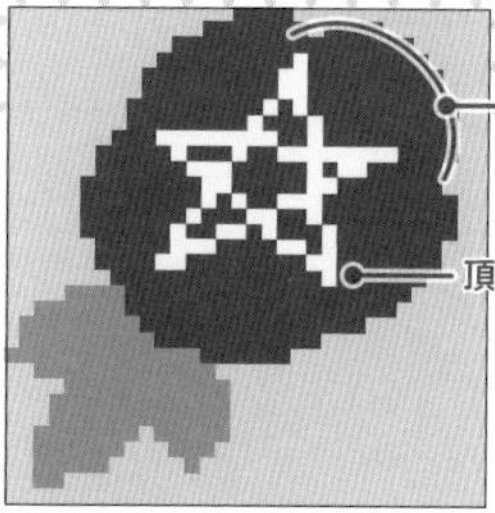

STEP 2 **STEP1** でつけた頂点に合わせて花びらをへこませ、へこませた部分同士をカーブでつなぐように形を整えます。[直線の描画]ツールで5つの頂点を白い直線でつないで星形を描きます。さらに葉の両側を描き足します。

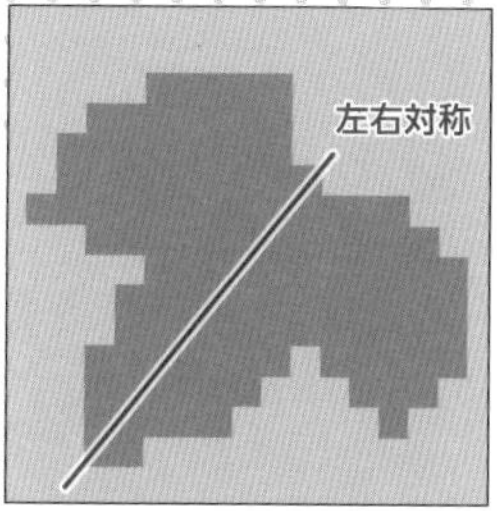

POINT 朝顔の葉はさまざまな形がありますが、一般に思い浮かべるのは図のように3枚の葉を根元でくっつけたような形ではないでしょうか。左右対称で先がとがった形が特徴なので、それを意識して描きます。

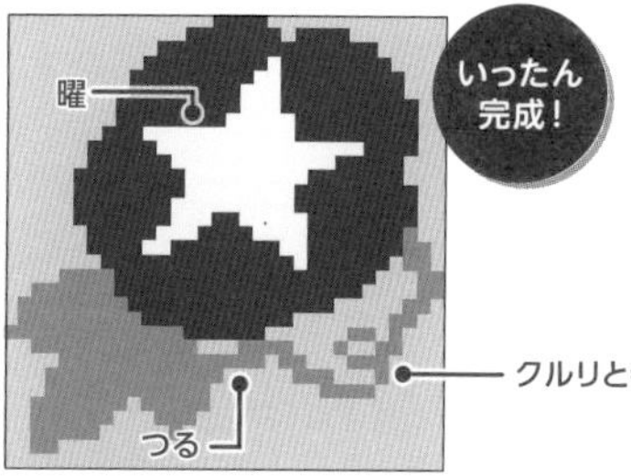

STEP 3 星形を白で塗りつぶします。葉に、つるを描き足します。つるは、1カ所でもクルリと巻かれた部分を入れると「つるだ！」と認識されるのでありがたいパーツです。

一口メモ

今回は花びらをややリアル寄りに、白い曜をややデフォルメ寄りに描いています。そのため花の中心にある、おしべやめしべは省略しています。描く目的によって、リアルとデフォルメのバランスを調整するのもアリだと思います。

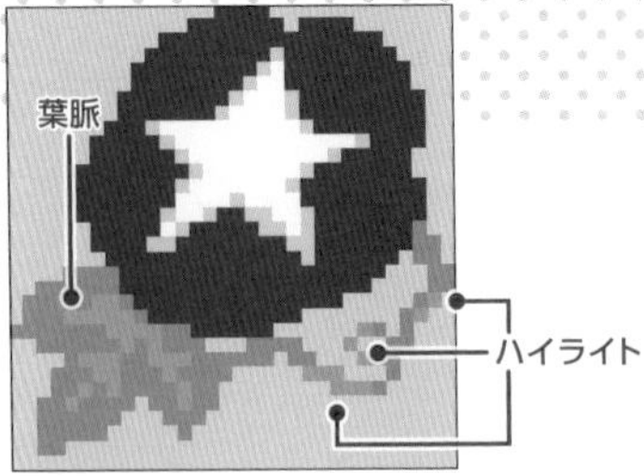

STEP 4 花の中心から外側に向けてグラデーションで白と青をつなげていきます。まず、薄い青(色10)で色の境界に影をつけます。葉のほうは、葉脈に沿って薄い緑(色5)でハイライトを入れ、つるの丸くなっているところや曲がっている部分にもハイライトを置きます。

POINT 朝顔の葉はやわらかいので、できるだけコントラスト低めに描きます。図は失敗例。濃い影をつけると凹凸が際立ってしまい、やわらかさが失われてしまいます。

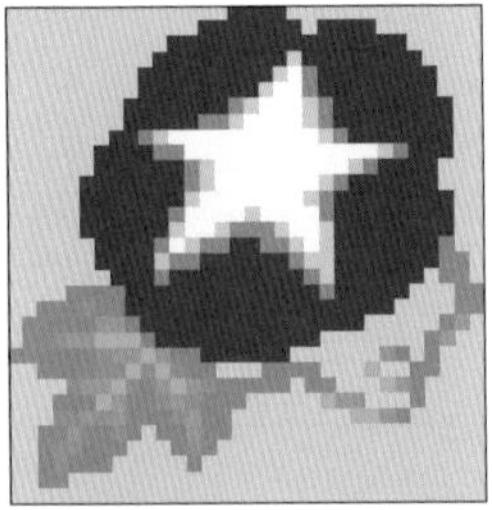

STEP 5 花は、**STEP4** で置いた影色の外側に青(色9)で少し広めにドットを打ちます。葉とつるは、基本色とハイライトを緑(色4)でなじませ、ハイライトの中心に少し明るい緑(色6)を置きます。

一口メモ

グラデーションの色数が多くなってくると、どこの何色を打っているのか混乱する場合があります。そんなときは、カラーパレットの色のRGB値を一時的に変更するなどして、今打っている色を把握するのもひとつの手です。

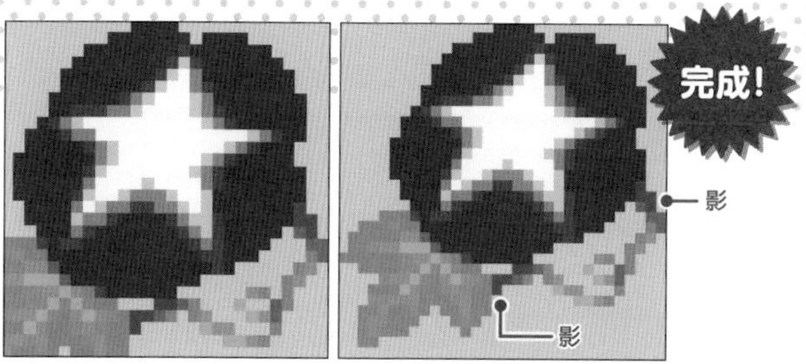

STEP 6 花は最後にもう1色、青（色8）で影をつけます。葉とつるは濃い緑（色1）で影をつけて、その影と基本色を緑（色2）でなじませます。特につるは明暗のグラデーションがきれいにつながっているか気をつけます。同じ緑（色1、2）で花と葉の境界もなじませていきます。

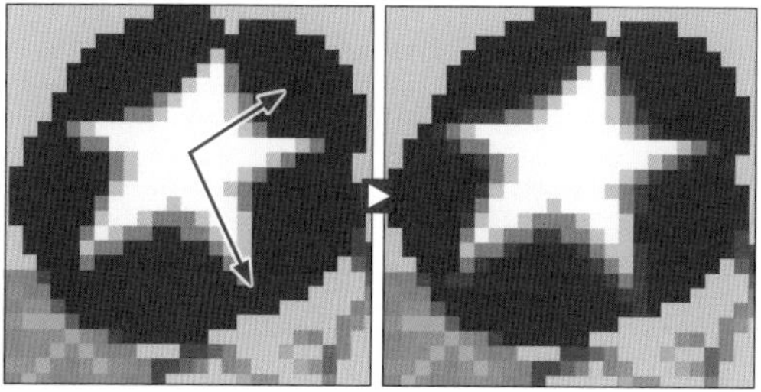

POINT 花の中心のグラデーション（色8～10）は、薄い青から濃い青を少しずつ面積を増やしながら内から外に向かって置いていきます。星形がじんわり周囲に溶け込むような感じにぼかしていきます。

楽しいドット絵カタログ④

季節のイベント

春にはピクニック！
夏は海を満喫して、秋には読書。
冬が来たら、
犬は喜び、猫はコタツで…。

季節の移ろいを感じながら、
四季折々で楽しいことが盛りだくさん！

Lesson 5

雑貨・家具

060 カセットテープ

難易度 ☆☆☆★★

ファイル 📁Lesson5 ⇒ 📁060

アナログならではの温かみのある音で
静かに人気が再燃しているカセットテープ。
長方形をベースに明度差で凹凸をつけながら
ディテールを再現していきます。

サイズ 32×32

パレット[16色]

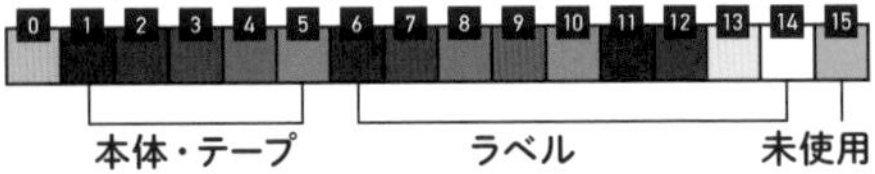

STEP 1

カセットテープの本体は横長の長方形がベース。■ツールで明るい黒(色2)の長方形を描き、黒(色1)で周囲に輪郭線をつけます。下側3分の1くらいのところにも黒で横の直線を引いておきます。

一口メモ

カセットテープの本体はさまざまな色が存在しますが、ここではそのなかでもポピュラーな黒を想定して描いていきます。完全な黒はきつい印象になるので、基本色をやや明るい黒にしています。

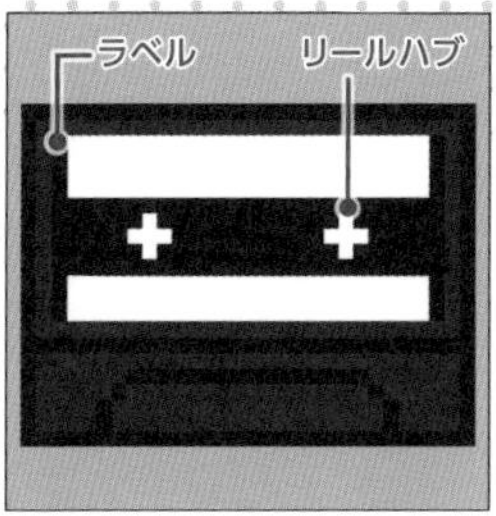

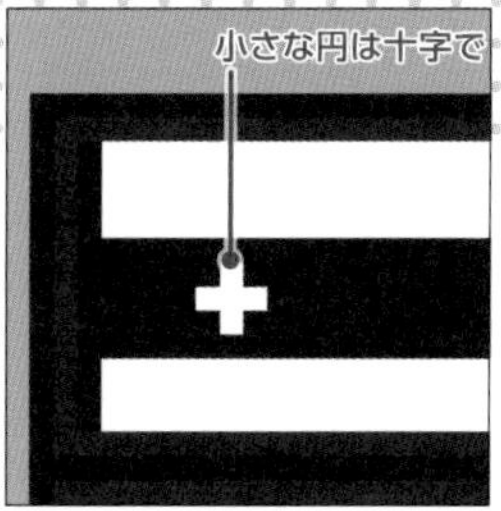

STEP 2 **STEP1** で引いた直線の上に黒（色1）で長方形を描き、ラベルのベースとします。その上下に白（色14）で長方形を描き、ふたつの長方形に挟まれたところに白い十字でテープを巻き取るためのパーツ（リールハブ）を描きます。テープが露出している部分の側面は台形状に分厚くなっているので、黒い線で区切っておきます。

POINT 後工程でラベルの白い長方形の上側に模様を入れるので、下の長方形より1ドット縦の幅を広くしています。リールハブのような小さな円は十字のドットで表現します。

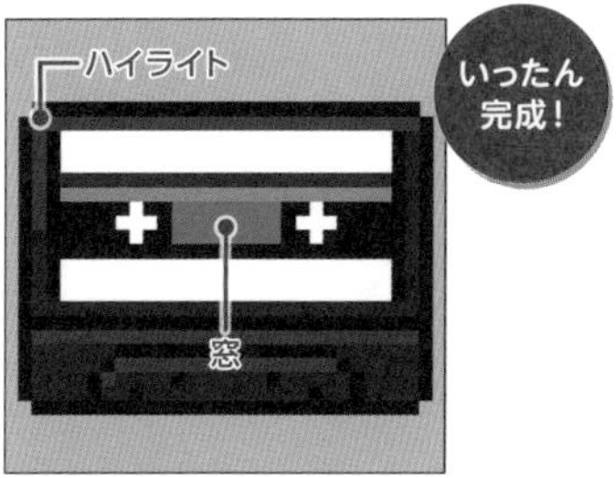

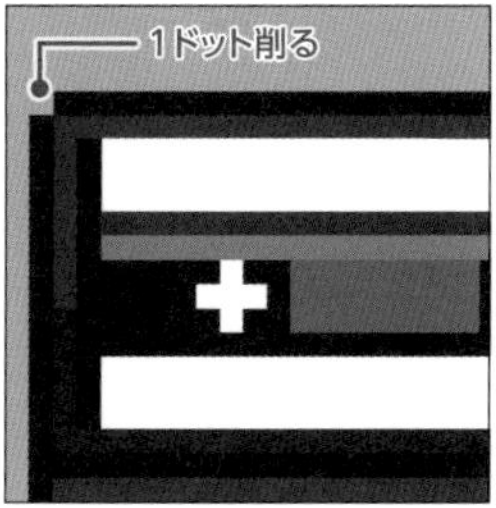

STEP 3 上側の白い長方形に赤（色12）とオレンジ（色10）でボーダー柄をあしらい、レトロ感を出します。グレー（色3）で本体部分にハイライトを置きます。さらに淡い茶色（色8）で中央に長方形の透明な窓をつけます。

POINT 本体部分は直線的で四角い形状ですが、実物を見ると角が取れて少し丸くなっています。そこでここでも、本体の四隅を1ドット削って丸みをつけておきます。

STEP 4 ラベルは周囲より少しへこんだ部分に貼られているので、白い長方形の外周に薄い水色(色13)で影をつけて、そのへこみを表現します。リールハブの四方に明るめのグレー(色5)を置き、基本色の黒となじませます。

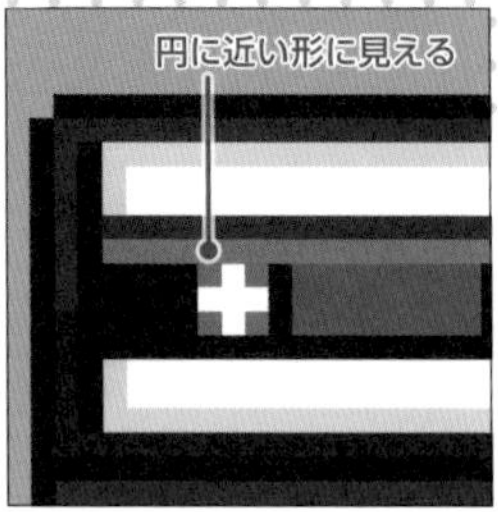

POINT 十字のドットの四方を明るいグレーにすることで、より円に近い形に見えるようになります。

STEP 5 ラベルの四隅に暗い色(色5)を置いて丸みをつけます。窓の左右に茶色(色6)で幅の異なる長方形を描いて聴きかけのテープを表現します。本体の黒い部分の角を強調したい部分に明るい色(色3)でハイライトを足します。グレー(色3〜4)でテープ露出部の台形の周囲を明るくし、盛り上がっている感じを出します。

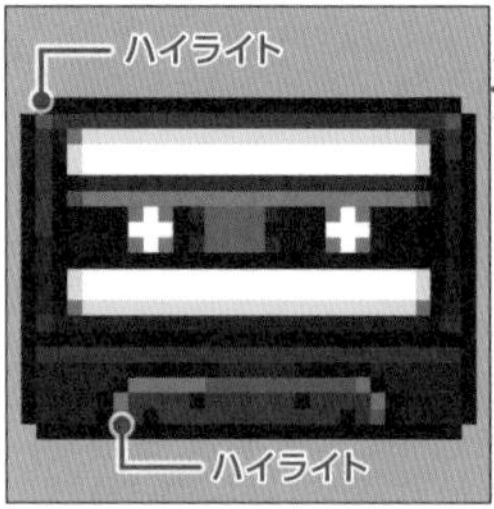

完成!

STEP 6 赤とオレンジのボーダーの端を少し暗い色(色9、11)にして影をつけます。窓から見えるテープの角に少し薄い茶色(色7)を置いて、丸みをつけます。本体の上部の両端にグレー(色4)で、下の台形の左上と右上に明るいグレー(色5)でハイライトを追加し、光が当たっている箇所を強調します。

061 ノートパソコン

難易度 ☆☆☆★★

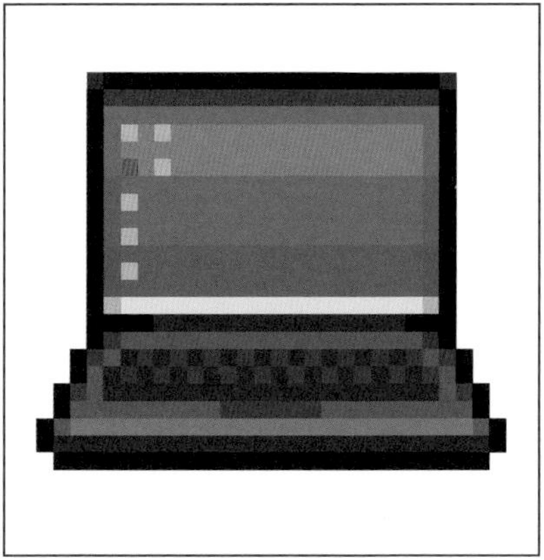

ファイル Lesson5 ⇒ 061

現代の生活に欠かせないノートパソコンは長方形と台形を組み合わせた形が基本。描くのがめんどくさそうなキーボードはドットを市松模様状に置いて表現します。

サイズ 32×32

パレット［16色］

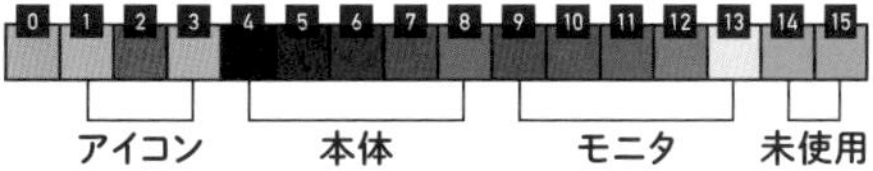

STEP 1

モニタを開いた状態のノートパソコンを正面から描きます。モニタ部分は□ツールで黒（色4）の横長の長方形を描き、内側をブルー（色11）で塗りつぶします。その下に黒い長方形を描いて本体下部の厚みとします。

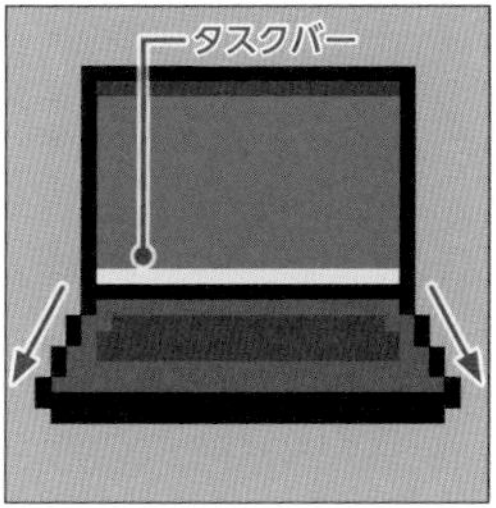

STEP 2

青いモニタの上辺をグレー（色6）を置いて厚みをつけ、下辺は白（色13）にしてタスクバーを表現します。モニタと手前の黒い長方形を斜め線でつなげ（縦2ドットの直線をずらしながらつなげるときれいです）、内側をグレー（色7）で塗りつぶします。その内側に濃いグレー（色6）で台形を描いてキーボードとします。

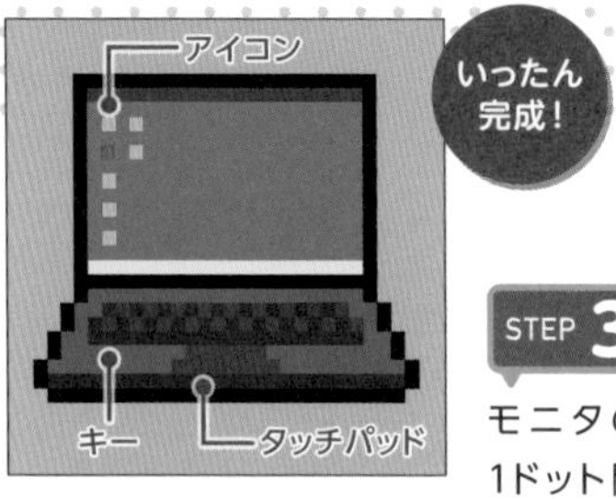

STEP 3

モニタの左側に1ドット間隔で黄色（色1）や赤（色2）、グレー（色3）のドットを打ち、フォルダやファイル、ゴミ箱のアイコンとします。**STEP2** で描いたキーボード部分に濃いグレー（色5）で市松模様にドットを打ち、キーを表現します。その手前にグレー（色6）で台形のタッチパッドを描きます。

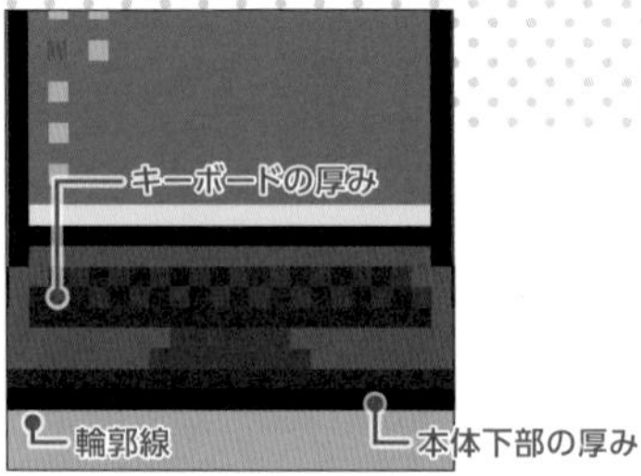

POINT キーボードは下辺を濃いグレーにして厚みをつけます。いちばん手前の黒い長方形も、濃いグレーで本体下部の厚みを、黒で輪郭線を表現します。

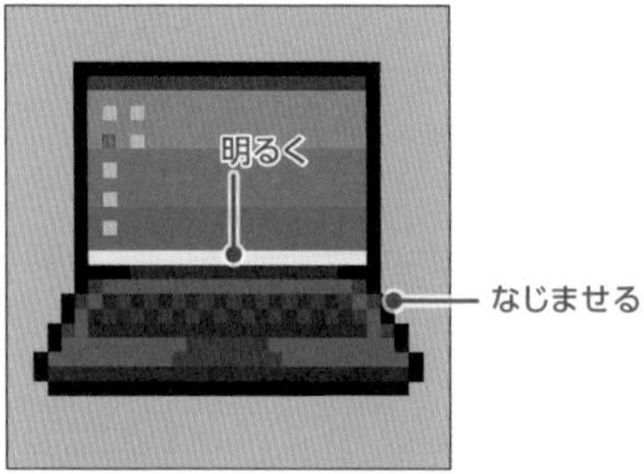

STEP 4 モニタ画面は、上から下にだんだん暗くなるよう青（色10～12）でグラデーションをつけます。ボトムケースの側面の斜め線を基本色とグレー（色6）でなじませます。画面下の輪郭線も一部を明るい色（色5）に変更しておきます。

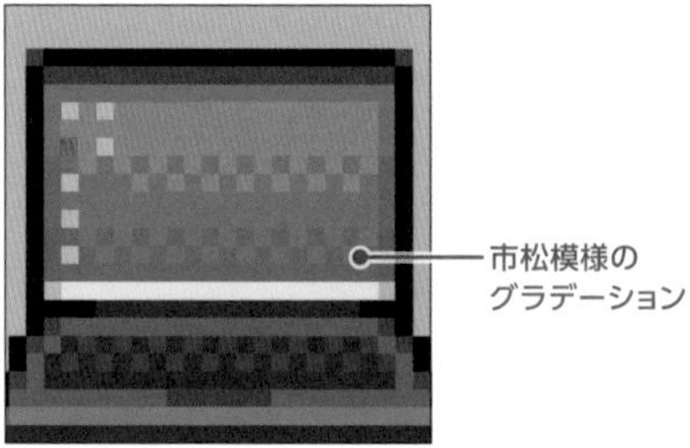

POINT 画面のグラデーションを市松模様で表現してみたバージョンです。粒状感があるのでツルッとしたモニタの硬い質感には向いていないと思い、今回はボツにしました。

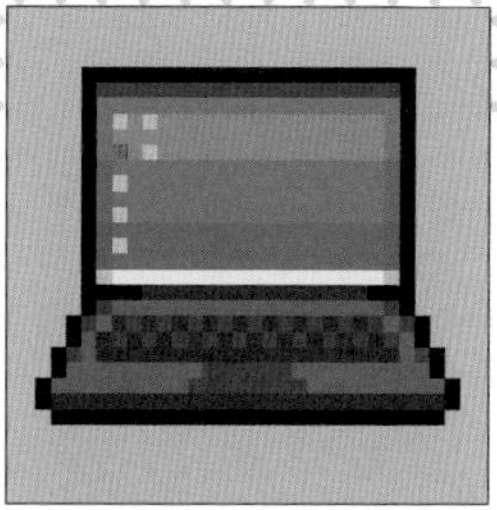

STEP 5 画面は端の方が少し暗く見えます。そのため画面の上と左右の3辺を1ドット幅だけ暗い色に塗り直します。白いタスクバーの両端も同様に1ドットだけ暗くします。実際にはここまで明るさの変化はありませんがイメージということで！

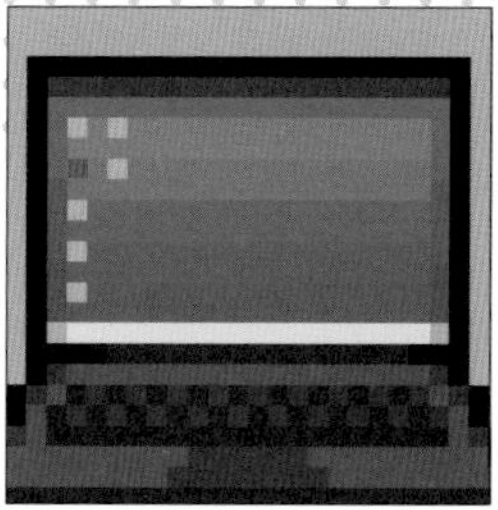

POINT モニタ画面をなめらかにしたいときは、カラーパレットの未使用の色（色14、15）を使用して画面の青と青の間をなじませるのもアリ。ここでは、それぞれに色10、11の中間色と、色11、12の中間色を設定してなじませてみました。

STEP 6 モニタの輪郭線の左上と右上の角をグレー（色5）に変更し、角を少し削って丸く見えるようにします。パームレストの手前に明るいグレー（色8）を1ドット置いて硬さを強調します。

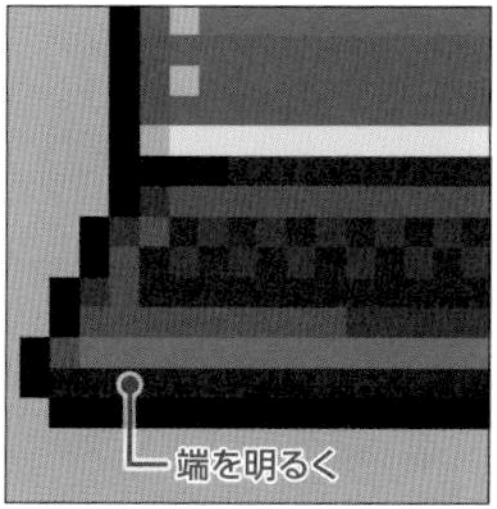

POINT 機械のようなモチーフは、端に明るい直線を引くと硬い質感を表現することができます。ここでは、パームレストの手前の線を明るくしています。

062 磁器の壺

難易度 ☆☆☆★★

ファイル Lesson5 ⇒ 062

光沢感のある磁器の壺は
りんごのような形をベースに描きます。
ハイライトや照り返し、影の色などで
独特の趣を表現していきましょう。

サイズ 32×32

パレット[16色]

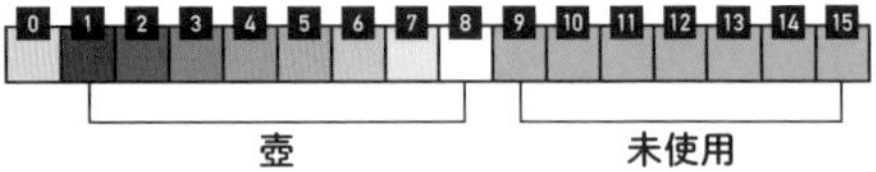

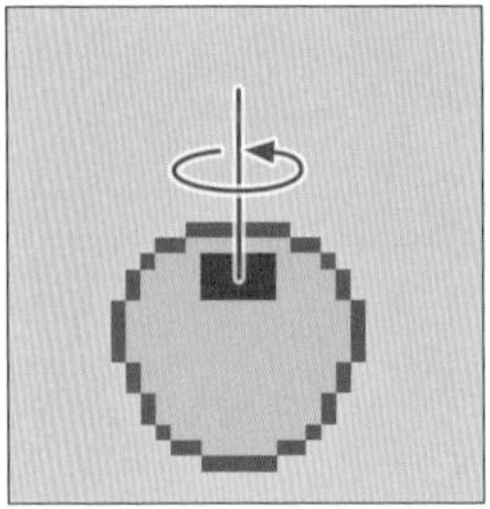

STEP 1

底が狭く胴の上の方が広いりんごのような形をイメージして薄い緑（色6）で描いたあと、緑（色2）の輪郭線と濃い緑（色1）の口をつけます。壺は直線の軸を中心に曲線をぐるっと回してできる回転体で左右対称の形なので、ここでは左半分だけ描いたあと、コピー&ペースト→［左右反転］して1ドット左にずらし、奇数ドットに調整しています。

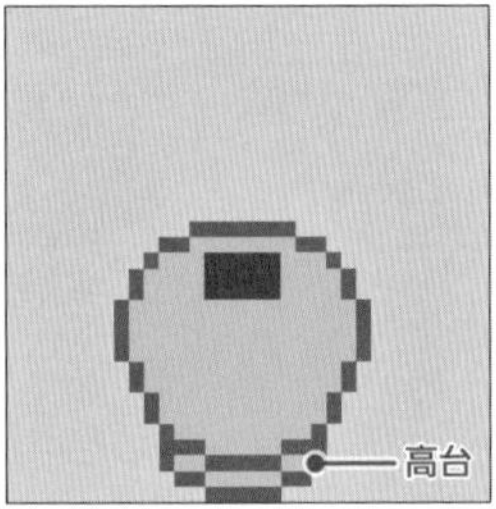

STEP 2

このままだと不安定なので、コロンと転がらないように1ドット幅の高台をつけます。底面は円形なので、その形に沿ってカーブするように線を引きます。

STEP 3 口に厚みをつけたいので、周囲に1ドット幅の縁をつけます。胴の左側と口の左上に白（色8）でハイライトを入れ、口の右下に照り返しを入れます。

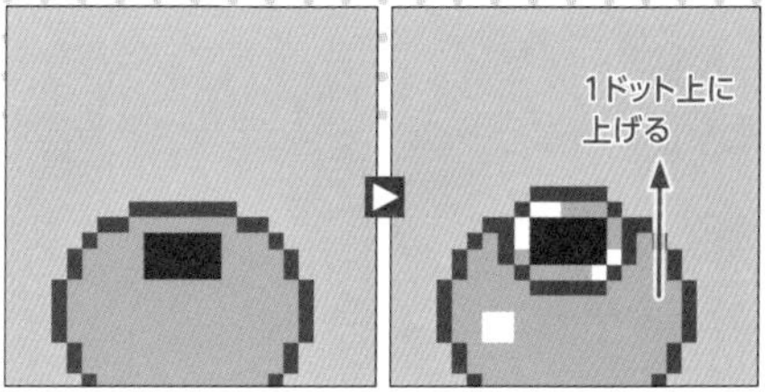

POINT 口に縁をつける際は、濃い緑の四角を1ドット上に上げたあと、その周囲に1ドット幅の縁をつけています。

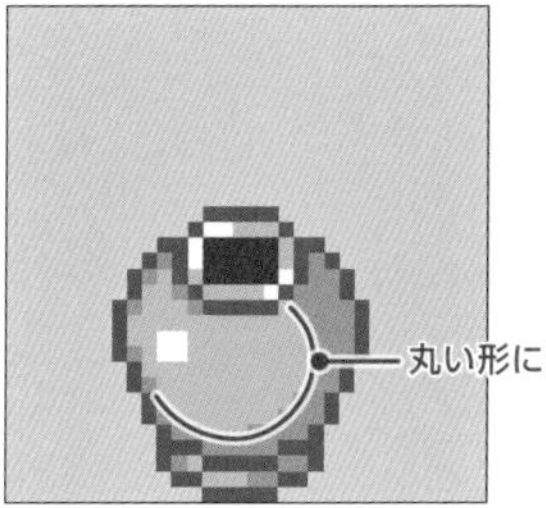

STEP 4 胴と高台に少し紫がかった色（色4）で影をつけます。いずれも丸い形をしているので、その曲面に沿って丸くカーブするように影を描きます。

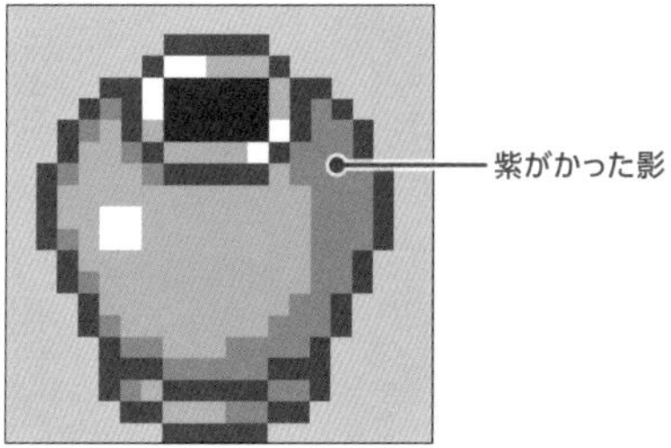

POINT 壺の基本色は緑ですが、影色は少し紫がかった色にしています。緑だけのグラデーションでカラーパレットを作成するのもいいのですが、このように少し違う色を入れることで絵を複雑に見せることができて楽しいです。

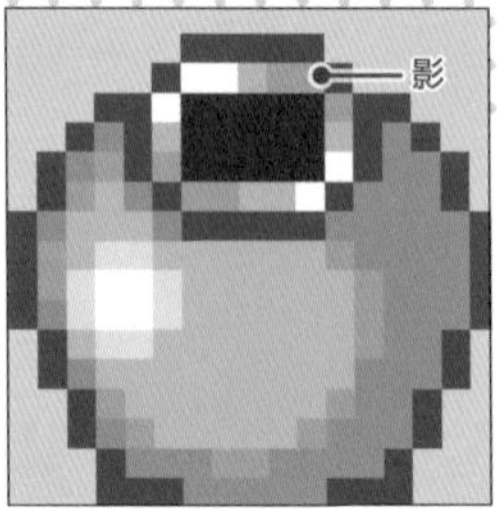

STEP 5 壺の基本色と影色を中間色（色5）でつなぎます。同じ色で口の部分にも影を落としておきます。さらに胴のハイライトと基本色を中間色（色7）でなじませます。

POINT 陶磁器は光の反射具合で複雑な色の変化を楽しめるものがあります。ここでは、ほんの少し紫の入った色（色5）で口の部分にも影をつけておきました。

完成!

STEP 6

壺の口の四隅に、少し明るい色（色2）を置きます。輪郭線と隣り合った色を中間色（色3）でなじませつつ、輪郭線の色も部分的に塗り替えます。左上の光源を想定しているので、その光が当たる部分を意識しながら打ち直します。ここでは、左上の輪郭線を明るい色（色3）に、右下を暗い色（色1）にしています。

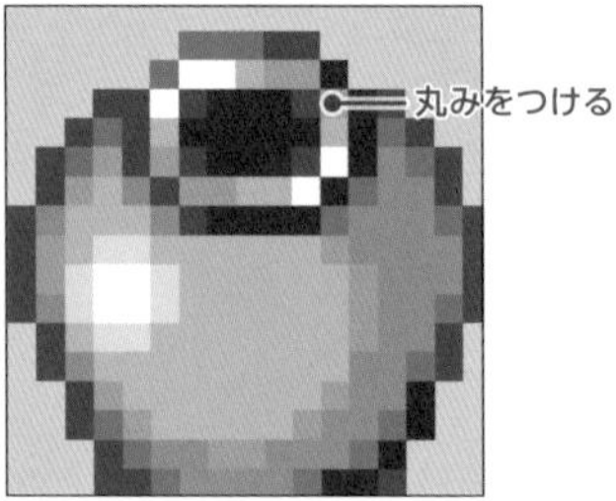

POINT 口の四隅のドットを明るい色に置き換えることで、四角い口を丸く見せることができます。車のタイヤのように（P174「バス」参照）ドットの数が少なくて形で丸みを表現できない場合に便利な方法です。

063 テーブル

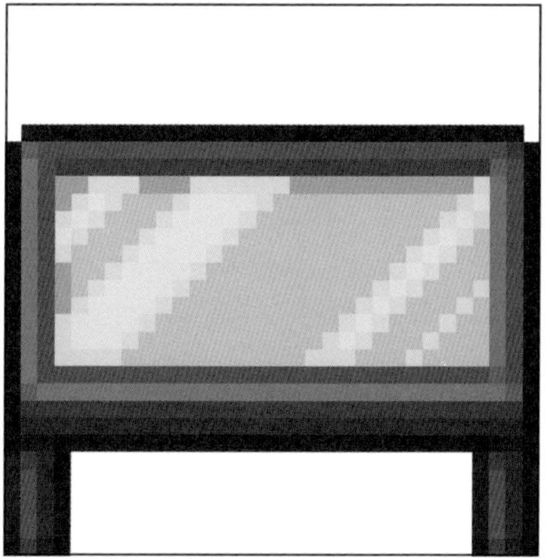

難易度 ☆☆☆☆☆

ファイル Lesson5 ⇒ 063

**四角い天板と脚を描いて陰影をつければ
あっという間に木製テーブルが完成！
天板にひと手間加えるだけで簡単に
ガラス製にアレンジ可能です。**

サイズ 32×32

パレット［16色］

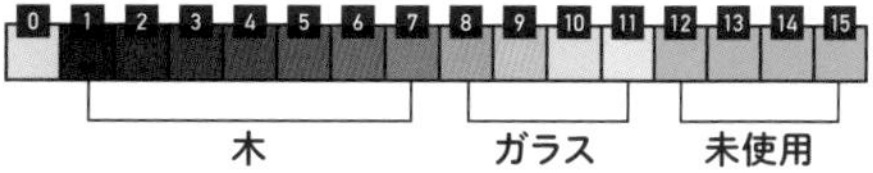

STEP 1 まずは■ツールで茶色（色5）の横長の長方形を描きます。続いて□ツールで濃い茶色（色1）の輪郭線を描きます。これがテーブルの天板になります。

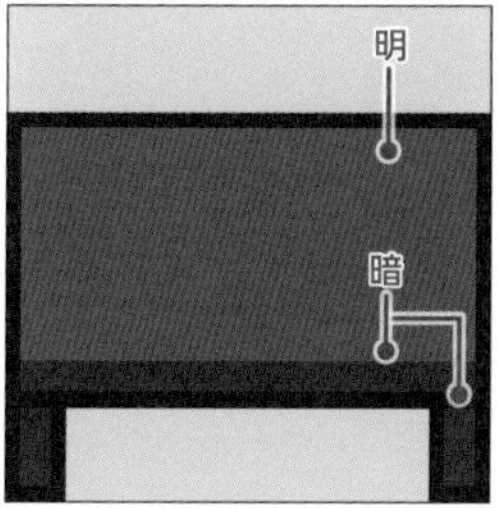

STEP 2 天板から下に伸ばすように厚みをつけ、その下に脚を2本つけます。手前上から光が当たっていることを想定して、天板の側面と脚には少し濃い茶色（色3）を塗って影を落としておきました。天板と側面の境界は線を引かず色の明暗で表現すると、やわらかな印象になります。

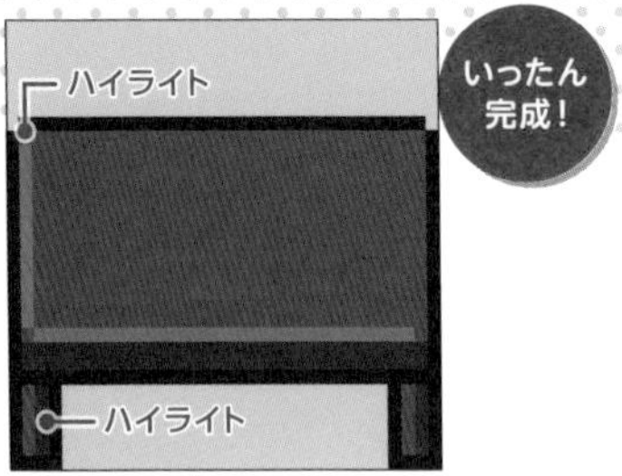

STEP 3 天板の上辺の両端を1ドット削って丸みをつけます。天板の左辺と下辺に明るい茶色（色7）で直線のハイライトを引きます。それより少し暗い茶色（色5）で両脚の左側にハイライトをつければ、シンプルな木製のテーブルが完成です！

POINT テーブルのような硬く四角いモチーフは端が反射で明るく見えるので、輪郭線に沿うように線状のハイライトを入れています。丸みをつけるため、角の1ドットを削っておきます。

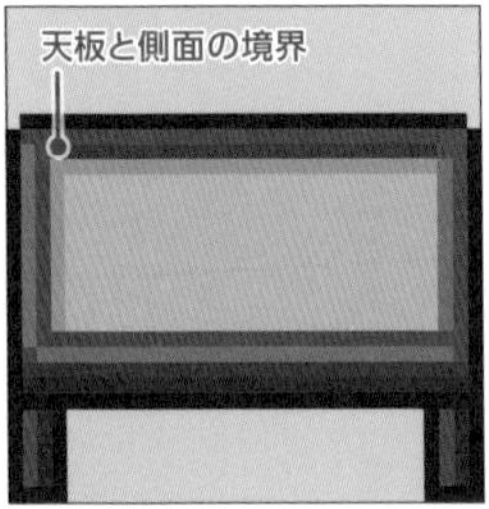

STEP 4 天板が単調で寂しいので、一部をガラスに変えてアレンジします。まず、天板の中心に水色（色9）で長方形を描きます。その左辺と上辺に濃い水色（色8）で影をつけて奥行きを表現します。さらに天板と側面の境界を1ドットの茶色（色4）の直線でなじませます。

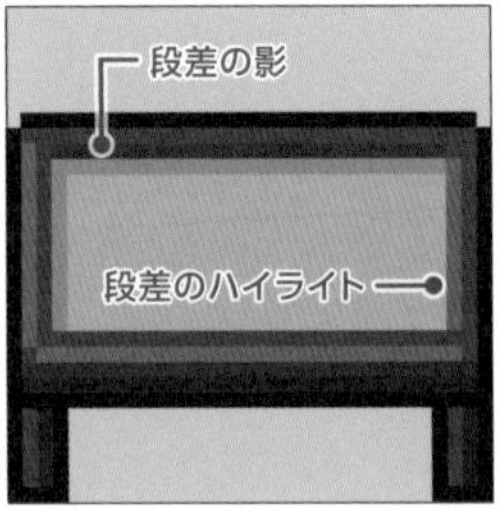

POINT 天板は、木製の枠にガラスがはまっている状態を想定しています。枠とガラスの境界には段差ができるため、ここではガラスの上に影、右側に色7でハイライトを加えました。

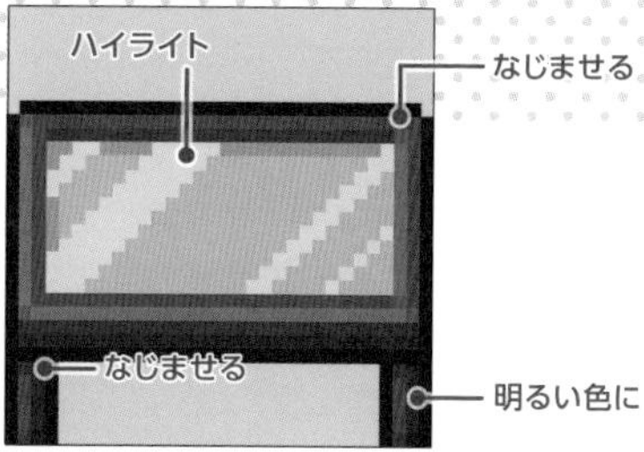

STEP 5 ガラスに明るい水色（色11）で斜めのハイライトを入れて質感を表現します。天板の角を明るい茶色（色6）で、脚を茶色（色4）でなじませます。さらに脚の下辺も少し明るい色に塗り替えます。

一口メモ

ガラスといえば、斜めの光！　実際は光源や映り込みによってさまざまな見え方になりますが、斜めのハイライトがいちばん簡単で誰もが分かる共通言語的な表現だと思います。ここでも、幅の異なる複数の斜めのハイライトを入れてガラスの質感を出しています。

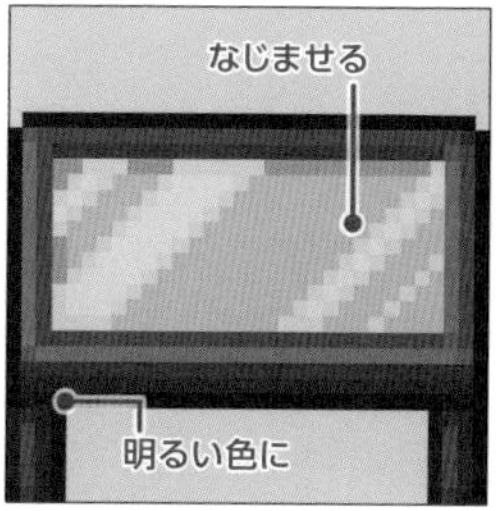

完成！

STEP 6 ガラスの基本色と斜めのハイライトを、中間色（色10）でなじませます。天板と脚の境界線を少し明るい色（色2）に塗り替え、浅めの段差で接していることを表現します。

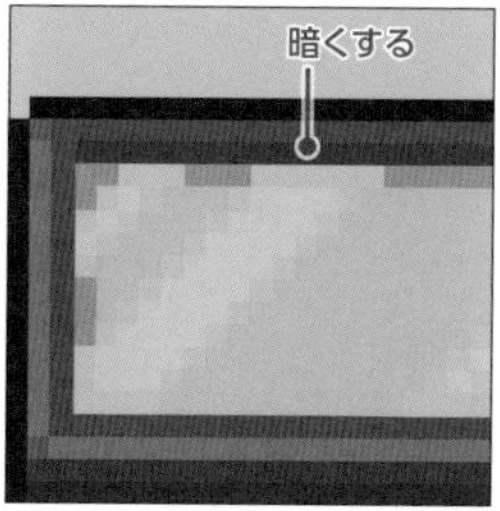

POINT ガラスのハイライトは、天板の影が落ちそうなところだけ少し濃い水色（色10）で暗くします。これによって、ハイライトが浮かず、周囲に溶け込むことで自然な仕上がりになります。

064 ソファ

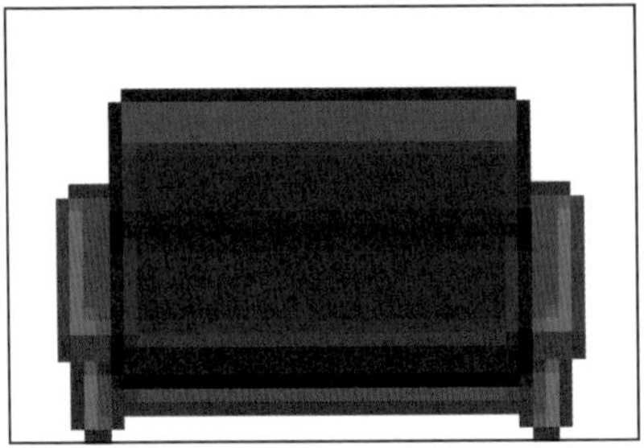

難易度

ファイル Lesson5 ⇒ 064

肘掛けがついたスタンダードなソファは
長方形の組み合わせで表現します。
ハイライトや影をつけながら
ボリュームや立体感を出していきます。

サイズ 48×32

パレット[16色]

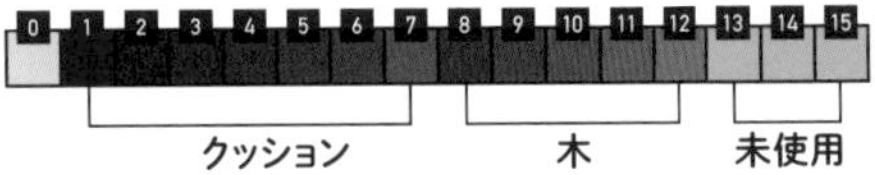

STEP 1

まずはアタリを取ります。■ツールで茶色(色10)の長方形を描き、□ツールで濃い茶色(色8)の輪郭線をつけて木製フレームとします。その前面に濃い緑(色4)の長方形を描き、黒(色1)の輪郭線をつけてクッションとします。左右対称の絵柄なので、STEP6まで半分だけ描いてコピー&ペースト→[左右反転]でもOKです。

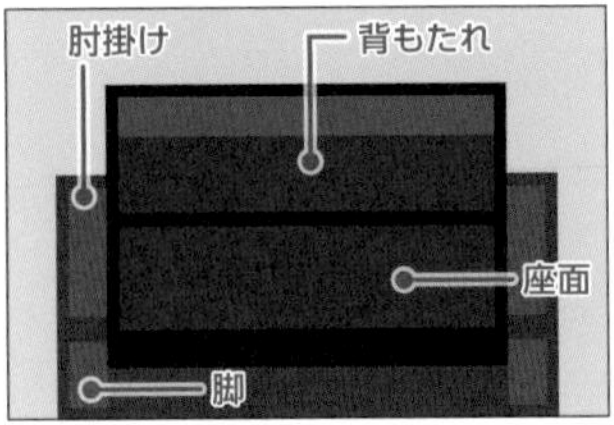

STEP 2

上からの光を想定して、フレームに濃い茶色(色8)で、クッションに黒(色1)で影色をつけます。さらにクッションの天面にグレー(色7)でハイライトをつけ、厚みを表現します。クッションの座面と背もたれの境界、フレームの肘掛けと脚の境界に線を引いておきます。

STEP 3 全体的にカクカクした感じが目立つので、角の出ている部分を1ドット削って丸みをつけました。座面クッションの下のフレーム部分を1枚の木の板ととらえ、その上面に当たる部分に1ドット幅の茶色（色10）の直線で明るくしておきます。

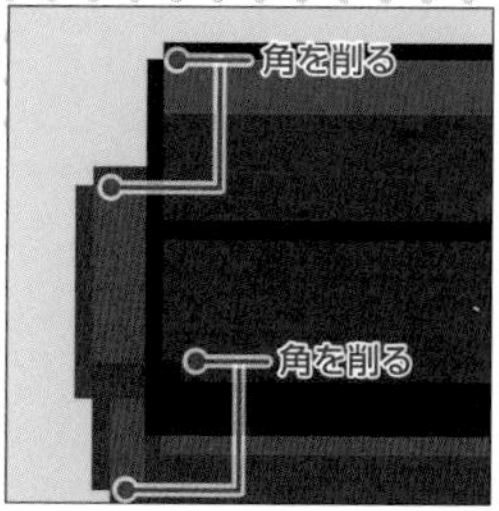

POINT 背もたれクッションと肘掛けの奥側、座面クッションの手前、脚の下側の角を1ドット削っています。これによって角が取れて丸みのある形になります。

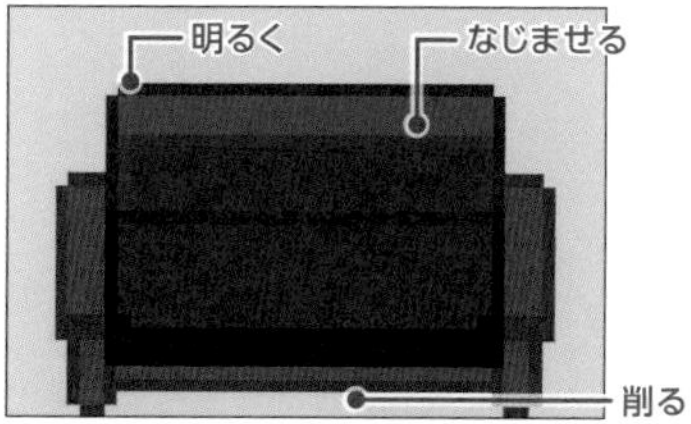

STEP 4 クッションの背もたれ部分の輪郭線を明るい色（色2）に塗り替え、基本色とハイライト、輪郭線を中間色（色5、6）でなじませます。ソファの下の木を少し削って風通しをよくしました。

POINT 背もたれは、輪郭線と隣り合った色をうっすら明るくして、クッションのやわらかな質感を表現しています。

STEP 5 座面クッションの下部を少し明るい色（色2）に塗り替えます。また座面の形に沿ってグレー（色6）でうっすらハイライトを入れ、それより少し暗い色（色5）でクッションの基本色となじませます。肘掛けと脚に明るい茶色（色12）でハイライトを入れます。

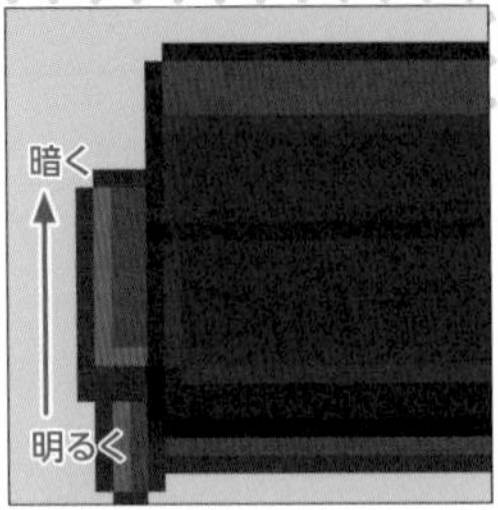

POINT 肘掛けは手前が明るく、奥が暗くなるよう、手前にハイライトを多く置いています。

STEP 6 クッションの背もたれと座面の境界の直線が目立つので、その直線と基本色の中間色（色3）でなじませました。肘掛けと脚のハイライトと基本色を中間色でなじませ、肘掛けの側面を少し明るい色に変更して完成です！

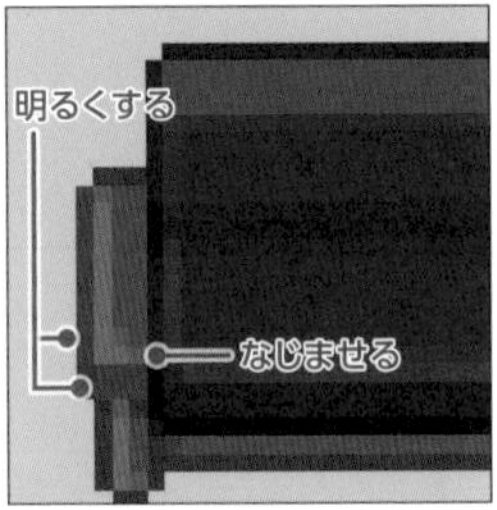

POINT 肘掛けと脚のハイライトと基本色は中間色（色11）でなじませています。肘掛けの側面がちょっと暗かったので、茶色（色9）にして明るくしました。

065 ラグマット

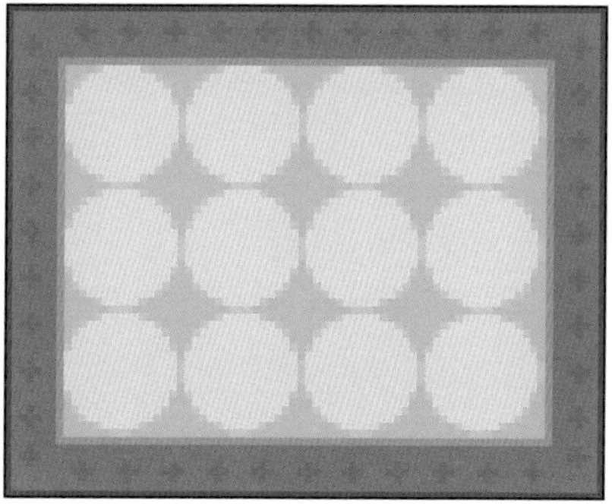

難易度 ☆☆☆☆☆

ファイル Lesson5 ⇒ 065

大きな水玉模様があしらわれた
シンプルでかわいらしいラグマット。
あらかじめグリッドを8×8ドットに
設定しておくと描きやすいです。

サイズ 80×64

パレット[16色]

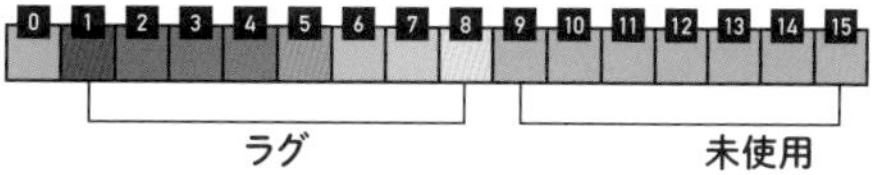

STEP 1 まずは横幅80×縦幅64ドットの新規ファイルを作成し、■ツールで青色(色4)の長方形を描きます。これがラグ全体の大きさとなります。続いて、その中にひと回り小さな黄緑色(色6)の長方形を描きます。

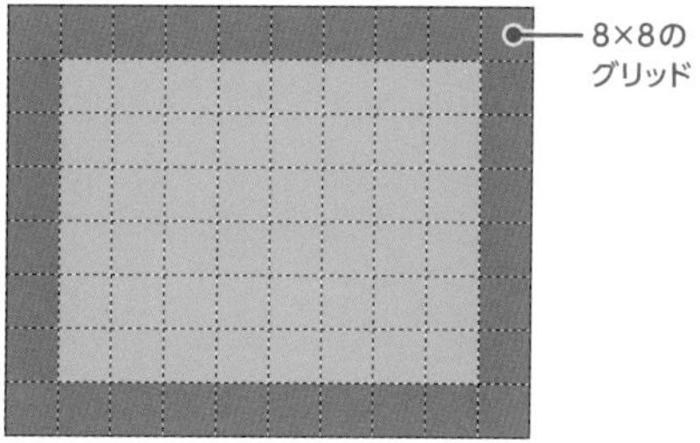

POINT あらかじめグリッドを8×8ドットに設定しておくと描きやすいです(P014「[選択範囲][グリッド][編集単位]タブの各項目を設定する」参照)。

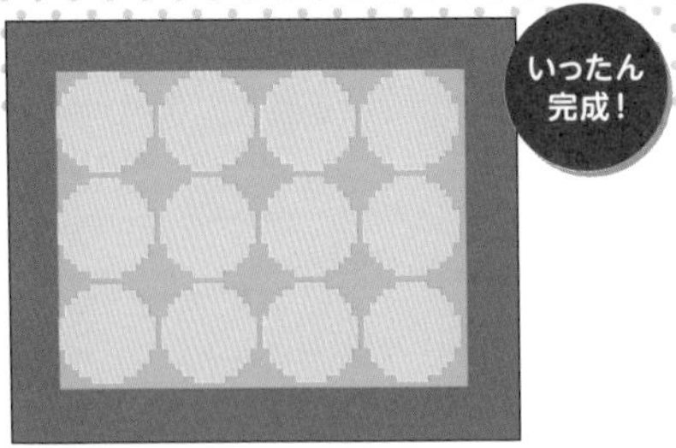

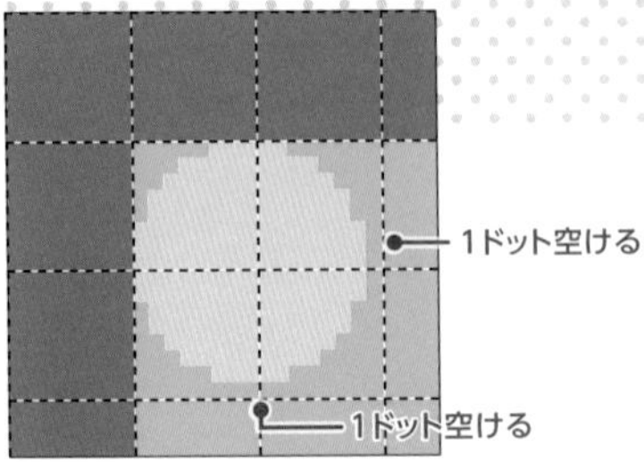

STEP 2 ●ツールで黄色（色8）の円をひとつ描き、それをコピー&ペーストして黄緑の長方形の中に敷き詰めます。これでシンプルなラグが完成！

POINT 黄色の円は、16×16ドット内に収まるよう描きますが、その際グリッドの右と下が1ドット空くようにします。16×16いっぱいに描くと、コピー&ペーストで敷き詰めたときに円同士がくっついてしまうので、それを防ぐためです。

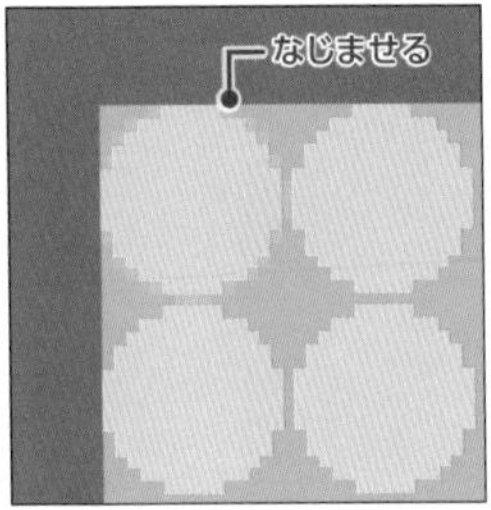

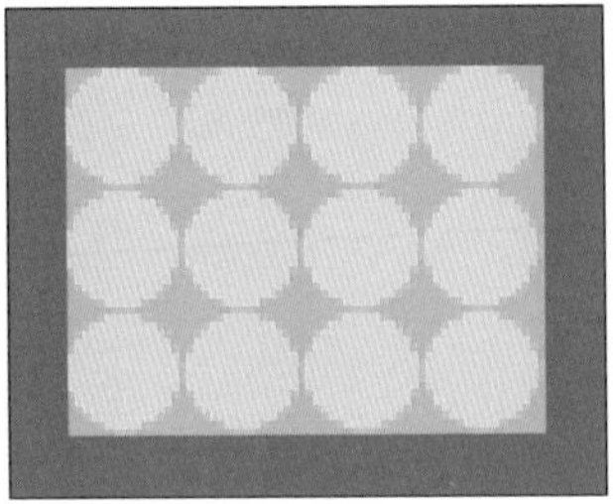

STEP 3 いずれかひとつの黄色の円を、ラグの黄緑と中間色（色7）でなじませます。なじませた円をコピー&ペーストで黄緑の長方形の中に敷き詰めます。

一口メモ

円をなじませるときは、中間色を2色使った方が丁寧にできますが、今回はできるだけ少ない色数にしたかったので1色のみでなじませています。

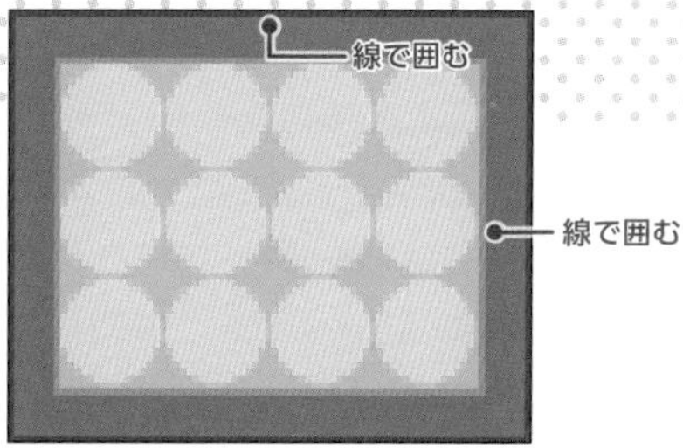

STEP 4 □ツールまたは[直線の描画]ツールで、ラグの外周を1ドット幅の青色(色1)の線で囲みます。同様に、黄緑の長方形の外周にも少し濃い色(色5)で線をつけておきます。

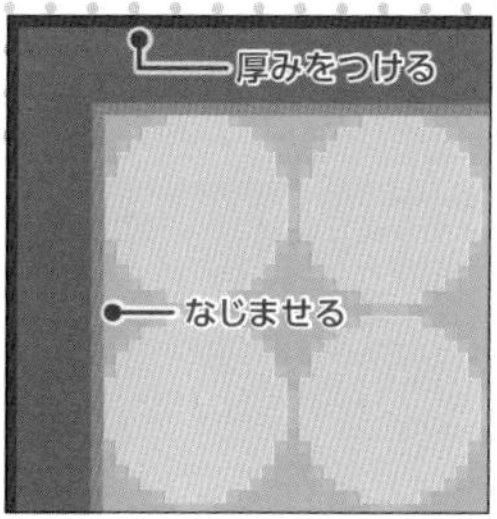

POINT ラグの外周に濃い線をつけることで、ラグに厚みをつけて存在感を出すことができます。黄緑の長方形の外周につけた線は、色の境界をなじませるためのものです。

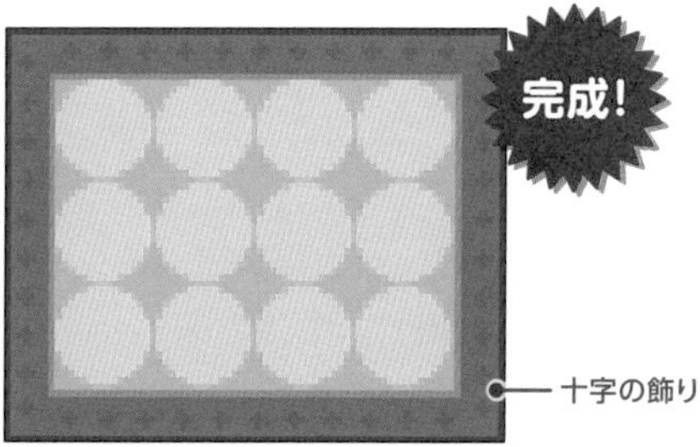

STEP 5 ラグに飾りを足していきます。濃い青(色2)で十字をひとつ描き、それをラグの外周に沿ってコピー&ペーストします。左辺に十字を並べたら、右辺にそれをコピー&ペーストするという具合に進めると効率的です。

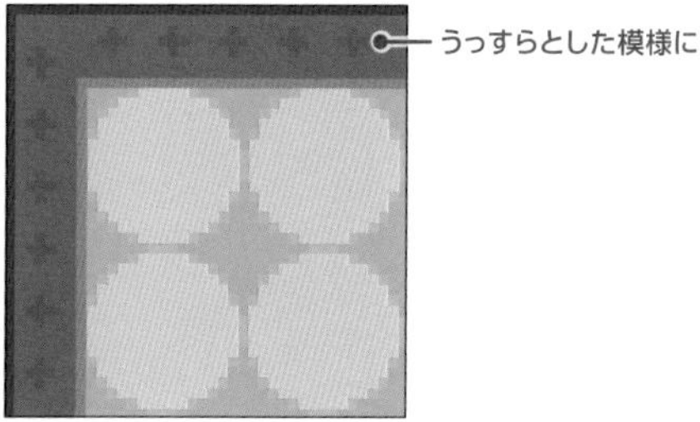

POINT 黄緑の長方形に敷き詰めた黄色の円がはっきりとした模様で目立つので、画面がうるさくならないよう、十字はうっすらとした模様にしてバランスをとっています。

066 床(フローリング／畳)

難易度 ★★★☆☆

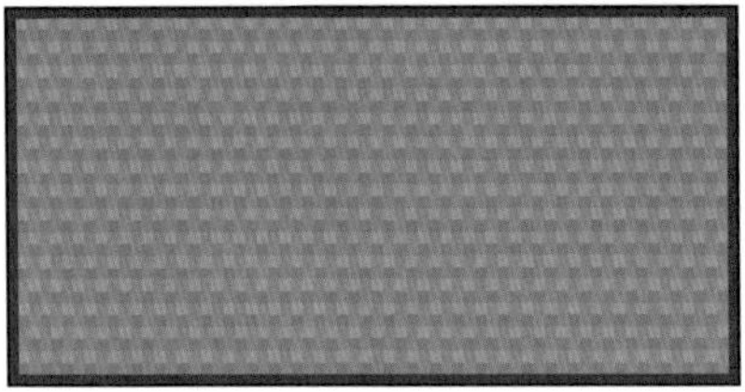

ファイル Lesson5 ⇒ 066

洋室や和室を描く際に欠かせない
フローリングや畳の床。
ひとつパーツを作ったら
コピー&ペーストで並べていけばOKです！

サイズ 64×32(フローリング)、
64×32(畳)

パレット

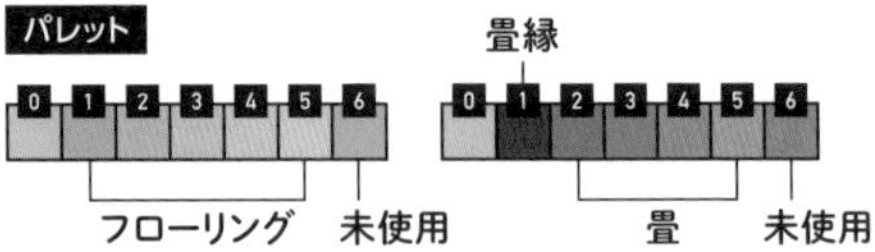

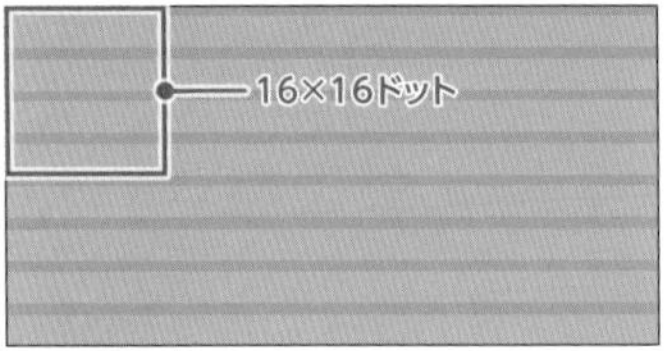

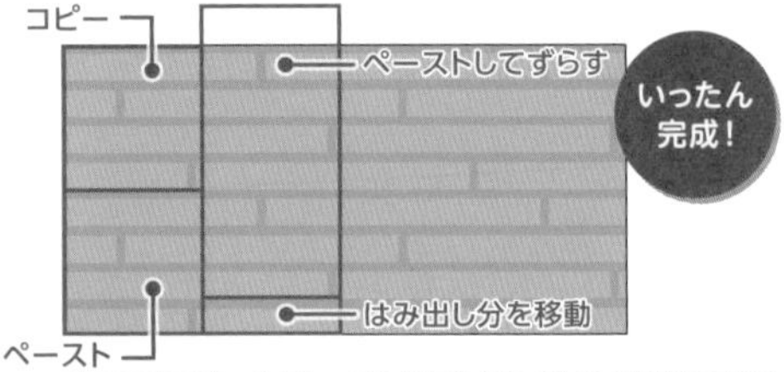

STEP 1 まずは1種類目、フローリングの床を描きます。横幅64×縦幅32ドットの新規ファイルを作成し、■ツールで16×16のベージュ(色3)の四角形を描きます。これが1パーツになります。続いて[直線の描画]ツールで茶色(色1)の横線を等間隔に引いたら、このパーツをコピー&ペーストして全体に敷き詰めます。

STEP 2 1パーツに茶色(色1)の縦線を引いたら、それを下にコピー&ペーストして並べます。これら2パーツをコピー&ペーストして横に並べたあと、板1枚分上にずらしてはみ出た分を下に移動して埋めます。これらをコピー&ペーストで右に並べれば、もうフローリング！

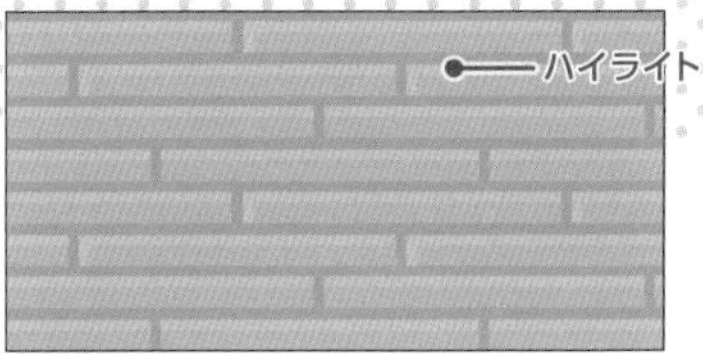

STEP 3 板の左上方向に明るいベージュ（色5）でハイライトを入れます。明暗差がついたことで、やや立体的に見えるようになりました。さっきもいったん完成しましたが、この状態で完成としてもOKです！

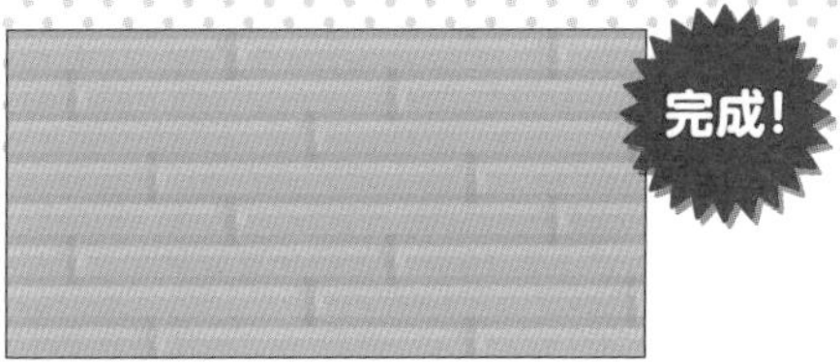

STEP 4 溝の色が濃いと段差が強調されがち。実際のフローリングはそこまで板と溝の段差を感じないので、グラデーションを使って溝を少し明るい色に塗り替えます。これで、より自然なフローリングの床が完成！

STEP 1 2種類目の畳の床を作成します。畳といえば美しく整列した編み目（畳目）！　畳目は明度差のあるドットを交互に配置して表現します。まずは横幅64×縦幅32ドットの新規ファイルを作成し、暗い緑（色3）と明るい緑（色5）で縦2ドットの直線をそれぞれ8本交互に並べます。

STEP 2 STEP1のままだと単なるストライプ模様なので、ひと手間加えて畳目らしくしていきます。まずは明るい緑の上1ドットを、少し暗い色（色4）に塗り替えます。

STEP 3 今度は逆に暗い緑の下1ドットを明るい色（色4）に変更します。これが畳目のパーツになります。あとはこれをコピー&ペーストして並べていくだけ！

STEP 4 STEP3 で作成したパーツを下方向にコピー&ペーストし、1ドット左右どちらかにずらして配置します。ずらして空いたところは、部分的にパーツをコピー&ペーストして埋めておきます。これでイグサが交互に編まれている感じを出すことができます。

STEP 5 STEP4 で作成したパーツをコピー&ペーストして全体に敷き詰めます。これが畳一畳分となります（ちなみに STEP4 で1ドットずらさなかった場合は、イグサが交互に編まれている感じにならず、ギンガムチェックのような見た目になってしまいます……）。

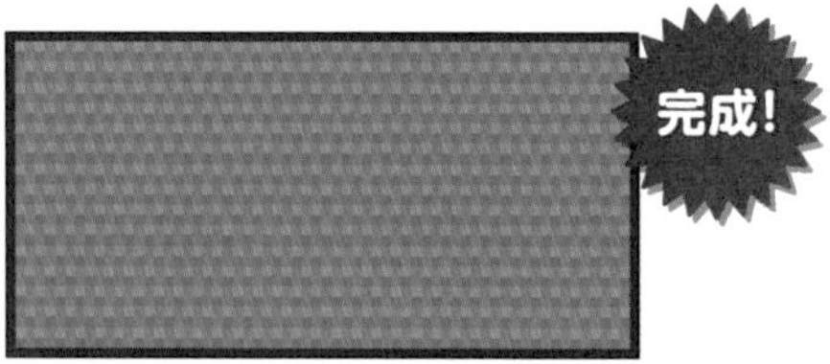

STEP 6 あとは、□ツールで濃い緑（色1）の線で全体を囲んで畳縁（たたみべり）を描けば完成です！　これをコピー&ペーストして、畳の合わせ目が十字にならないよう向きを変えながら敷いていけば、簡単に畳の床を表現できます。

067 ネオンサイン

難易度 ☆☆☆☆☆

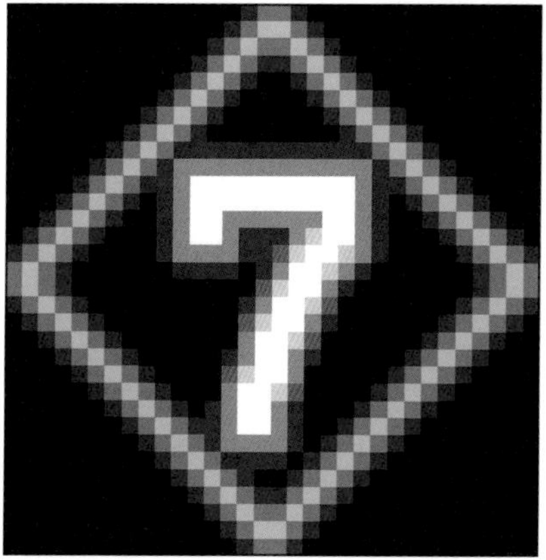

ファイル Lesson5 ⇒ 067

夜の街並みを華やかに彩るネオンサイン。
ネオン管の中心を明るく描き
その外側をグラデーションで
ぼうっと輝かせましょう。

サイズ 32×32

パレット[16色]

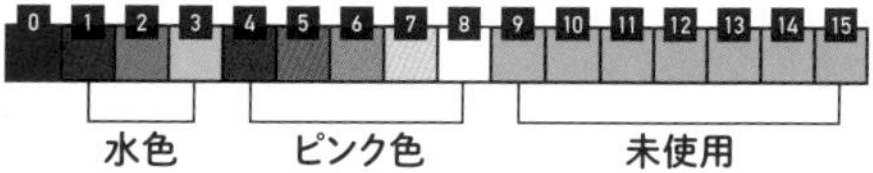

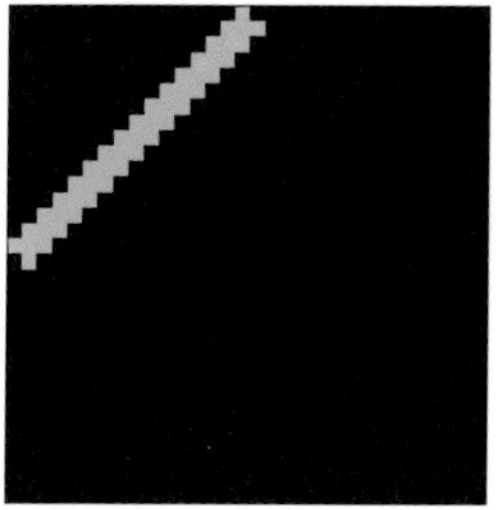

STEP 1 幾何学的な模様と文字を組み合わせたシンプルなネオンサインを描いていきます。まずは[直線の描画]ツールで斜め45°の水色(色3)の直線を3ドット幅で1本引きます。それをコピー&ペースト→[左右反転]したあと、さらにコピー&ペースト→[上下反転]して菱形にします。

一口メモ

[直線の描画]ツールのオプションバーで[ペン幅]を変えると、線の太さを変更できます。ここでは、[ペン幅:3]に設定して3ドット幅の線を引いています。

STEP 2 STEP1 で描いた菱形の線の縁を青色（色2）に塗り替えます。その中央に白（色8）で数字の「7」を描きます。「7」の最後の斜め線はゆるいカーブになるよう、縦幅が段階的に広くなるイメージでドットを打っていきます。

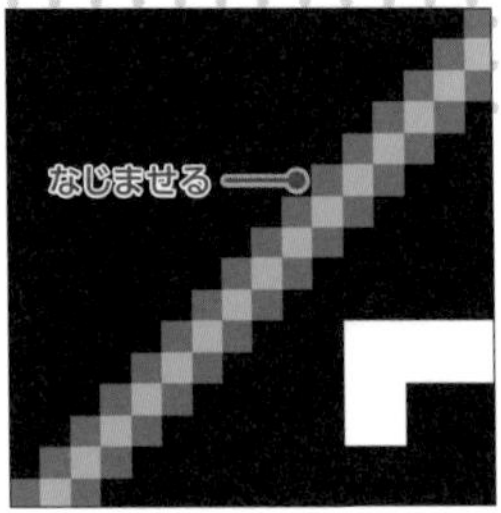

POINT ネオンサインはネオン管のある中心がいちばん明るく、周囲がぼうっと輝いているのが特徴。明るい線の縁を少し暗い色でなじませていくことで、ぼんやり発光している感じを表現することができます。

STEP 3 「7」の周囲をぐるりと1ドット幅のピンク（色6）で囲みます。斜め線の部分はガタガタになってもあまり気にせず、できるだけピンクの幅が均等な太さに見えるようにします。

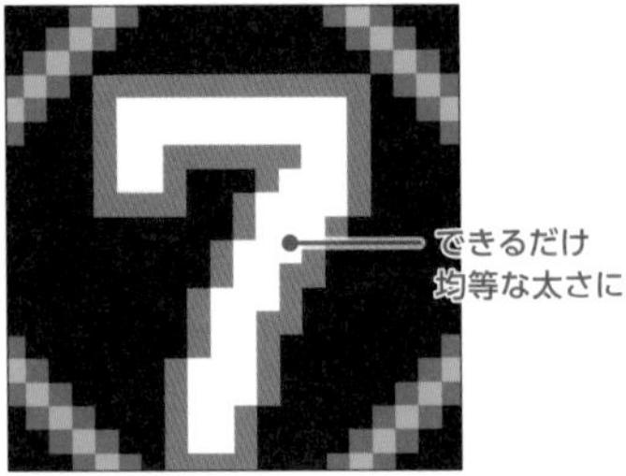

POINT 1ドット幅のピンクの線を周囲につけると、白い「7」の数字が部分的に細って見えることがあります。その場合は、できるだけ白の線も均等な太さに見えるよう形を整えるようにします。

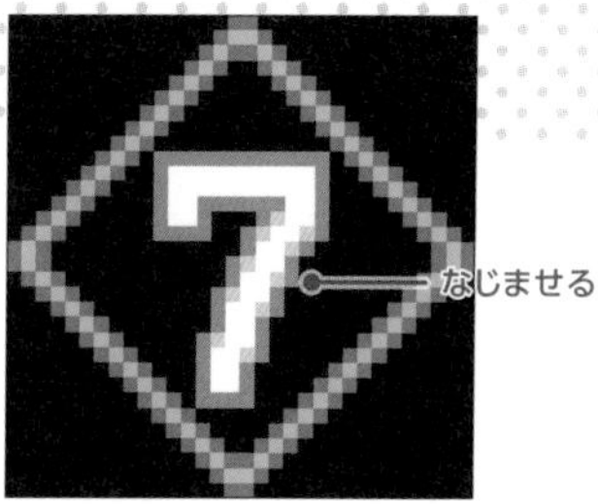

STEP 4 数字の「7」の白とピンクを中間色（色7）でなじませます。ガタガタした斜めの白い線がなるべくなめらかに見えるよう、ドットを置いていきます。

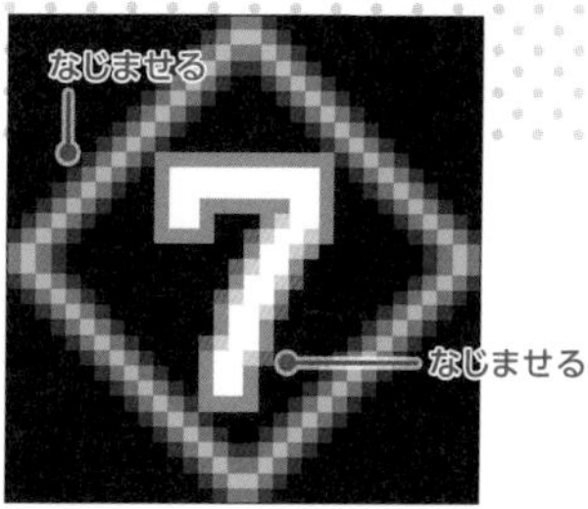

STEP 5 数字の「7」のピンクと背景の黒を中間色（色5）でなじませます。また菱形部分も青と背景の黒を中間色（色1）でなじませ、さらに周囲をぼかします。

STEP 6 数字の外周をさらにもう1色濃いピンク（色4）でぼかします。少し離れたところから見て数字の周囲がぼんやり発光して見えればOKです！

POINT カラーパレットの色を変えることで、手軽に色の異なるネオンサインを表現できます。全体的に色を暗くすると、消灯したネオンサイン風になります。いろいろ試してみてくださいね。

068 ちいさなマグカップ

難易度 ☆☆☆☆☆

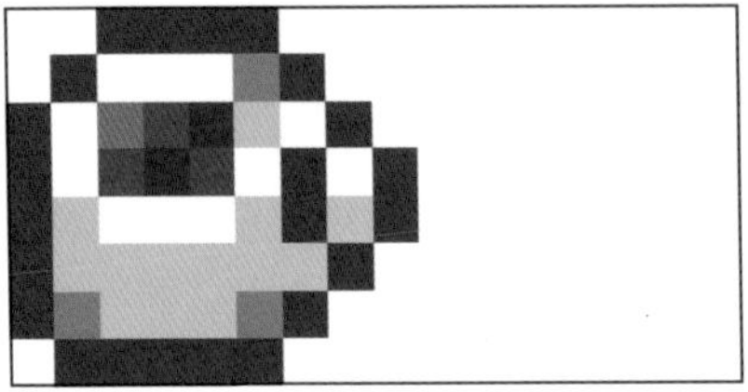

ファイル Lesson5 ⇒ 068

家具やSDキャラなどに合わせやすいギリギリまでちいさくしたマグカップ。角を削ったり、色の置き方を工夫してカップらしい丸みをつけていきます。

サイズ 16×8

パレット［16色］

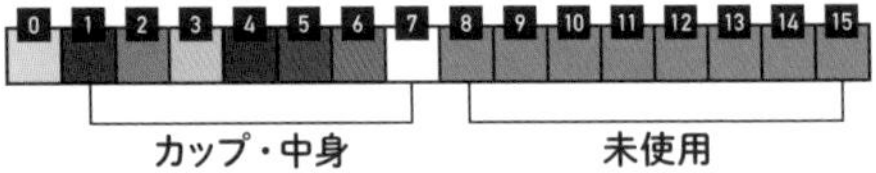

STEP 1 縦8ドットのとってもちいさなマグカップを描きます。横幅16×縦幅8ドットで新規ファイルを作成したら、■ツールで白（色7）の長方形を描き、濃い茶色（色1）で輪郭線をつけます。すべての角を1ドット削って丸みをつけました。

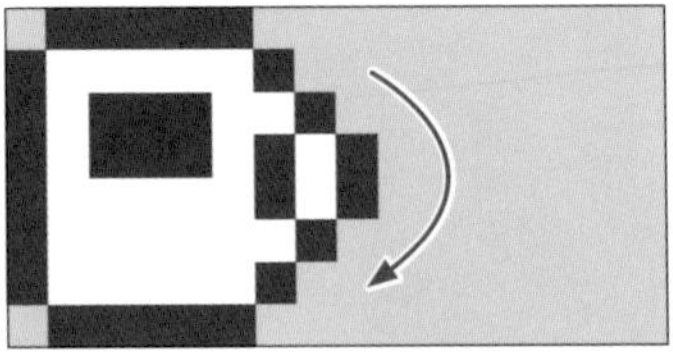

STEP 2 カップの右横に半月状の取っ手をつけます。指を入れる穴は縦線で表現します。カップの上側に濃い赤（色4）で長方形を描き、中身とします。コーヒーとも紅茶ともとれる色ですが、筆者はココアが好きなので、温かいココアを想像して描きました。

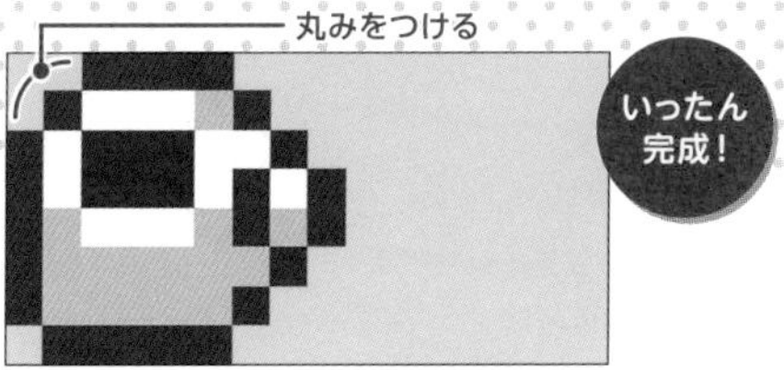

STEP 3 カップに薄い茶色（色3）で影をつけます。飲み口は白のまま明るさを残しています。取っ手は上を明るくし、下に影を落とします。温かい飲み物を想定しているので影色は暖色系にしています。全体のバランスを見たとき、まだカップが四角く感じられたので、左上を斜めに削ってさらに丸みをつけました。

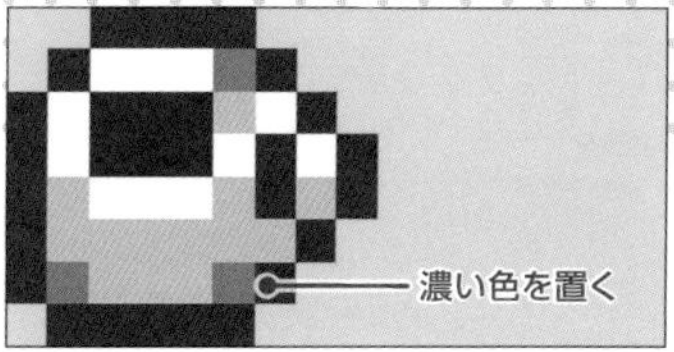

STEP 4 これ以上削る角がないのですが、もう少しだけ丸く見せたいと思います（丸くしたいというこだわり、というか、ほとんど執着心ですね……）。そこで、濃い色はへこんで見えるのを利用して、カップの右上と底面の両端に濃い茶色（色2）を置き、より丸く見えるようにしました。

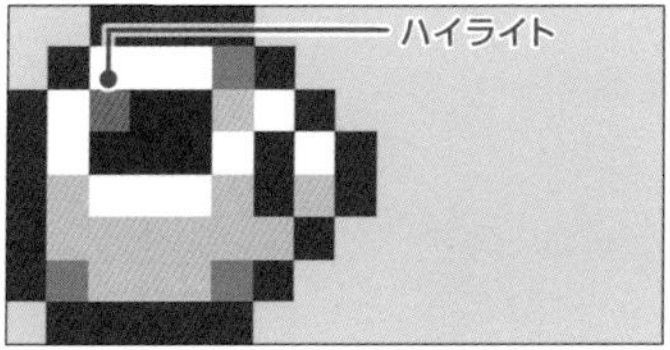

STEP 5 カップの中身にハイライトを1ドット入れます。飲み物を観察してみると、反射によってハイライトがはっきり明るく見えることが多いです。そこでここでも、明るい赤（色6）を置いて、くっきりとしたハイライトをつけました。

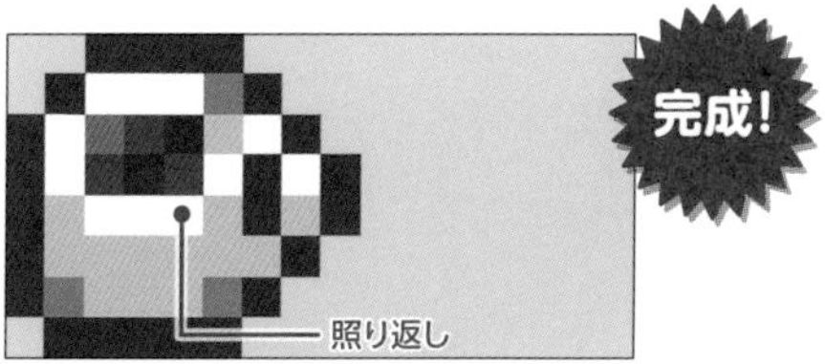

STEP 6 カップの中身の基本色とハイライトを中間色（色5）でなじませます。ハイライトの周囲だけでなく、中身の右下にも同じ色を1ドット置いて照り返しを表現します。これで中身も少し丸く見えるようになりました！

069 積まれた本

難易度 ☆☆☆☆☆

ファイル Lesson5 ⇒ 069

しおり代わりの付箋がつけられ
乱雑に積み重ねられた本。
どんな人が読んでいるのか
想像しつつ描いてみましょう。

サイズ 16×16

パレット[16色]

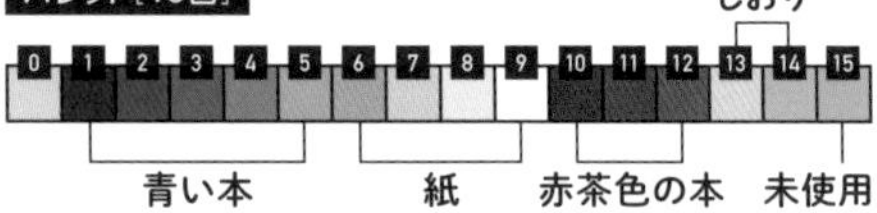

STEP 1

まず、16×16ドットで新規ファイルを作成したら、■ツールで水色（色5）の長方形を描きます。その下辺に白（色9）で1ドット幅の横の直線を引き、周囲に濃い青（色2）で輪郭線をつけます。その下に横長の白い長方形をふたつ描いて、下に重なった本のアタリを取ります。

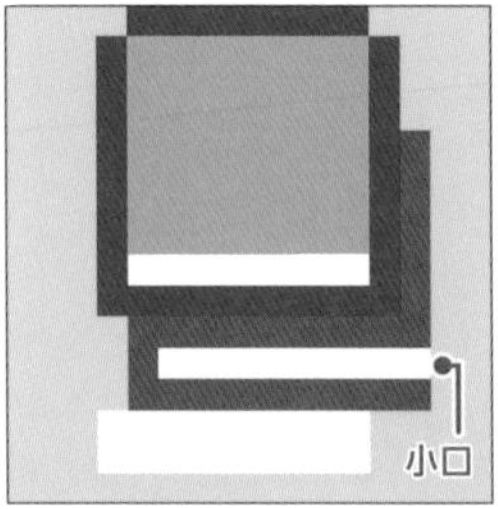

STEP 2

いちばん上の本の角を取って丸みをつけます。真ん中の本に［直線の描画］ツールで赤茶色（色12）の線を引き、表紙とします。その際、白い長方形の右端のみ線をつけず、小口（本を開く側）を表現します。いちばん上の本にも小口はあるのですが、「本」と認識しやすいよう輪郭線はつけたままにしています。

STEP 3 いちばん下の本に[直線の描画]ツールで濃い青(色1)の表紙をつけます。背表紙に丸みをつけたいので左下の角を1ドット削っています。3冊の本は、上から下に向かって暗い色にすることで高低差を出しています。

STEP 4 真ん中の赤茶色の本に影色(色10)をつけます。いちばん下の本は元が暗い色なので、逆に青(色3)で部分的に少し明るくし、奥行きを出します。なお、いちばん下の本の右端の青は、あとで色を調整するので、目安として置いています。

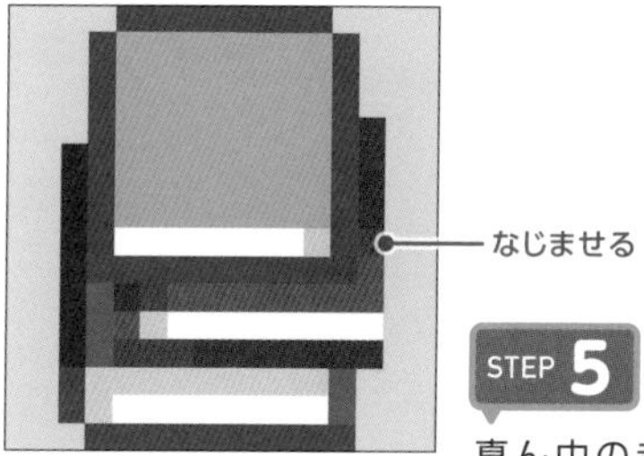

STEP 5 真ん中の赤茶色の本の基本色と影色を中間色(色11)でなじませます。次に、3冊とも白い紙の部分に薄いグレー(色7)で影を落とします。その際、本によって右に影をつけたり、左につけたりすることで、本の向きが定まっておらず、乱雑に置かれていることを表現できます。

STEP 6 各本の紙部分をグレーのグラデーション(色6〜8)でなじませます。いちばん下の本は紙の左上の角に暗い色を置き、背が丸く見えるようにしています。また小口も暗くして紙の存在感を際立たせました。いちばん上の本は、表紙に青(色4)のドットを打ってタイトルに。各本にピンク(色14)と黄色(色13)の四角を挟んで付箋とします。

070 壁掛けカレンダー

難易度 ☆☆☆☆☆

ファイル Lesson5 ⇒ 070

部屋のアクセントにちょうどいい
壁掛けタイプのカレンダー。
小さなサイズでもドットの置き方で
月間カレンダーを表現できます。

サイズ 16×16

パレット［16色］

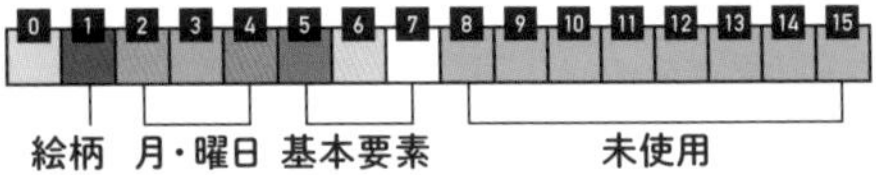

STEP 1

写真入りの壁掛けカレンダーを描きます。まず16×16ドットの新規ファイルを作成し、□ツールで濃いグレー（色5）の正方形を描きます。その内側を上下に二等分し、写真を入れる上を水色（色2）、日付の入る下を白（色7）で塗りつぶします。

STEP 2

STEP1 で水色に塗りつぶした上半分に、濃い青（色1）で富士山を描きます。三角形をイメージしながら、左側の山すそを狭く、頂上はやや平らに、右に向かってなだらかに下がっていくように描きます。

STEP 3

STEP2で描いた富士山の頂上を白く塗って冠雪を表現します。青の三角形+頂点の白=富士山という共通認識があるので、このようなシンプルな形でもわかりやすいです。山の右横に2ドットの白い横の直線を引いて、空に浮かぶ雲とします。これで写真部分は完成です。

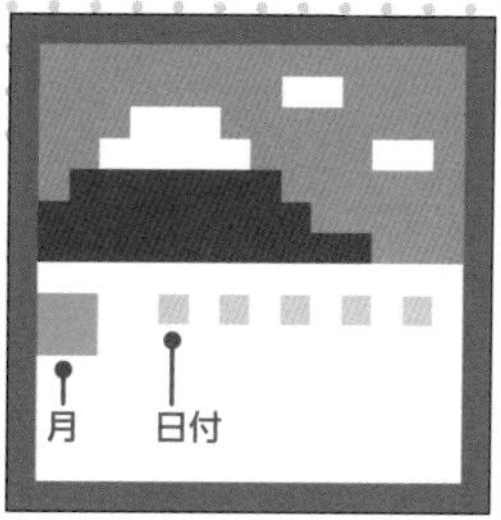

STEP 4

カレンダー下部の日付部分を作成していきます。まず、左側に■ツールで正方形を描きます。1月、2月などの月の数字が入る部分です。ここでは新緑の季節の5月をイメージして緑（色3）で描きました。続いて薄いグレー（色6）のドットを等間隔に5つ並べます。面積が足りないので少し省略していますが、1週間ぶんの日付を表しています。

STEP 5

日付部分をコピー&ペーストで下方向に並べていきます。通常、1カ月は4～5週ありますが、面積が足りないので少し省略しています。このように等間隔でグレーのドットを並べることでカレンダーだと認識しやすくなります。

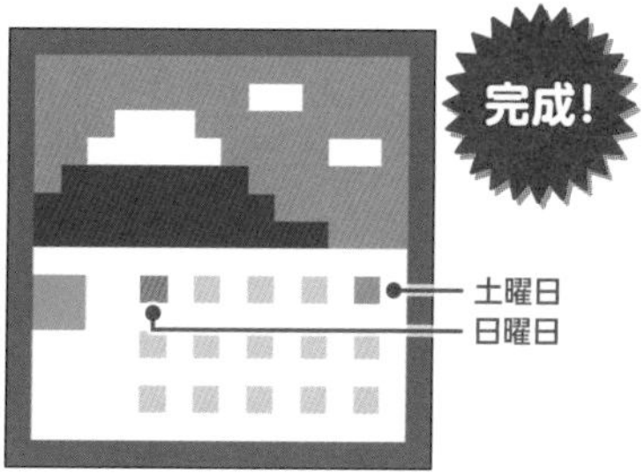

STEP 6

等間隔に並べたグレーのドットのうち、左上を赤（色4）に塗り替えて日曜日を表します。さらに右上のドットを青（色2）に塗り替えて土曜日を表現します。これで5つしかドットがなくても1週間だということが伝わりやすくなりました。

071 スナックの看板

難易度 ★★★☆☆

ファイル Lesson5 ⇒ 071

飲み屋街などで目にすることの多い
スナックやバーの電飾看板。
中心部と周辺部で光量のムラをつけ
どこか懐かしい雰囲気を出していきます。

サイズ 32×32

パレット[16色]

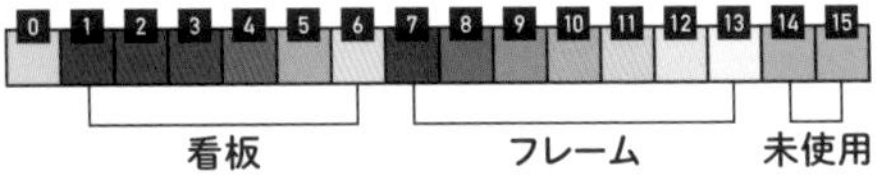

STEP 1

レトロな雰囲気の電飾看板を作成します。まずは[直線の描画]ツールで縦横に濃いグレー(色7)の線を引き、横長の長方形を描きます。その天地を大まかに三等分して、上を明るいグレー(色11)で、下の3分の2をグレー(色9)で塗りつぶします。

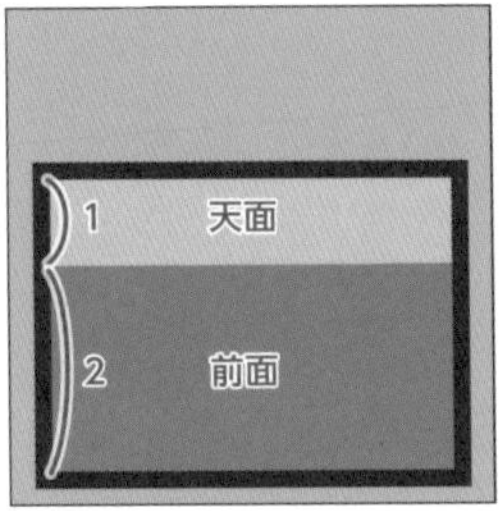

POINT 電飾看板は、シンプルな箱型のデザインにします。天地を大まかに1:2で分け、上を天面、下を前面(表示面)とします。

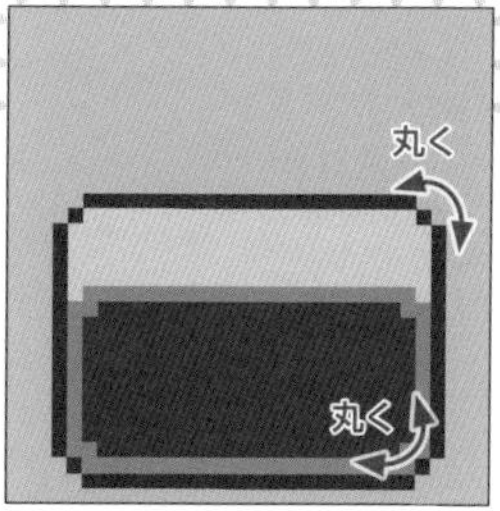

STEP 2 看板の金属フレームの角を削って丸みをつけます。表示面も紫（色3）で四角く塗ったあと、角を1ドット削って丸みをつけておきます。

一口メモ

昔の懐かしくもあやしげな雰囲気を出したいので、看板の表示面は紫とピンクをベースにします。看板のフレームは金属製をイメージし、少し青みがかったグレーを基本としています。後工程でフレームに反射を加えて金属らしい質感を出していきます。

STEP 3 看板の表示面にお店の名前を入れます。今回は単純に筆者の好きな文字を3つ並べ「ハムス」としました。文字の線に強弱のある懐かしい雰囲気の書体を意識し、鉛筆ツールを使い淡いピンク（色6）で描きます。

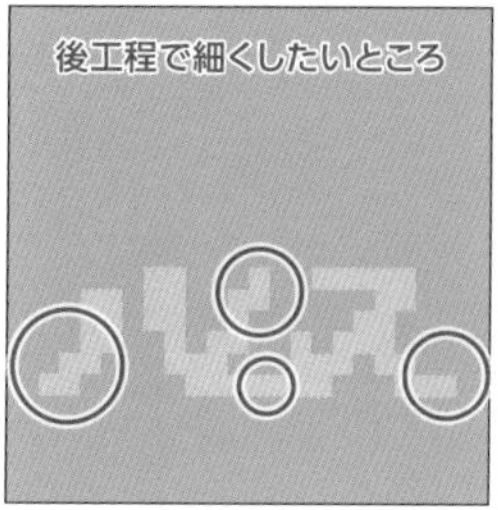

POINT 店名は看板とは別レイヤに描いておくと、位置の調節や店名の差し替えがしやすいです。図は文字のみを拡大したところ。後工程で先っぽ部分などを細くして、文字を構成する線により強弱をつけていきます。

STEP 4

「ハムス」の文字の上部に少し濃い色（色5）で影を入れて雰囲気を出します。昔の電飾看板は中心が明るく、端の方の光量が落ちて暗くなっている場合が多いので、表示面の外周にも濃い紫（色1）で影をつけておきます。フレームの輪郭線とグレーの下部を中間色（色8）でなじませます。

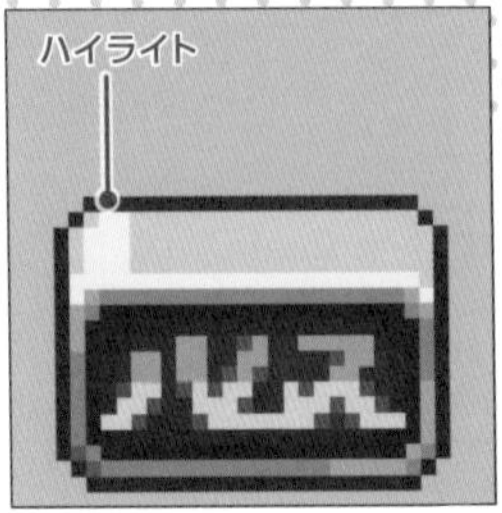

STEP 5

金属部分にハイライトを入れます。左上は色13で丸い角に沿って広く、前面の細い縁の右下と左上の角は色10で細く。輪郭線とも色9でなじませます。表示面の紫部分の影と基本色を色2でなじませます。文字も、細く見せたいところと太くしたいところを意識しつつ、紫部分と中間色（色4）でなじませます。

完成！

STEP 6

天面の輪郭線を少し明るい色（色8）に塗って表示面の輪郭線と差別化します。また天面のハイライトを中間色（色12）でなじませ、同じ色で右方向に反射光を追加していきます。表示面のフレーム右下にも色11で反射を追加します。文字の細く見せたい部分に濃い色（色5）を置いて形を整えれば完成です！

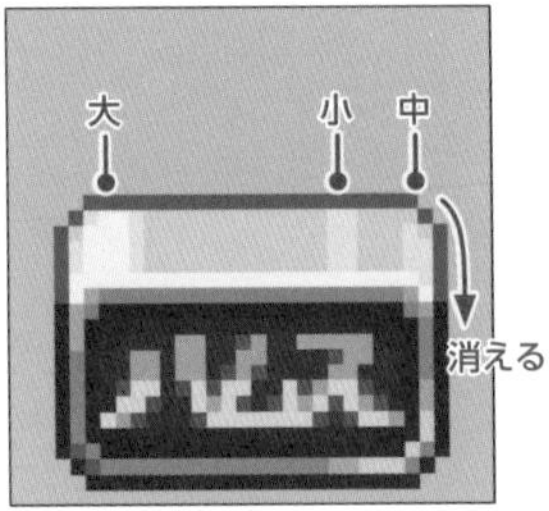

POINT 天面のハイライトの置き方に注目！ここでは、左側を明るく大きく、間をあけて右側に小さく、右の曲面に沿って消えるよう明るい色を入れてリズムを出しています。

072 窓

難易度 ☆☆★★★

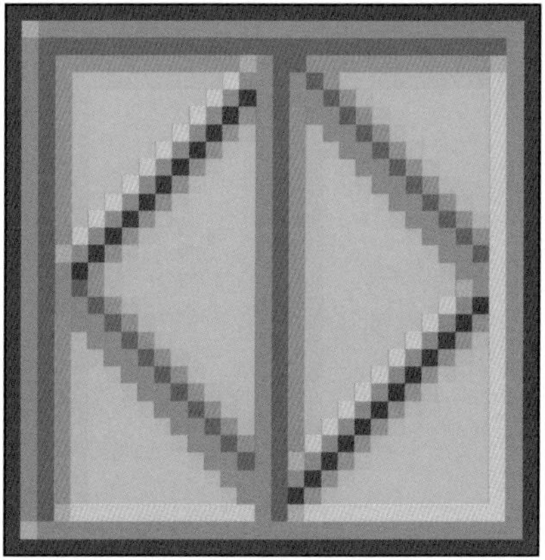

ファイル Lesson5 ⇒ 072

斜めに入った木枠がおしゃれな
洋館に合いそうなアンティーク風格子窓。
ハイライトと影をつけて
立体感をつけてみます。

サイズ 32×32

パレット[16色]

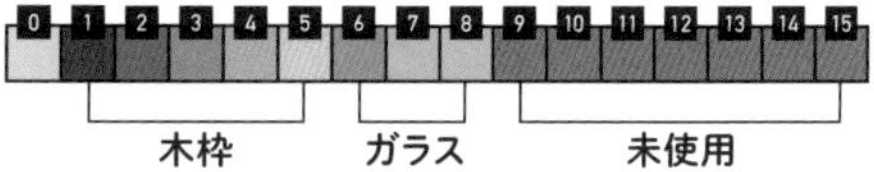

STEP 1

まずは□ツールで濃い茶色(色1)の正方形を描き、内側を明るい茶色(色3)で塗りつぶします。これが木枠になります。次に■ツールで木枠よりひと回り小さな水色(色8)の正方形を描いて窓ガラスとします。その中心に[直線の描画]ツールで明るい茶色の縦線を引いて、周囲よりやや細めの木枠を追加します。

STEP 2

木枠に影をつけて立体感を出します。ここでは左上の光源を想定して、上の木枠の下側、左と中央の木枠の右側に少し暗い茶色(色2)で影をつけています。

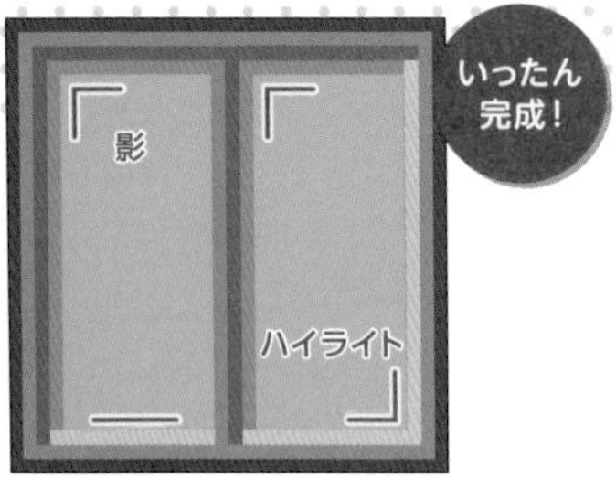

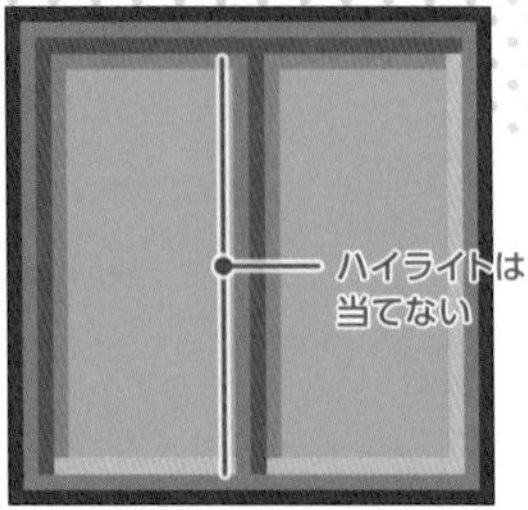

STEP 3 右の木枠の左側と、下の木枠の上側に、明るい茶色（色5）でハイライトを入れます。さらに窓ガラスの左上に濃い青（色6）で木枠の影を落とします。これでシンプルな窓が完成！

POINT STEP1 で想定したように中心の木枠は、周囲の木枠よりやや細めのイメージです。そのため両端の木枠ほど凹凸を目立たせないよう、ハイライトは当てていません。

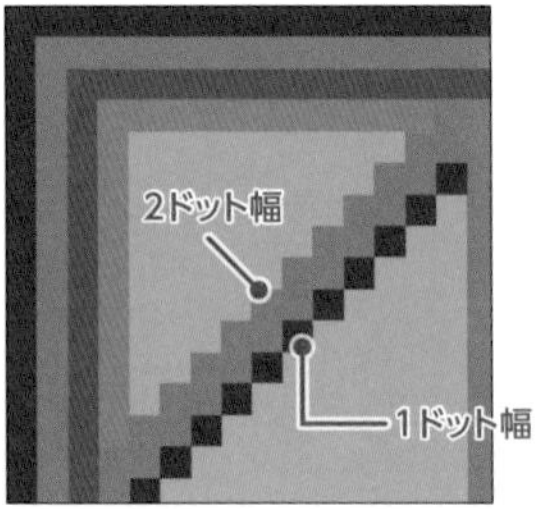

STEP 4 木枠にもう少し飾りを入れていきます。[直線の描画]ツールで左右のガラスに明るい茶色（色3）で斜め45°の線を引き、濃い茶色（色1）で影をつけます。その際、影は光源の位置を意識して木枠の右側につけます。

POINT 斜めの木枠は、あとでハイライトを入れたいので2ドット幅で線を引いておきます。影は1ドット幅にしています。

STEP 5 斜めの木枠のうち、左上と右下の木枠に明るい茶色(色5)でハイライトを入れます。窓ガラスに濃い青(色6)で斜めの木枠の影を落とします。木枠の影とハイライト、窓ガラスの影によって、全体的に立体感が出てきました。

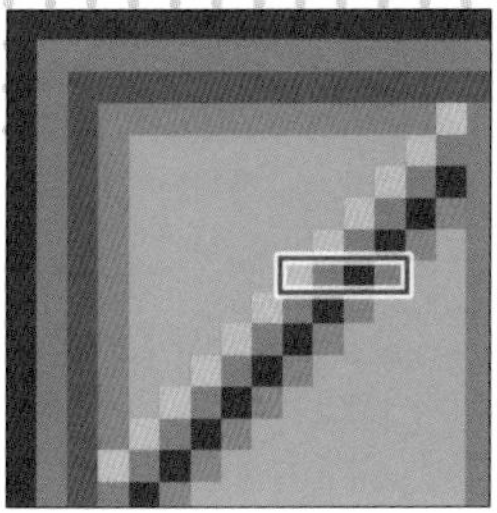

POINT 赤枠部分のドットは左から、ハイライト、基本色、木枠自体の影、窓ガラスに落ちた影という具合に色を置いています。いずれも[直線の描画]ツールで斜め45°の線を引いて表現します。

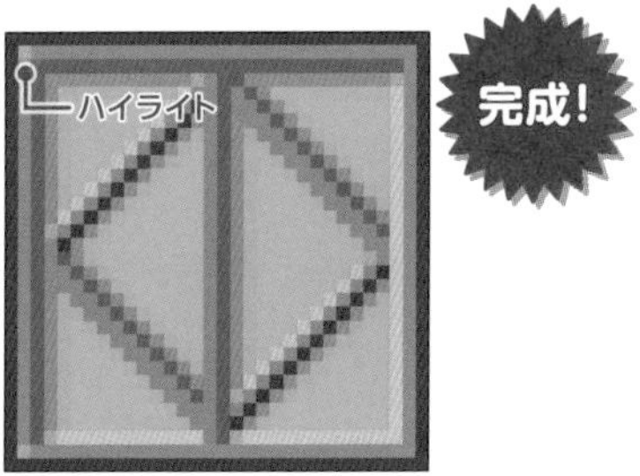

STEP 6 窓ガラスの基本色と影を色7でなじませます。左側の木枠の角に色4で1ドットずつハイライトを置き、角を強調します。右側と下の木枠のハイライトと基本色を色4でなじませます。右上と左下の斜めの木枠の影を少し明るい色(色2)に塗り替えて、印象をやわらげます。

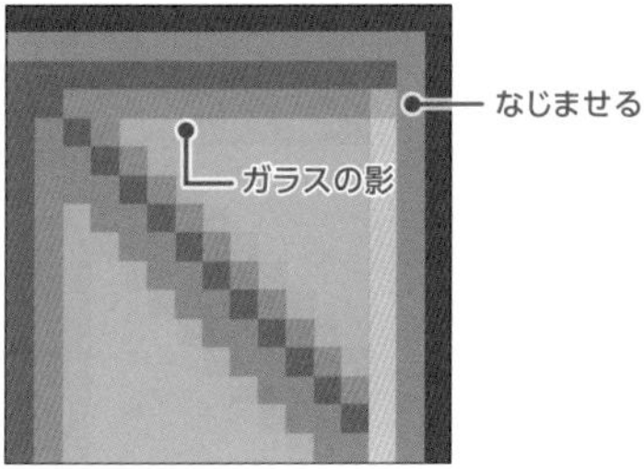

POINT 図のように1ドットだけ色を変えて、木枠のハイライトと基本色をなじませています。色を変えた部分がガラスの影とつながることで、立体感をより強調することができます。

073 花柄のお鍋

難易度 ☆☆☆☆★

ファイル Lesson5 ⇒ 073

昭和レトロな花柄模様の鍋は、
平たい円柱をベースに描きます。
影やハイライトで丸みを強調し
曲面に沿って複雑な模様を描いていきます。

サイズ 32×32

パレット[16色]

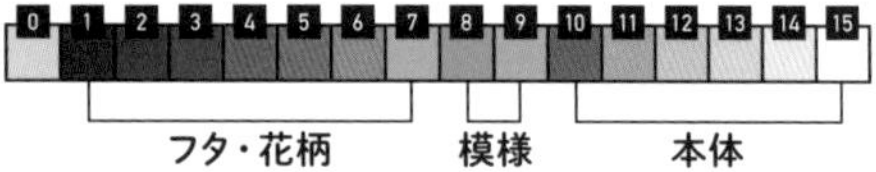

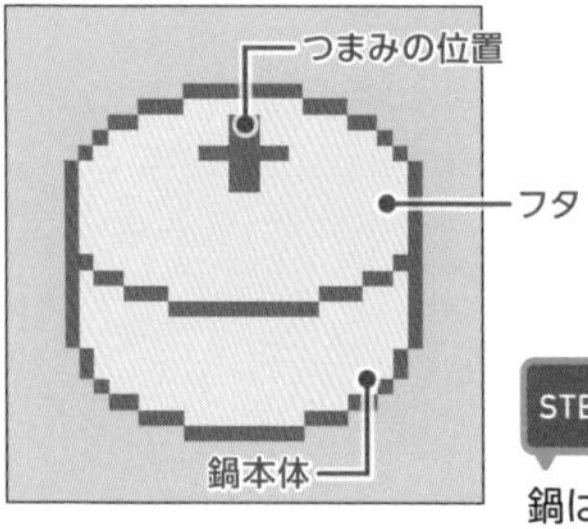

STEP 1

鍋は平たい円柱ととらえます。紫(色10)で横長の楕円形を縦に伸ばしたような形を描き、フタと鍋本体の境目に円柱の側面に沿ってカーブした線を引きます。フタのつまみをつけるところに十字の印を描きます。鍋は薄いピンク(色14)で塗りつぶしておきます。

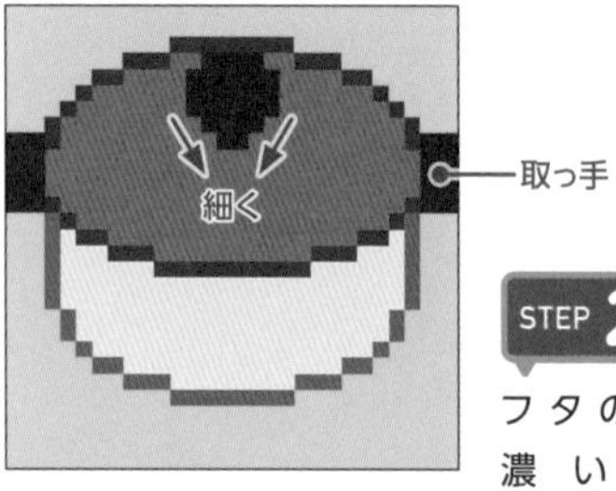

STEP 2

フタの輪郭を濃い赤(色2)に塗り、内側をオレンジ(色5)で塗りつぶします。**STEP1**で描いた十字を目安に、濃い茶色(色1)でフタのつまみをつけます。上が円形で下が細くなっている形にします。同じ色でフタの両端に縦長の長方形を描いて取っ手の一部とします。

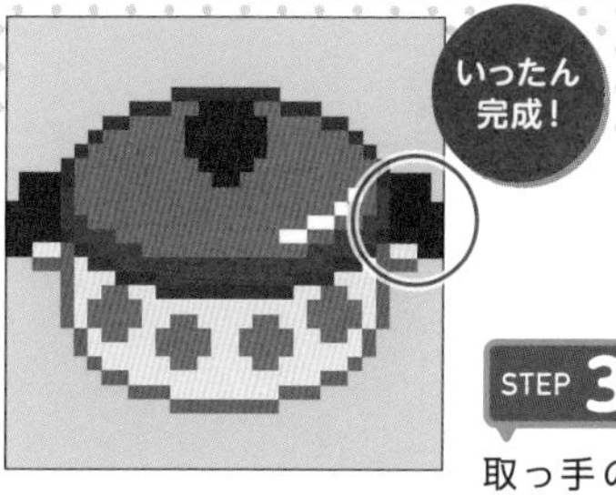

STEP 3 取っ手の外側にドットを描き足して持ちやすい形にします。その根本部分に固定用の金属パーツをつけておきます。鍋本体の側面には、オレンジの円を並べて昭和の懐かしい感じをプラス！　フタの縁に濃い色（色3）で影をつけて厚みを出し、白（色15）でハイライトをつけて丸みを表現します。

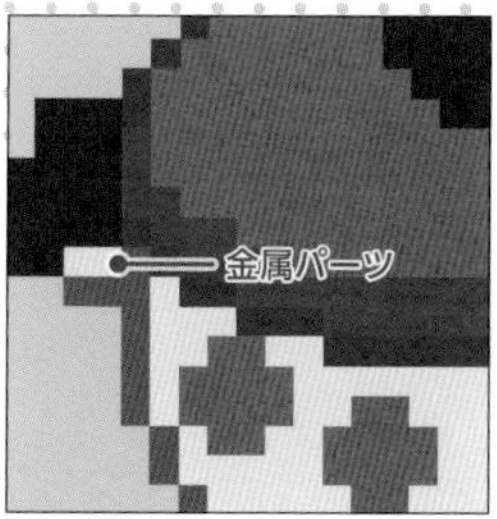

POINT 取っ手は鍋本体に金属パーツで固定されているイメージです。このパーツには後工程でグラデーションをつけて金属の質感を出していきます。

STEP 4 フタの影と基本色を中間色（色4）でなじませます。鍋本体の側面に淡いグレー（色12）で影をつけます。花柄模様は周囲のドットを薄い赤（色7）で塗り、基本色となじませると同時に花びらのように見せています。

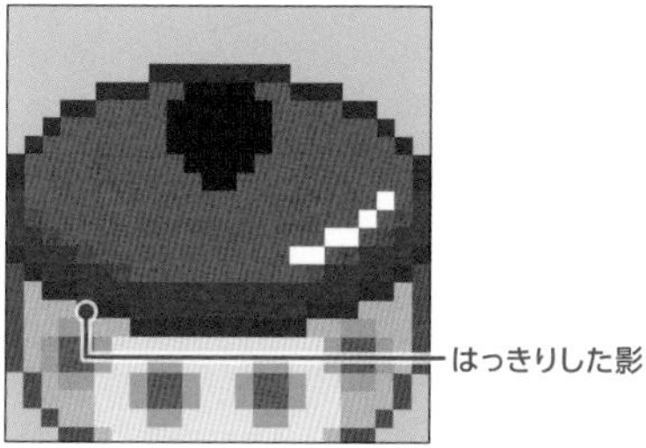

POINT 今回は金属製のフタを想定して描いています。金属は硬い物質なので、フタの影と基本色を淡い色でなじませ、影をくっきりと際立たせています。

STEP 5

つまみと取っ手にグレー（色11）でハイライトをつけます。フタの左上に薄いオレンジ（色6）でうっすら反射光を描きます。フタの上部の輪郭線と基本色を、中間色（色4）でなじませます。鍋本体の影と輪郭線を中間色（色11）でなじませ、側面の花は緑（色9）で葉や茎を描き足しておきます。

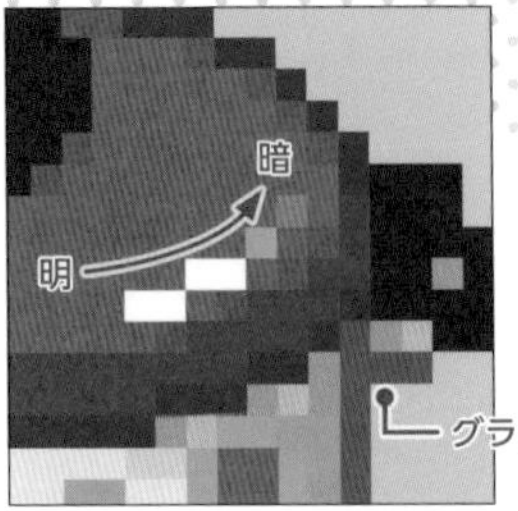

POINT フタの手前のハイライトは、奥に向かって次第に暗くなるように明暗をつけます。取っ手の根元はグレーのグラデーション（色11、12）で金属の質感を出します。

完成！

STEP 6

フタのハイライトを周囲の色となじませます。同様に、つまみや取っ手のハイライトを周囲の色と中間色（色10）でなじませます。フタの左上の反射がちょっと弱い印象だったので、少し明るい色（色7）でハイライトを追加しました。鍋の模様は濃い緑（色8）を足して濃淡をつけ、小さな面積ながら複雑なデザインに見せています。

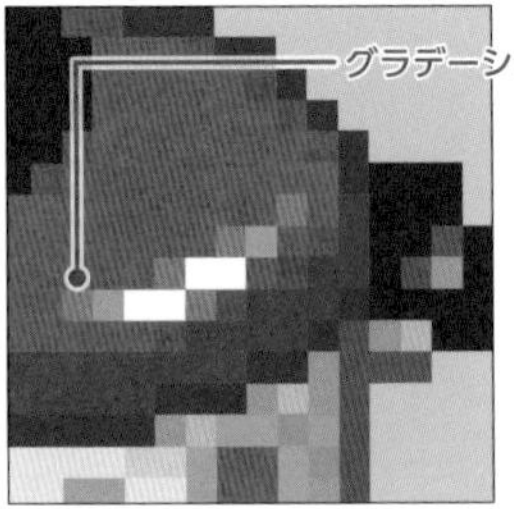

POINT フタの手前のハイライトと周囲の色は、中間色（色6、7）をグラデーションになるように置いてなじませています。

074 レトロなテレビ

難易度 ☆☆☆☆☆

ファイル Lesson5 ⇒ 074

昔懐かしいブラウン管のテレビは
四角い箱をベースに描きます。
丸みを強めたり脚をつけたりして
レトロな印象をアップさせましょう。

サイズ 32×32

パレット［16色］

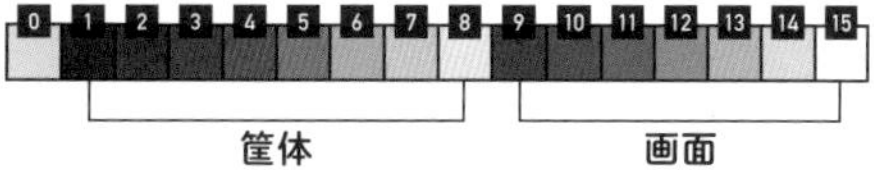

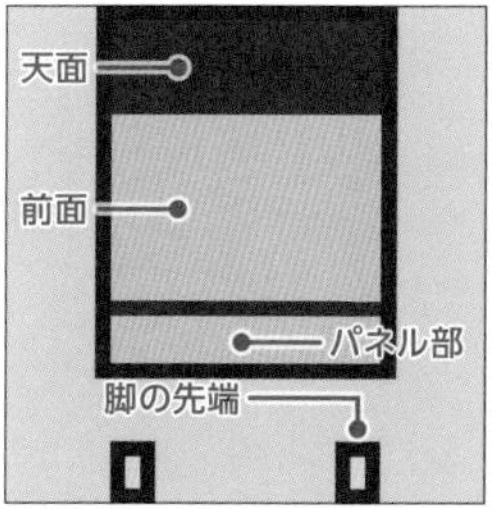

STEP 1

テレビは四角い箱ととらえ、赤色（色2）の四角で天面を、薄い茶色（色7）で前面を描きます。全体を濃い赤（色1）の輪郭線で囲んだら、前面に横の直線を引いて画面と操作パネル部に分割します。さらに脚の先端を置く目安として、薄いグレー（色14）の四角を描き輪郭線をつけておきます。

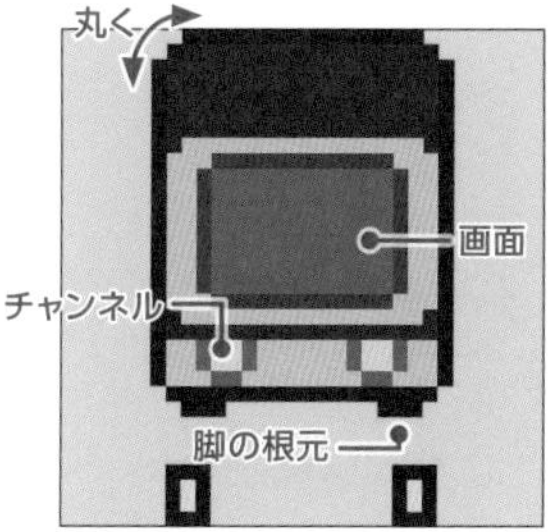

STEP 2

テレビの角を丸く整えレトロ感を強めます。前面にグレー（色11）で長方形を描き、その周囲に少し濃いグレー（色9）で輪郭線を入れ、テレビ画面とします。パネル部には薄いグレー（色14）の小さな円にグレー（色11）の輪郭線をつけてチャンネルつまみを表現します。さらに脚の根元の目安をつけておきます。

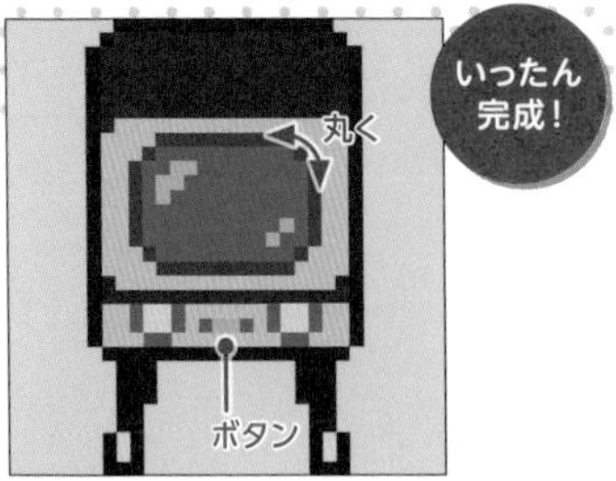

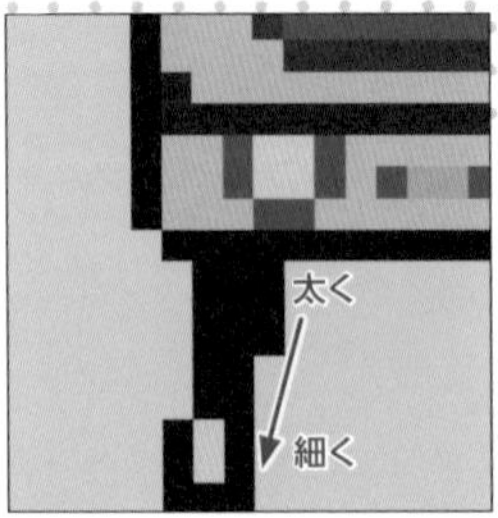

STEP 3 テレビの筐体に合わせて画面の形をさらに丸く整え、左上と右下に少し緑がかったグレー（色13）でハイライトを入れます。パネル部中央にグレー（色11、13）でボタンをつけます。脚を根元から先端につなげれば、シンプルなレトロTVが完成！

POINT レトロTVといえば、脚付きのイメージ！　脚は、根元が太く、先端にかけて細くなっていくデザインです。ここでも根元のドット幅を広げて太く見せています。

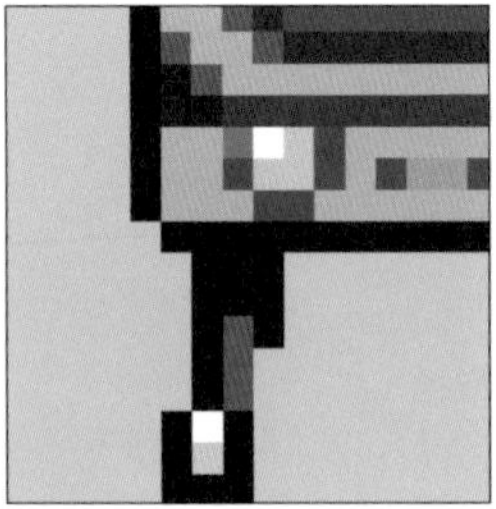

STEP 4 筐体前面と画面の角を淡い赤（色5）でなじませ、より丸く見せます。チャンネル左上に白（色15）でハイライトを入れ、その隣の輪郭線を1ドットだけ明るい色（色12）で打ちます。脚にもハイライトを入れておきます。

POINT 脚の下を1ドット幅だけ淡い赤（色5）で塗ります。本当は1.5ドット幅が欲しい所ですが無理なので、色の濃淡で脚の太さを表現します。

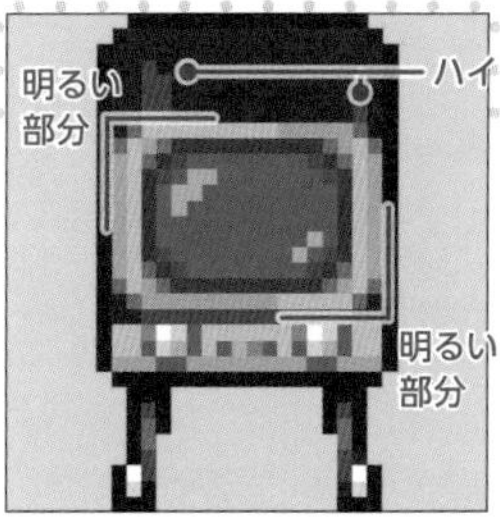

STEP 5

天面に赤(色4)でハイライトを入れます。光源を考えて左側を大きく、右側を小さく入れています。前面は画面の周囲と、チャンネルのあるパネル部分に茶色(色6)で影を入れます。画面周囲は左上と右下に明るい部分を残し、パネルは上が明るくなるようにしています。脚は根元と先端の色をグラデーションでつなぎます。

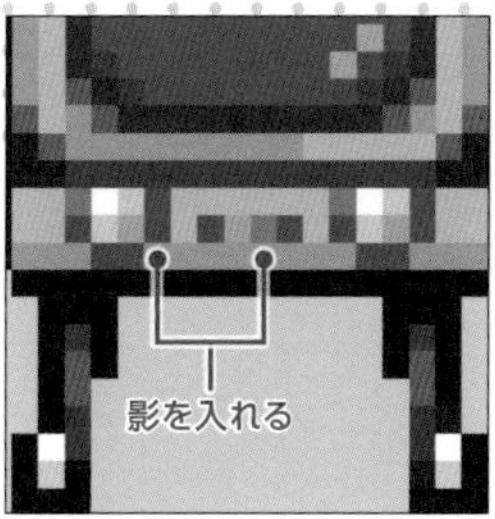

POINT チャンネルは丸くなるように右下に影を入れ、ボタンは1ドットだけ影を入れてグラデーションになるようにしました。

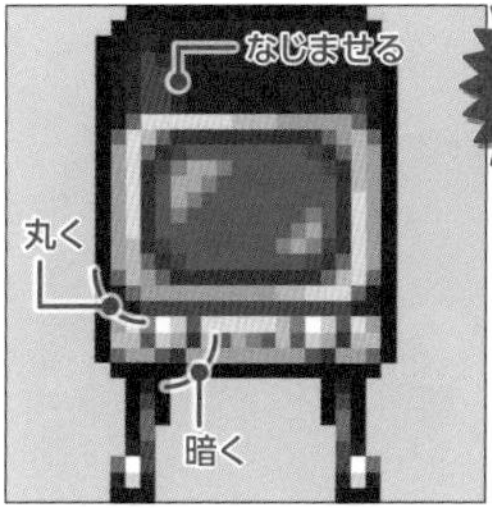

完成!

STEP 6

天面のハイライトと基本色を中間色(色3)でなじませます。画面のハイライトも同様に中間色(色12)でなじませます。画面周囲とパネル部に明るい茶色(色8)でハイライトを入れて硬い印象に。パネル部の四隅に影色(色5、6)を置き、角を丸く見せます。チャンネルの右下の輪郭線を暗い色(色9)に塗って立体感をつけます。

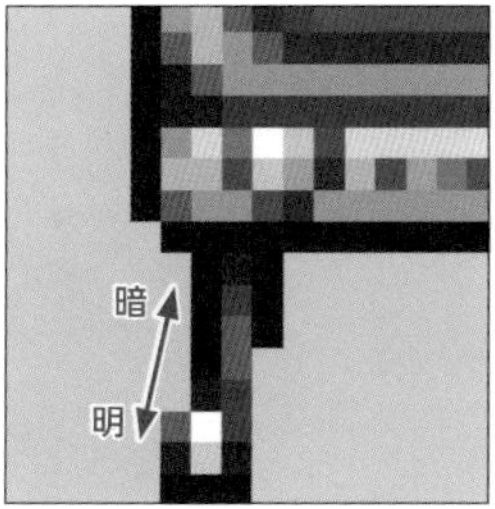

POINT 脚は、根元にいくにつれて暗く見えるよう、さらに先端から根元までをグラデーションでつなぎ、足先の輪郭線を明るくしています。

楽しいドット絵カタログ⑤

お気に入りのインテリア

こだわりの家具や小物に囲まれてリラックス。
洋室、和室、どっちが落ち着く？

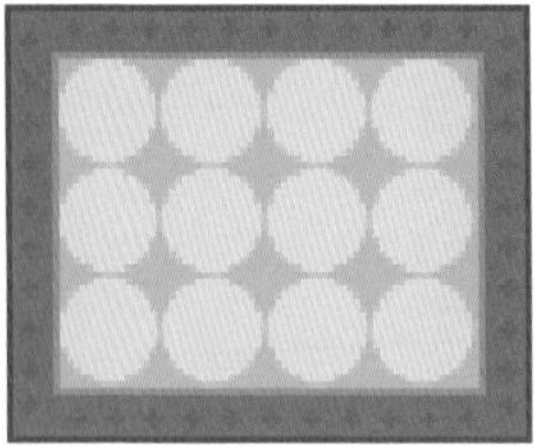

モダンなインテリアで
シックにしても素敵。
懐かしの雑貨を集めた
昭和レトロも楽しい！

著者プロフィール

中川悠京(なかがわ・ゆうけい)

1972年生、新潟県佐渡島出身。東京デザイナー学院アニメーション科卒。(株)データイースト、(株)チュンソフト(当時)に勤務後独立。装画、挿絵、漫画、ゲームグラフィック、音楽PVなど2D分野で活動中。コーラと本と音楽が好き。妄想第一。

主な代表作

「ドット絵教室」
「風来のシレン」「ファイターズヒストリーダイナマイト」
「精霊の守り人」「ルーンの子供たち」
「無限島」「人間でした(原作)」

Web https://uknak.tumblr.com/
Mail uk888@abox.so-net.ne.jp

スペシャルサンクス

U-1
加賀谷裕峰
有限会社 光遊社

制作スタッフ

[装丁]　コードデザインスタジオ
[本文デザイン]　平野雅彦
[編集]　山口 優
[DTP]　平野雅彦　クニメディア株式会社
[編集長]　後藤憲司
[担当編集]　熊谷千春

ぽちぽちドット絵 自由に描いて楽しもう!

2023年 4 月 1 日　初版第 1 刷発行

[著者]　中川悠京
[発行人]　山口康夫
[発行]　株式会社エムディエヌコーポレーション
〒101-0051　東京都千代田区神田神保町一丁目105番地
https://books.MdN.co.jp/
[発売]　株式会社インプレス
〒101-0051　東京都千代田区神田神保町一丁目105番地
[印刷・製本]　日経印刷株式会社

Printed in Japan

定価はカバーに表示してあります。

【カスタマーセンター】
造本には万全を期しておりますが、万一、落丁・乱丁などがございましたら、送料小社負担にてお取り替えいたします。お手数ですが、カスタマーセンターまでご返送ください。

落丁・乱丁本などのご返送先
〒101-0051　東京都千代田区神田神保町一丁目105番地
株式会社エムディエヌコーポレーション カスタマーセンター
TEL：03-4334-2915

書店・販売店のご注文受付
株式会社インプレス　受注センター
TEL：048-449-8040／FAX：048-449-8041

●内容に関するお問い合わせ先

株式会社エムディエヌコーポレーション カスタマーセンター メール窓口

info@MdN.co.jp

本書の内容に関するご質問は、Eメールのみの受付となります。メールの件名は「ぽちぽちドット絵　質問係」、本文にはお使いのマシン環境（OSの種類・バージョン、EDGEのバージョンなど）をお書き添えください。電話やFAX、郵便でのご質問にはお答えできません。ご質問の内容によりましては、しばらくお時間をいただく場合がございます。また、本書の範囲を超えるご質問に関しましてはお答えいたしかねますので、あらかじめご了承ください。

ISBN978-4-295-20251-6　C3055